Uwe Albrecht

Stahlbetonbau nach DIN 1045-1

Uwe Albrecht

Stahlbetonbau nach DIN 1045-1

Anwendung auf ein Gebäude

2., überarbeitete und aktualisierte Auflage 2005

Teubner

Bibliografische Information der Deutschen Bibliothek
Die Deutsche Bibliothek verzeichnet diese Publikation in der Deutschen Nationalbibliografie; detaillierte bibliografische Daten sind im Internet über <http://dnb.ddb.de> abrufbar.

Prof. Dr.-Ing. Uwe Albrecht begann seine berufliche Tätigkeit nach dem Studium an der TU Hannover und North Carolina State University bei der Philipp Holzmann AG in der Technischen Abteilung. Schwerpunkte waren dabei Brückenbau und Spannbetonbauwerke. Er promovierte an der TU Darmstadt und befasste sich danach mit der technischen Koordination von Brücken, Hafen-, Wasser- und Industriebauten. Heute lehrt er als Professor für Stahlbetonbau und Ingenieurbaukonstruktionen an der Fachhochschule in Buxtehude. Seine Lehrveranstaltungen und Weiterbildungsseminare sind praxisbezogen und stehen unter dem Motto „so einfach wie möglich".

Email: albrecht@bux-hawk.de
Internet: www.fh-buxtehude.de

1. Auflage 2002
2., überarb. u. akt. Auflage Oktober 2005

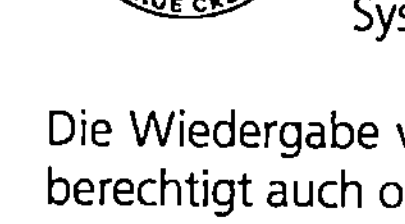

ISBN-13: 978-3-519-10399-8   e-ISBN-13: 978-3-322-80134-0
DOI: 10.1007/978-3-322-80134-0

Vorwort

Die neue DIN 1045 ist seit Beginn des Jahres 2005 für neue Bauvorhaben aus Beton, Stahlbeton und Spannbeton anzuwenden. Vieles ist neu: das Sicherheitskonzept, die Erweiterung auf wesentlich höhere Betonfestigkeitsklassen, erweiterte Möglichkeiten der Schnittgrößenermittlung, veränderte Bemessungsmodelle.

Doch viele Ingenieure brauchen in der Regel nur einen Teil dessen, was die neue Norm bietet. Dem trägt das Buch Rechnung, indem es sich auf Tragwerke aus Stahlbeton konzentriert und die häufigsten Nachweise und Konstruktionsregeln vorstellt. Es vermittelt die theoretischen Grundlagen über das Tragverhalten von Stahlbetonbauteilen, erläutert die Bemessungsmodelle der DIN 1045-1 und stellt die Nachweisverfahren an Beispielen vor. Relevante Änderungen zur bisherigen Praxis werden herausgestellt. Wie sehr es darauf ankommt, übersichtliche Hilfsmittel für die tägliche Praxis des Stahlbetonbaus zur Verfügung zu stellen, beweist die von den Verbänden der Bauwirtschaft herausgegebene Kommentierte Kurzfassung der DIN 1045-1.

Die 2. Auflage enthält Ergänzungen, die den Normentext näher erläutern und zusätzliche Anwendungsregeln und Hintergrundinformationen vermitteln, wie sie in zahlreichen Veröffentlichungen seit Erscheinen des Buches vorgestellt wurden. Eingearbeitet wurde ferner der aktuelle Stand der Auslegungen des Normenausschusses Bauwesen zur DIN 1045-1. In vielen Diskussionen mit Tragwerksplanern habe ich wertvolle Anregungen zur Schärfung der Aussage und zur kritischen Interpretation der Norm erhalten. Schließlich soll das Buch die neue Norm sowohl vermitteln als auch praxisbezogen kommentieren.

Die Anwendung auf ein mehrgeschossiges Bürogebäude hat sich bewährt und wurde erweitert, weil dadurch die Verknüpfung von Geometrie und System, Lasten und Schnittgrößen, Bemessung sowie konstruktiver Durchbildung transparent wird. Der baupraktische Bezug ermöglicht den planenden Ingenieuren den Vergleich mit den bisherigen Regeln, und die Studierenden erkennen besser die Zusammenhänge. Für spezielle Nachweise wird weiterführende Literatur genannt.

Mein Dank gilt allen, die mit ihren Zuschriften Verbesserungen angeregt haben, und darüber hinaus dem Teubner Verlag für die Bereitschaft, in der wirtschaftlich schwierigen Situation im Bauwesen, die 2. Auflage herauszubringen.

Buxtehude, Juli 2005   Uwe Albrecht

Inhalt

1 Einführung

1.1 Die neue Norm im Überblick

Die neue DIN 1045 für Tragwerke aus Beton, Stahlbeton und Spannbeton ist ab dem 1. Januar 2005 für alle neuen Bauvorhaben anzuwenden. Sie ersetzt die DIN 1045 – letzte Ausgabe 08/1988 – und die DIN 4227 – Spannbeton – Teil 1, 2 und 4.

Die letzte Überarbeitung der DIN 1045 (07/88) [1] erfolgte 1988, doch es sollte nicht übersehen werden, dass die Norm letztlich aus dem Jahre 1972 stammt und damit in vielen Bereichen den Erkenntnisstand der 60er Jahre wiedergibt. Die 88er Überarbeitung brachte relativ wenig Änderungen, weil davon ausgegangen wurde, dass die europäischen Normen unmittelbar bevor stehen. Tatsächlich erschien 1992 der Eurocode 2 – ENV 1992-1-1 – für die Planung von Stahlbeton- und Spannbetontragwerken als europäische Vornorm [2]. Doch nachdem die Überarbeitung des EC 2 zur verbindlichen europäischen Norm nicht voran kam, wurde eine neue DIN 1045 als nationale Norm erarbeitet, die den Stand der technischen Entwicklung hinsichtlich Baustoffe, Berechnung der Lastabtragung, Bemessung und Umsetzung auf der Baustelle berücksichtigt. Sie ist an den EC 2 angelehnt und stellt den deutschen Standpunkt zur europäischen Norm dar. Insofern wird eines Tages, wenn die europäische Norm für Beton-, Stahlbeton- und Spannbetontragwerke erscheint, der Übergang problemlos erfolgen können.

Allen neuen Normen des konstruktiven Ingenieurbaus liegt das Prinzip der Teilsicherheitsbeiwerte zugrunde, z.B. DIN 18800 – Stahlbauten – oder DIN 1052 (Ausgabe 2004) – Holzbauwerke. Die gemeinsame Basis für das Sicherheitskonzept und die Bemessungsregeln ist DIN 1055-100 [3]. Ein einheitliches Nachweisverfahren für alle Bauweisen ist nicht nur für den Tragwerksplaner vorteilhaft, sondern auch unerlässlich bei Mischkonstruktionen, z.B. Hallen mit Stützen aus Stahlbeton, Bindern aus Brettschichtholz und Stahltrapezblechen für die Dachfläche.

Im Betonbau gibt es erstmalig eine gemeinsame Norm für Tragwerke aus Beton, Stahlbeton und Spannbeton. Basis ist ein einheitliches Bemessungskonzept, so dass der Übergang vom Stahlbetonbau zum Spannbetonbau fließend ist. Das kann zu einer zunehmenden Verbreitung von vorgespannten Bauteilen im Hochbau führen, wie sie im Ausland längst erkennbar ist.

Der Baustoff Beton wurde in den letzten Jahrzehnten wesentlich weiterentwickelt, einerseits zum hochfesten Beton – Hochleistungsbeton, andererseits im Bereich Leichtbeton. Die neue DIN 1045 berücksichtigt diese Entwicklungen und lässt die höheren Betonfestigkeitsklassen nicht nur für werkmäßig hergestellte Fertigteile, sondern auch für Ortbetonkonstruktionen zu. Vorteilhaft ist außerdem, dass für Normalbeton für alle Festigkeitsklassen bis C50/60 der gleiche Teilsicherheitsbeiwert angewendet wird. Das kommt vor allem hochbelasteten Stützen zugute, für die zukünftig ein kleinerer Querschnitt oder eine geringere Bewehrung ausreicht.

Über das gemeinsame Materialverhalten von Beton und Betonstahl liegen neue Erkenntnisse vor, die zu veränderten Bemessungsmodellen geführt haben. Für die Querkraftbemessung ergeben sich daraus wirtschaftliche und baupraktische Vorteile. Das Bemessungsmodell für den Nachweis gegen Durchstanzen orientiert sich an dem Verfahren, das seit einigen Jahren für Doppelkopfdübel in allgemeinen bauaufsichtlichen Zulassungen geregelt ist.

Auch für die Ermittlung der Schnittgrößen ergeben sich neue Möglichkeiten, sei es auf der Grundlage der Plastizitätstheorie oder nichtlinearer Verfahren. Bei der linear-elastischen Berechnung ist die Momentenumlagerung an weitergehende Nachweise geknüpft. Für Platten, die mit Stabstahl bewehrt sind, kann eine höhere Momentenumlagerung als bisher angesetzt werden.

Parallel zu den Chancen, die die o.g. Nachweise der Tragsicherheit bieten, haben die Anforderungen an die Dauerhaftigkeit und die Nachweise der Gebrauchstauglichkeit an Bedeutung gewonnen. Maßgebend für die Sicherstellung der Dauerhaftigkeit und die Rissbreitenbeschränkung sind die neu definierten Umgebungsbedingungen. Die Begrenzung der Verformungen kann nach wie vor über die Begrenzung der Biegeschlankheit nachgewiesen werden.

Die Konstruktionsregeln unterscheiden sich im Prinzip wenig von denen der DIN 1045 (7/88), doch im Detail hat es Änderungen gegeben, z.B. bei den Verankerungslängen und Bügelabständen. Neu ist, dass zur Sicherstellung des duktilen Bauteilverhaltens durchweg Mindestbewehrungen einzuhalten sind. Bei biegebeanspruchten Bauteilen gilt das für die Biege- und die Querkraftbewehrung.

Das Einsparpotential an Bewehrung ist von Bauteil zu Bauteil unterschiedlich. Doch in Kombination mit teilweise großzügigeren Konstruktionsregeln wird sich die Ausführung vereinfachen und damit zur Qualitätsverbesserung im Stahlbetonbau beitragen.

1.2 Aufbau der neuen DIN 1045

Die neue DIN 1045 gilt für Tragwerke aus Beton, Stahlbeton und Spannbeton. Sie umfasst vier Teile [4] bis [7].

- Teil 1: Bemessung und Konstruktion

- Teil 2: Beton – Festlegung, Eigenschaften, Herstellung und Konformität; Anwendungsregeln zu DIN EN 206-1

- Teil 3: Bauausführung

- Teil 4: Ergänzende Regeln für die Herstellung und die Konformität von Fertigteilen

Ursprünglich umfasste der Teil 2 alle Regelungen, die die Eigenschaften und Herstellung des Betons betreffen. Nachdem die europäische Norm

- DIN EN 206-1, Beton – Teil 1: Festlegung, Eigenschaften, Herstellung und Konformität; Deutsche Fassung EN 206-1

mit vergleichbarem Inhalt [8] erschienen ist, enthält DIN 1045-2 nur noch die Anwendungsregeln zur DIN EN 206-1. Damit wird die europäische Norm an das deutsche Regelwerk angepasst. Der Inhalt von DIN EN 206-1 und DIN 1045-2 ist im DIN-Fachbericht 100, Beton [9] zusammengefasst.

DIN 1045 unterscheidet zwischen Prinzipien und Anwendungsregeln. Prinzipien enthalten allgemeine Festlegungen, Definitionen und Angaben, die unbedingt einzuhalten sind, sowie Anforderungen und Rechenmodelle, für die keine Abweichungen erlaubt sind.

Anwendungsregeln sind allgemein anerkannte Regeln, die den Prinzipien folgen und deren Anforderungen erfüllen. Abweichungen sind zulässig, wenn sie mit den Prinzipien übereinstimmen und die gleiche Tragfähigkeit, Gebrauchstauglichkeit und Dauerhaftigkeit wie nach der Norm erreichen.

Prinzipien und Anwendungsregeln werden im Text der Norm durch die Schreibweise unterschieden:

- Prinzipien – gerade Schreibweise

- Anwendungsregeln – kursive Schreibweise

DIN 1045-1 gilt für die Bemessung und Konstruktion von Tragwerken des Hoch- und Ingenieurbaus. Für die Bemessung spezieller Ingenieurbauwerke, z.B. Brücken oder Flüssigkeitsbehälter, gelten zusätzliche Anforderungen und Regelwerke.

Die Norm umfasst die Festigkeitsklassen

- C12/15 bis C100/115 für Normalbeton

- LC12/13 bis LC60/66 für Leichtbeton.

Die Gliederung der DIN 1045-1 entspricht dem Ablauf der technischen Bearbeitung, s. Tab. 1.1.

Tabelle 1.1 Gliederung der DIN 1045-1

Allgemeines	1 Anwendungsbereich 2 Normative Verweise 3 Begriffe und Formelzeichen 4 Bautechnische Unterlagen
Grundlagen	5 Sicherheitskonzept 6 Sicherstellung der Dauerhaftigkeit 7 Grundlagen zur Ermittlung der Schnittgrößen 8 Verfahren zur Ermittlung der Schnittgrößen 9 Baustoffe
Bemessung	10 Nachweise in den Grenzzuständen der Tragfähigkeit 11 Nachweise in den Grenzzuständen der Gebrauchstauglichkeit
Konstruktive Durchbildung	12 Allgemeine Bewehrungsregeln 13 Konstruktionsregeln

Im Text der DIN 1045-1 wird an vielen Stellen auf Heft 525 DAfStb [10] verwiesen, das Erläuterungen zum Normentext, ergänzende und alternative Anwendungsregeln und Hintergrundinformationen enthält.

Aus der praktischen Anwendung ergeben sich laufend Fragen zur Auslegung der Norm. Der NABau-Arbeitsausschuss „Bemessung und Konstruktion" nimmt dazu Stellung und macht Auslegungsvorschläge. Die Antworten zu den Auslegungs-fragen werden im Internet veröffentlicht [11].

1.3   Begriffe und Formelzeichen

Sowohl DIN 1055-100, die die bauartübergreifenden Grundlagen der Tragwerksplanung beschreibt, als auch DIN 1045-1 definieren die verwendeten Begriffe.
Daraus wird ein kleiner Auszug wiedergegeben (z.T. verkürzt):

DIN 1055-100

- Hochbau
  Gebäude mit vorwiegend oberirdischer Ausdehnung, z.B. für Wohn-, Büro-,
  Verkaufs-, Parkzwecke oder öffentliche Nutzung (Schulen, Krankenhäuser
  usw.)

- Einwirkung
  auf das Tragwerk einwirkende Kraft- oder Verformungsgrößen

- direkte Einwirkung
  auf das Tragwerk einwirkende Last (Kraft)

- indirekte Einwirkung
  aufgezwungene oder behinderte Verformung, die z.B. von Temperatur-
  änderungen, Feuchtigkeitsänderungen oder ungleicher Setzung herrührt

- Auswirkung
  Folge einer Einwirkung auf das Tragwerk oder seine Teile, z.B. Schnittgröße,
  Spannung, Dehnung, Verformung, Rissbreite

- Beanspruchung
  Folge der gleichzeitig zu betrachtenden Einwirkungen bzw. einer Einwirkungskombination auf das Tragwerk oder seine Teile

DIN 1045-1

- üblicher Hochbau
  Hochbau, der für vorwiegend ruhende, gleichmäßig verteilte Nutzlasten bis
  $5{,}0$ kN/m², ggf. auch für Einzellasten bis $7{,}0$ kN und für PKW bemessen ist

- Normalbeton
  Beton mit einer Trockenrohdichte von mehr als 2000 kg/m³, höchstens aber
  2600 kg/m³

- Leichtbeton
  gefügedichter Beton mit einer Trockenrohdichte von nicht weniger als
  800 kg/m³ und nicht mehr als 2000 kg/m³, hergestellt unter Verwendung von
  grobem Leichtzuschlag

- vorwiegend auf Biegung beanspruchtes Bauteil
  bezogene Lastausmitte im Grenzzustand der Tragfähigkeit von $e_d / h > 3{,}5$

- Druckglied
  vorwiegend auf Druck beanspruchtes, stab- oder flächenförmiges Bauteil mit einer bezogenen Lastausmitte im Grenzzustand der Tragfähigkeit von $e_d / h \leq 3{,}5$

Die folgenden Formelzeichen sind ein Auszug aus DIN 1045-1, Abschnitt 3.2. Auch wenn die Vielzahl der Indizes auf den ersten Blick verwirrend erscheinen mag, ist die Systematik beinahe selbsterklärend.

Einwirkungen, Kräfte, Schnittgrößen

G	ständige Einwirkung / Last
g	ständige Einwirkung / Last je Längen- oder Flächeneinheit
Q	veränderliche Einwirkung / Nutzlast
q	veränderliche Einwirkung / Nutzlast je Längen- oder Flächeneinheit
F	Kraft
N	Längskraft
n	Längskraft je Längeneinheit
M	Moment
m	Biegemoment je Längeneinheit
V	Querkraft
v	Querkraft je Längeneinheit

Indizes: Einwirkungen, Tragwiderstand

E	Beanspruchung
R	Tragwiderstand
k	charakteristischer Wert – ohne Sicherheitsbeiwert –
d	Bemessungswert – mit Sicherheitsbeiwert –

Indizes: Material

c	Beton
s	Betonstahl
t	Zugfestigkeit
y	Streckgrenze
w	Querkraft-, Torsions-, Durchstanzbewehrung

griechische Buchstaben

γ Teilsicherheitsbeiwert

ψ Kombinationsbeiwert

ρ geometrisches Bewehrungsverhältnis, Bewehrungsgrad

δ Verhältnis der umgelagerten Schnittgröße zur Ausgangsschnittgröße

übrige griechische Buchstaben wie üblich, s. Text

Materialwerte

f Festigkeit

f_{ck} charakteristische Zylinderdruckfestigkeit des Betons

f_{cd} Bemessungswert der Druckfestigkeit des Betons

f_{ct} zentrische Zugfestigkeit des Betons

f_{yk} charakteristischer Wert der Streckgrenze des Betonstahls

f_{yd} Bemessungswert der Streckgrenze des Betonstahls $-f_{yk} / \gamma_s-$

f_{tk} charakteristischer Wert der Zugfestigkeit des Betonstahls

$f_{tk,cal}$ charakteristischer Wert der Zugfestigkeit des Betonstahls für die Bemessung

geometrische Größen

l_{eff} effektive Stützweite

l_n lichte Stützweite

b_w Stegbreite

b_{eff} mitwirkende Plattenbreite für einen Plattenbalken

h Bauteilhöhe – Dicke –

h_f Gurtplattendicke

d statische Nutzhöhe

c Betondeckung

Bewehrung

A_s Bewehrungsquerschnitt

a_s Bewehrungsquerschnitt je Längeneinheit

$A_{s,erf}$ erforderliche Bewehrung

$A_{s,vorh}$ vorhandene Bewehrung

d_s Stabdurchmesser

l_b Grundmaß der Verankerungslänge des Betonstahls

$l_{b,net}$ Verankerungslänge des Betonstahls

a_l Versatzmaß – Konstruktion der Zugkraftlinie –

· Beispiel

V_{Ed} Bemessungswert der einwirkenden Querkraft / aufzunehmende Querkraft, z.B. infolge $G_d + Q_d$ – einschließlich Sicherheitsbeiwert –

V_{Rd} Bemessungswert der aufnehmbaren Querkraft / Querkrafttragfähigkeit – einschließlich Sicherheitsbeiwert –

a_{sw} Querkraft-, Torsions- oder Durchstanzbewehrung $[\text{cm}^2/\text{m}]$

Das neue Zeichen für die Querkraft – V anstatt Q – ist vom Stahlbau her bereits seit längerem bekannt und wird zukünftig für alle Bauweisen gelten. Es wird sicher längere Zeit dauern, sich an die veränderte Festlegung zur Querschnittsgeometrie zu gewöhnen

h Bauteilhöhe/-dicke

d statische Nutzhöhe.

1.4 Zielsetzung und Aufbau des Buches

Das Buch soll den Einstieg in die neue Norm vermitteln. Es werden die wesentlichen Nachweise und Konstruktionsregeln im

- Stahlbetonbau

behandelt. Spannbetonbauteile bleiben unberücksichtigt. Fertigteile werden nur im Zusammenhang mit der Schubkraftübertragung zum angrenzenden Ortbeton angesprochen.

Zunächst wird das neue Sicherheitskonzept vorgestellt. Es folgen die Anforderungen an die Dauerhaftigkeit, die für die Mindestbetonfestigkeitsklasse und die Betondeckung maßgebend sind. Der weitere Aufbau des Buches orientiert sich am Ablauf der Tragwerksplanung, angefangen von der Ermittlung der Schnittgrößen, den Nachweisen der Tragfähigkeit – Bemessung für Biegung, Querkraft, Torsion, Durchstanzen – und den Nachweisen der Gebrauchstauglichkeit – Begrenzung der Rissbreiten und der Verformungen – bis zur baulichen Durchbildung. Der Bezug zum Wortlaut der Norm wird durch die in Klammern angegebenen Abschnittsnummern [DIN 1045-1, x.y.z ( )] hergestellt.

Im Vordergrund stehen die Nachweise, die bei fast allen Stahlbetontragwerken erforderlich sind. Es ist nicht beabsichtigt, alle Einzelheiten und Möglichkeiten der DIN 1045-1 vorzustellen und zu erläutern. Für weiterführende Nachweise oder spezielle Konstruktionsregeln werden Literaturquellen genannt.

Die Regelungen der DIN 1045-1 sind so abgefasst, dass sie gleichermaßen für Stahlbeton und Spannbeton gelten. Der Einstieg in die neue Norm vereinfacht sich, wenn die Textaussage und die Gleichungen ausschließlich auf

- Stahlbetonbauteile aus Normalbeton der Festigkeitsklassen bis C50/60

bezogen werden. Die Gleichungen für die Nachweise der Querkraft und des Durchstanzens vereinfachen sich dadurch – $\eta_1 = 1$ – und werden demzufolge im Buch abweichend vom Originaltext angegeben.

Die gleiche Zielsetzung verfolgt die kommentierte Kurzfassung der DIN 1045-1 [12], die alle Regelungen für Spannbeton, Leichtbeton, hochfesten Beton, Ermüdungsnachweise und für Nachweise der Plastizitätstheorie nicht enthält. Damit steht dem Tragwerksplaner ein kompaktes Arbeitsmittel zur Verfügung, das alle Regelungen für Beton- und Stahlbetonbauteile des Hochbaus aus Normalbeton bis zur Festigkeitsklasse C50/60 enthält.

Bei der Schnittgrößenermittlung bieten sich neue Möglichkeiten, die jedoch zu einem überproportionalen Anstieg des Rechenaufwands führen können, der sich mit speziellen Rechenprogrammen beherrschen lässt. Darauf wird nicht näher eingegangen, vielmehr gilt für alle Beispiele:

- linear-elastische Berechnung mit oder ohne Momentenumlagerung

Die Regelungen für die Kombination voneinander unabhängiger veränderlicher Lasten gelten für alle Bauarten und sollten beim Einstieg in die DIN 1045-1 nicht im Vordergrund stehen. Es ist zweckmäßig, von Fall zu Fall sinnvolle, bauwerksbezogene Vereinfachungen zu wählen.

Die DIN 1045-1 bietet bei der Bemessung und Konstruktion im Vergleich zur derzeitigen Norm zahlreiche Vorteile, die im Buch klar herausgestellt werden. Dem planenden Ingenieur bietet die DIN 1045-1 die Chance, die Konstruktion und damit die Ausführung von Stahlbetonbauten zu vereinfachen. Allerdings ist der eine oder andere Nachweis aufwendiger und erfordert eine gewisse Einarbeitungszeit.

1.5 Baupraktisches Beispiel

Die Aussage eines Regelwerks ist am besten anhand von praxisbezogenen Beispielen zu verstehen und zu beurteilen. In diesem Buch wird die DIN 1045-1 auf ein mehrgeschossiges Bürogebäude angewendet. Damit beziehen sich die meisten Nachweise auf Bauteile ein und desselben Gebäudes, so dass die

Verknüpfung von Geometrie und System, Lasten und Schnittgrößen, Bemessung und baulicher Durchbildung transparent wird, s. Tabelle 1.2.

Untersucht wird ein klar gegliederter Gebäudeflügel. Durch die Verbindung mit dem übrigen Bauwerk ist er hinreichend ausgesteift. Vom Erdgeschoss bis zum 3. Obergeschoss sind Büroräume vorgesehen, im Dachgeschoss befinden sich Technikzentrale und Archivräume, das Kellergeschoss wird als Tiefgarage genutzt.

Stützen sind nur in den Achsen 5, 7 und 8 vorhanden, infolgedessen ergibt sich in Gebäudequerrichtung eine sehr große Spannweite, so dass die folgende Deckenkonstruktion gewählt wird, s. Bild 1.1 und 1.2:

- Hauptträger in Gebäudelängsrichtung

- Nebenträger in Querrichtung

- einachsig gespannte Platte

Die Bauhöhe des Hauptträgers ist auf 55 cm begrenzt, die Nebenträger sind 50 cm hoch, so dass der Anschluss einwandfrei ausgebildet werden kann. Bei dieser Konstruktion sind Teilfertigteile möglich, und zwar Elementplatten und die Stege der Nebenträger, die durch Ortbeton ergänzt werden.

Im Kellergeschoss ist eine zusätzliche Stützenreihe in Achse 6 möglich. In Hinblick auf eine größtmögliche lichte Höhe bei geringer Aushubtiefe ist dort eine Flachdecke vorgesehen. Die Gründung erfolgt mit Einzelfundamenten.

Für alle Decken wird als veränderliche Last $q_k = 5$ kN/m² angesetzt. Die Decke über dem 3. Obergeschoss erhält zusätzliche Lasten aus der Dachkonstruktion: ständige Last, Windlast, Schneelast. Für die Büroetagen sind verformungsunempfindliche leichte Trennwände vorgesehen, die statisch nicht weiter zu berücksichtigen sind.

Als Baustoffe werden

- Beton   C30/37

- Betonstahl   BSt 500 S (B)

verwendet.

Alle Bauteile sind feuerbeständig

- F90 – Feuerwiderstandsdauer 90 Minuten

ausgebildet; auf den Nachweis des Brandschutzes wird nicht näher eingegangen.

Tabelle 1.2 Beispiele

Nachweis	Bauteil	Pos	Abschnitt
• Schnittgrößen			
Linear-elastische Berechnung			
ohne Momentenumlagerung	Zweifeldträger	1.1	4.4.1
mit Momentenumlagerung	Fünffeldträger	2	4.4.2
Kombination veränderlicher Einwirkungen	Zweifeldträger	1.3	4.4.1
• Nachweise der Tragfähigkeit			
Biegung ohne Momentenumlagerung	Plattenbalken	1.1	5.1.4
Biegung mit Momentenumlagerung	Plattenbalken	2	5.1.5
Bauteil ohne Querkraftbewehrung	Platte		5.2.3
Bauteil mit Querkraftbewehrung	Balken		5.2.4
Querkraft	Plattenbalken	2	5.2.6
Schub zwischen Balkensteg und Gurt	Plattenbalken	2	5.2.6
Schubkraftübertragung in Fugen	Platte		5.2.8
Schubkraftübertragung in Fugen	Plattenbalken	1.1	5.2.9
Torsion	Balken		5.3.2
Durchstanzen	Flachdecke	3	5.4.7
Durchstanzen	Fundament	6	5.4.8
Durchstanzen	Fundament		5.4.9
• Nachweise der Gebrauchstauglichkeit			
Mindestbewehrung	Wand		6.2.4
Rissbreitenbegrenzung Lastbeanspruchung	Flachdecke	3	6.2.5
Begrenzung der Biegeschlankheit	Platte		6.3.3
• Tragfähigkeit von Druckgliedern			
Druckglied nicht schlank	Innenstütze	4	7.6
Druckglied nicht schlank	Randstütze	5	7.6
Theorie II. Ordnung	Kragstütze		7.7
• Konstruktionsregeln			
Zugkraftdeckung	Plattenbalken	2	9.2.5
Querkraftbewehrung, Aufhängebewehrung	Plattenbalken	2	9.2.5
Endverankerung	Plattenbalken	1.1, 2	9.2.6
Stützenbewehrung	Innenstütze	4	9.4.3

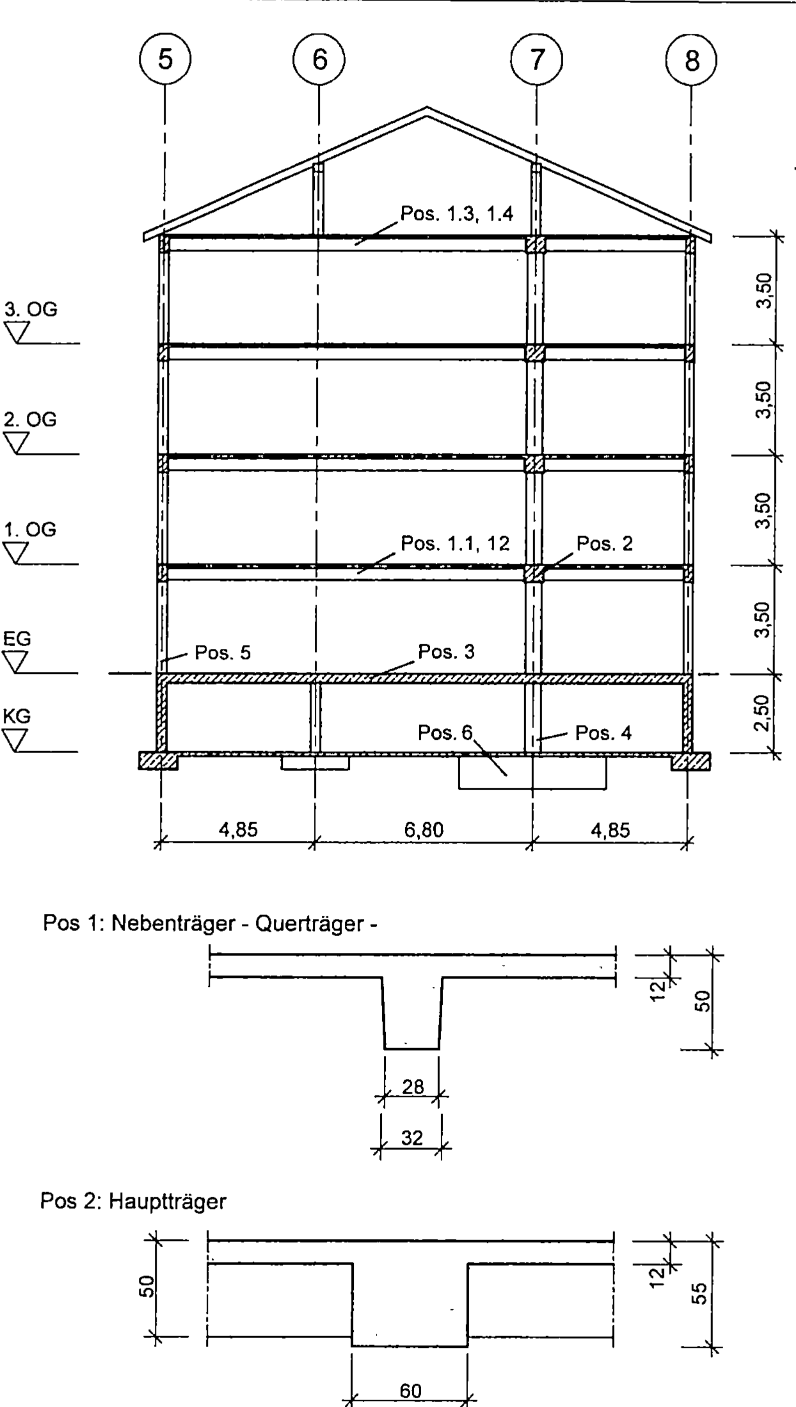

Bild 1.1   Bürogebäude Querschnitte

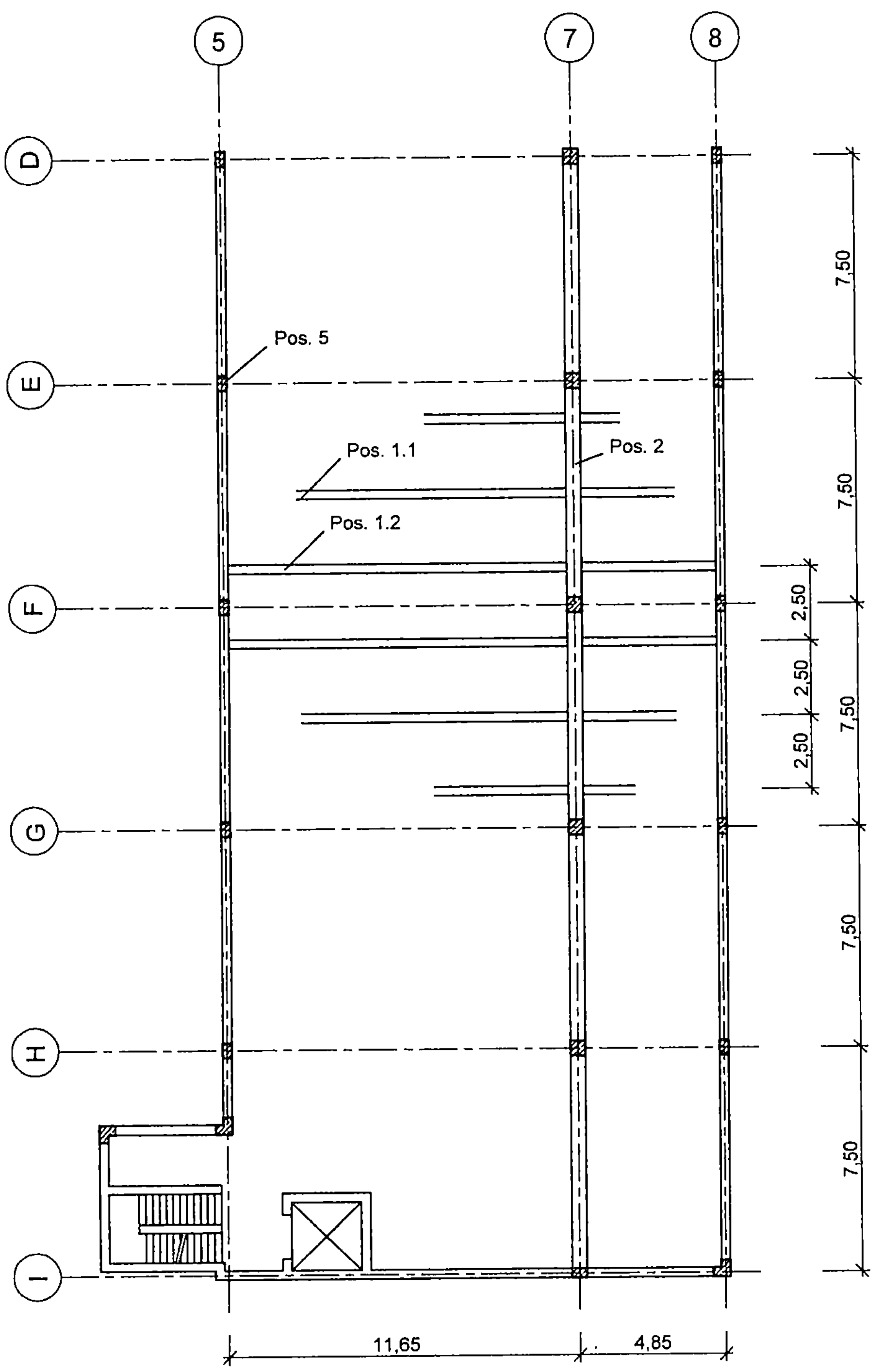

Bild 1.2   Bürogebäude Grundriss

2. Sicherheitskonzept

2.1 Allgemeines

Die Grundlagen der Tragwerksplanung und des Sicherheitskonzepts sind für alle Bauarten in DIN 1055-100: Einwirkungen auf Tragwerke – Grundlagen der Tragwerksplanung, Sicherheitskonzept und Bemessungsregeln – festgelegt [3]. Diese Norm gilt bauartübergreifend für alle Tragwerke, die nach dem Verfahren der Teilsicherheitsbeiwerte bemessen werden.

Nach DIN 1055-100 ist das Tragwerk für

- Grenzzustände der Tragfähigkeit

- Grenzzustände der Gebrauchstauglichkeit

nachzuweisen, um eine ausreichende Zuverlässigkeit sicherzustellen.

Bei Überschreitung der Grenzzustände der Tragfähigkeit tritt rechnerisch der Einsturz des Tragwerks oder der Bruch einzelner Tragwerksteile ein, sei es durch Verlust der Lagesicherheit, durch Festigkeits- oder Stabilitätsversagen. Die Grenzzustände der Gebrauchstauglichkeit beziehen sich auf die Nutzungsanforderungen wie Verformungen oder Rissbildung des Tragwerks.

Baupraktisch gesehen sind folgende Nachweise zu erbringen:

Grenzzustände der Tragfähigkeit

- Nachweis der Lagesicherheit

- Gleichgewichtszustand unter Längsdruck (Theorie II. Ordnung)

- Biegung mit / ohne Längskraft

- Querkraft

- Torsion

- Durchstanzen

- Teilflächenbelastung

- Nachweis gegen Ermüdung

Grenzzustände der Gebrauchstauglichkeit

- Begrenzung der Spannungen

- Begrenzung der Rissbreiten

- Begrenzung der Verformungen

Beim Nachweis der Tragfähigkeit werden Unsicherheiten in den Annahmen – System, Lasten, Material – durch Sicherheitsbeiwerte abgedeckt. Anstelle eines globalen Sicherheitsbeiwerts werden Teilsicherheitsbeiwerte zugrunde gelegt, und zwar:

γ_F Teilsicherheitsbeiwert für Einwirkungen (Erhöhung der Einwirkungen / Lasten)

γ_M Teilsicherheitsbeiwert für Baustoffeigenschaften (Verminderung der Baustoffkennwerte)

Mit den Teilsicherheitsbeiwerten wird den Unsicherheiten gezielt dort begegnet, wo sie auftreten. Dieser Ansatz ist die Grundlage der neuen Normengeneration, z.B. DIN 18800 (Ausgabe 1990) – Stahlbauten – und DIN 1052 (Ausgabe 2004) – Holzbauwerke.

Außerdem wird berücksichtigt, dass verschiedene veränderliche Lasten, z.B. Schnee und Wind, nicht gleichzeitig in voller Größe und in ungünstigster Kombination wirken. Für die Gebrauchstauglichkeit ist in der Regel auch nicht die volle veränderliche Last maßgebend, z.B. bei der Beschränkung der Rissbreite. Deshalb können die veränderlichen Einwirkungen vermindert werden mit

ψ Kombinationsbeiwert,

je nachdem, welche Einwirkungkombination zu untersuchen ist.

2.2 Einwirkungen

Einwirkung ist der übergeordnete Begriff für:

- Kräfte / Lasten (direkte Einwirkung)

- aufgezwungene oder behinderte Verformungen (indirekte Einwirkung), z.B. durch Temperaturänderung oder ungleiche Setzungen

Die Einwirkungen lassen sich nach Tabelle 2.1 in voneinander unabhängige Gruppen einteilen.

Tabelle 2.1 Unabhängige Einwirkungen

Ständige Einwirkungen	Veränderliche Einwirkungen
Eigenlasten	Nutzlasten, Verkehrslasten
feste Einbauten (nichttragende Teile)	Schneelasten
Erddruck	Windlasten
	Temperatureinwirkungen
	Baugrundsetzungen
Außergewöhnliche Einwirkungen, z.B. Anprall von Fahrzeugen	

Charakteristische Werte

sind durch den Index k gekennzeichnet. Sie sind den Normen der Reihe DIN 1055 Lastannahmen für Bauten zu entnehmen. Mit der Überarbeitung ändert sich auch der Titel DIN 1055: Einwirkungen auf Tragwerke.

Repräsentative Werte

werden bei der Kombination der veränderlichen Einwirkungen für bestimmte Bemessungssituationen benötigt, s. Tabelle 2.2. Damit wird berücksichtigt, wie häufig die veränderliche Einwirkung auftritt. Die Kombinationsbeiwerte ψ für Hochbauten sind im Anhang der DIN 1055-100 angegeben, s. Tabelle 2.3.

Tabelle 2.2 Repräsentative Werte

Repräsentativer Wert		Beispiel für Nachweis
$\psi_0 \cdot Q_k$	Kombinationsbeiwert	Tragfähigkeit
$\psi_1 \cdot Q_k$	häufiger Wert	Begrenzung der Rissbreite Spannbetonbauteile
$\psi_2 \cdot Q_k$	quasi-ständiger Wert	Begrenzung der Rissbreite Stahlbetonbauteile
		Begrenzung der Verformung

Bemessungswerte

sind durch den Index d gekennzeichnet; sie ergeben sich durch Multiplikation des charakteristischen Wertes mit dem entsprechenden Teilsicherheitsbeiwert

$$G_d = \gamma_G \cdot G_k \tag{2.1a}$$

$$Q_d = \gamma_Q \cdot Q_k \tag{2.1b}$$

Die Teilsicherheitsbeiwerte γ_G für ständige Einwirkungen bzw. γ_Q für veränderliche Einwirkungen – allgemein γ_F für Einwirkungen – berücksichtigen:

- Abweichungen der Einwirkungen

- Unsicherheiten in der Bestimmung der Auswirkungen, z.B. Idealisierung des Tragwerks, Annnahme des statischen Systems, Schnittgrößenermittlung

Mit den Bemessungswerten der Einwirkungen werden Beanspruchungen ermittelt, z.B. Normalkräfte, Biegemomente, Querkräfte. Allgemein gilt:

E_d Bemessungswert einer Beanspruchung:

      aufzunehmende Schnittgröße

Tabelle 2.3   Kombinationsbeiwerte ψ

Einwirkung	ψ_0	ψ_1	ψ_2
Nutzlasten			
- Kategorie A – Wohn- und Aufenthaltsräume	0,7	0,5	0,3
- Kategorie B – Büros	0,7	0,5	0,3
- Kategorie C – Versammlungsräume	0,7	0,7	0,6
- Kategorie D – Verkaufsräume	0,7	0,7	0,6
- Kategorie E – Lagerräume	1,0	0,9	0,8
Verkehrslasten			
- Kategorie F, Fahrzeuglast $\leq$ 30 kN	0,7	0,7	0,6
- Kategorie G, 30 kN $\leq$ Fahrzeuglast $\leq$ 160 kN	0,7	0,5	0,3
- Kategorie H – Dächer	0	0	0
Schnee- und Eislasten			
Orte bis NN + 1000 m	0,5	0,2	0
Orte über NN + 1000 m	0,7	0,5	0,2
Windlasten	0,6	0,5	0
Temperatureinwirkungen (nicht Brand)	0,6	0,5	0
Baugrundsetzungen	1,0	1,0	1,0
Sonstige Einwirkungen [*]	0,8	0,7	0,5

[*] ψ-Beiwerte für Flüssigkeitsdruck sind standortbedingt festzulegen.

2.3 Tragwiderstand

Die Baustoffkennwerte werden durch charakteristische Werte – Index k – angegeben, z.B.:

f_{ck} charakteristische Zylinderdruckfestigkeit des Betons

f_{yk} charakteristischer Wert der Streckgrenze des Betonstahls

Die Bemessungswerte – Index d – ergeben sich nach Division des charakteristischen Werts durch den entsprechenden Teilsicherheitsbeiwert:

$$f_{cd} = \alpha \frac{f_{ck}}{\gamma_c} \tag{2.2a}$$

$$f_{yd} = \frac{f_{yk}}{\gamma_s} \tag{2.2b}$$

Die Teilsicherheitsbeiwerte γ_c für Beton und γ_s für Betonstahl – allgemein γ_M für Baustoffkennwerte – berücksichtigen die Streuungen der Materialeigenschaften. Der Abminderungsbeiwert α erfaßt die Langzeitwirkungen auf die Druckfestigkeit sowie die Abweichungen zwischen Zylinderdruckfestigkeit und einachsiger Druckfestigkeit des Betons.

DIN 1045-1 und EC 2 definieren f_{cd} unterschiedlich, deshalb sind Bemessungshilfsmittel für EC 2 nur begrenzt für DIN 1045-1 verwendbar.

DIN 1045-1 $$f_{cd} = \alpha \frac{f_{ck}}{\gamma_c}$$

EC 2 $$f_{cd} = \frac{f_{ck}}{\gamma_c}$$

Der Tragwiderstand, z.B. das aufnehmbare Moment eines Querschnitts, berücksichtigt neben den Bemessungswerten der Baustoffe die geometrischen Größen des Querschnitts:

R_d Tragwiderstand bzw. Tragfähigkeit

2.4 Grenzzustände der Tragfähigkeit

2.4.1 Nachweisbedingungen

Das Bauteil versagt rechnerisch, wenn ein Grenzzustand der Tragfähigkeit überschritten wird. Der Bruch wird vermieden, wenn nachgewiesen wird, dass

$$E_d \leq R_d \tag{2.3}$$

Dabei ist E_d der Bemessungswert der Beanspruchung, z.B. das aufzunehmende Biegemoment und R_d der Bemessungswert des Tragwiderstands, z.B. das aufnehmbare Biegemoment des betreffenden Querschnitts.

Baupraktisch gesehen ist der Nachweis erfüllt, wenn für eine gegebene Schnittgröße, z.B. Biegemoment oder Querkraft, die übliche Querschnittsbemessung erfolgt, d.h. Ermittlung der Biegebewehrung bzw. Querkraftbewehrung.

2.4.2 Teilsicherheitsbeiwerte

Die Teilsicherheitsbeiwerte für Einwirkungen enthält Tabelle 2.4, die Teilsicherheitsbeiwerte für die Baustoffeigenschaften enthält Tabelle 2.5, [DIN 1045-1, 5.3.3].

Tabelle 2.4   Teilsicherheitsbeiwerte für Einwirkungen

	ständige Einwirkungen γ_G	veränderliche Einwirkungen γ_Q
günstige Auswirkung	1,0	0
ungünstige Auswirkung	1,35	1,5

Unterschiedliche Teilsicherheitsbeiwerte für veränderliche Einwirkungen $\gamma_Q = 1{,}5$ bzw. $\gamma_Q = 0$ entsprechen der bekannten Regel, veränderliche Lasten feldweise ungünstigst anzuordnen. Für ständige Einwirkungen ist es im Allgemeinen nicht erforderlich, unterschiedliche Teilsicherheitsbeiwerte anzusetzen. Bei durchlaufenden Platten oder Balken darf die Eigenlast in allen Feldern mit $\gamma_G = 1{,}35$ angesetzt werden [DIN 1045-1, 5.3.3(5), 8.2(4)]; nur in Ausnahmefällen wird es erforderlich sein $\gamma_G = 1{,}00$ – in allen Feldern – anzusetzen [10].

Bei Nachweisen, die empfindlich auf die Größe der ständigen Einwirkung reagieren, sind die günstigen und ungünstigen Anteile der ständigen Einwirkung mit unterschiedlichen Teilsicherheitsbeiwerten zu berücksichtigen [DIN 1055-100, Anhang A.3].

Das betrifft z.B. den Nachweis der Lagesicherheit bei Systemen mit großen Kragarmen, s. auch Abschnitt 4.1:

$$\left.\begin{array}{ll} \gamma_{G,inf} = 0{,}9 & \text{günstiger Anteil} \\[2mm] \gamma_{G,sup} = 1{,}1 & \text{ungünstiger Anteil} \end{array}\right\} \text{Lagesicherheit}$$

Gleichermaßen ist beim Nachweis der Auftriebssicherheit zu verfahren, jedoch mit folgenden Teilsicherheitsbeiwerten:

$$\left.\begin{array}{ll} \gamma_{G,inf} = 0{,}95 & \text{günstiger Anteil} \\[2mm] \gamma_{G,sup} = 1{,}05 & \text{ungünstiger Anteil} \end{array}\right\} \text{Auftriebssicherheit}$$

Für die Schnittgrößen infolge Zwang lässt die Norm zwei Möglichkeiten zu: Es können die mit der Steifigkeit im Zustand I – ungerissener Querschnitt – linear elastisch ermittelten Schnittgrößen mit einem abgeminderten Teilsicherheitsbeiwert $\gamma_Q = 1{,}0$ angesetzt werden [DIN 1045-1, 5.3.3(1)], weil die Rissbildung zu einem Abbau der Zwangbeanspruchung führt. Oder es wird die Steifigkeit im Zustand II – gerissener Querschnitt – angesetzt, und dann gelten die üblichen Teilsicherheitsbeiwerte.

Tabelle 2.5   Teilsicherheitsbeiwerte für Baustoffeigenschaften

Bemessungssituation	Beton γ_c	Betonstahl γ_s
ständige oder vorübergehende	1,5	1,15
außergewöhnliche	1,3	1,0

Aufgrund der Herstellung sind bei Beton größere Streuungen der Materialeigenschaften möglich als bei Betonstahl, was durch den höheren Teilsicherheitsbeiwert berücksichtigt wird. Bei außergewöhnlichen Bemessungssituationen – z.B. Anprall – beträgt der Teilsicherheitsbeiwert für Betonstahl $\gamma_s = 1{,}0$, für Beton ist konsequenterweise nach wie vor ein höherer Teilsicherheitsbeiwert $\gamma_c = 1{,}3$ erforderlich.

Bei Fertigteilen mit einer werkmäßig und ständig überwachten Herstellung darf der Teilsicherheitsbeiwert für den Beton auf $\gamma_c = 1{,}35$ verringert werden.

Bei Beton ab den Festigkeitsklassen C55/67 und LC55/60 ist der Teilsicherheitsbeiwert γ_c zur Berücksichtigung der größeren Streuungen der Materialeigenschaften stets mit dem Faktor $\gamma_c{}'$ zu vergrößern.

$$\gamma_c{}' = \frac{1}{1{,}1 - \dfrac{f_{ck}}{500}} \geq 1{,}0 \tag{2.4}$$

Dabei ist f_{ck} in N/mm² einzusetzen. Da sich alle Angaben im Buch auf Normalbeton bis zur Festigkeitsklasse C50/60 beziehen, tritt der Faktor $\gamma' = 1$ in den Gleichungen nicht in Erscheinung.

2.4.3 Kombination von Einwirkungen

Bei der Ermittlung der Schnittgrößen werden wie üblich die veränderlichen Einwirkungen in ungünstigster Anordnung berücksichtigt. Sofern mehrere, voneinander unabhängige veränderliche Einwirkungen vorhanden sind, brauchen sie nicht alle in voller Größe angesetzt zu werden. Nutzlasten, Verkehrslasten, Schneelasten, Windlasten, Temperatureinwirkungen und Baugrundsetzungen sind voneinander unabhängige Einwirkungen.

Bei ständigen oder vorübergehenden Bemessungssituationen wird eine veränderliche Einwirkung in voller Größe angesetzt, die anderen veränderlichen Einwirkungen werden mit dem Kombinationsbeiwert ψ_0 abgemindert [DIN 1055-100, 9.4(4)]. Damit wird die geringe Wahrscheinlichkeit des gleichzeitigen Auftretens mehrerer veränderlicher Einwirkungen in voller Größe berücksichtigt. Aus Gleichung (2.5a) ergeben sich die verschiedenen Kombinationen.

$$\sum \gamma_{G,j} \cdot G_{k,j} + \gamma_{Q,1} \cdot Q_{k,1} + \sum_{i>1} \gamma_{Q,i} \cdot \psi_{0,i} \cdot Q_{k,i} \tag{2.5a}$$

mit: $G_{k,j}$ charakteristischer Wert der ständigen Einwirkung

$\quad\quad Q_{k,1}$ charakteristischer Wert der vorherrschenden veränderlichen Einwirkung

$\quad\quad Q_{k,i}$ charakteristischer Wert der anderen veränderlichen Einwirkungen

$\quad\quad \gamma_{G,j}$ Teilsicherheitsbeiwert für ständige Einwirkung j

$\gamma_{Q,1}$ Teilsicherheitsbeiwert für die vorherrschende veränderliche Einwirkung 1

$\gamma_{Q,i}$ Teilsicherheitsbeiwert für die anderen veränderlichen Einwirkungen i

$\psi_{Q,i}$ Kombinationsbeiwert für die anderen veränderlichen Einwirkungen i

Bei nur einer veränderlichen Einwirkung, z.B. Nutzlast bei Decken für Wohn- und Bürogebäude, vereinfacht sich die Gleichung.

$$\gamma_G \cdot G_k + \gamma_Q \cdot Q_k \tag{2.5b}$$

Mehrere veränderliche Einwirkungen liegen beispielsweise für den Plattenbalken Pos 1.3 im obersten Geschoss des Bürogebäudes vor, s. Abschnitt 1.5. Zusätzlich zur Nutzlast auf der Decke sind Wind- und Schneelasten aus der Dachkonstruktion abzutragen, s. Bild 2.1.

Wenn in einem Lastfall die vorherrschende veränderliche Einwirkung – Leiteinwirkung – nicht offensichtlich ist, sollte jede veränderliche Einwirkung der Reihe nach als vorherrschend untersucht werden.

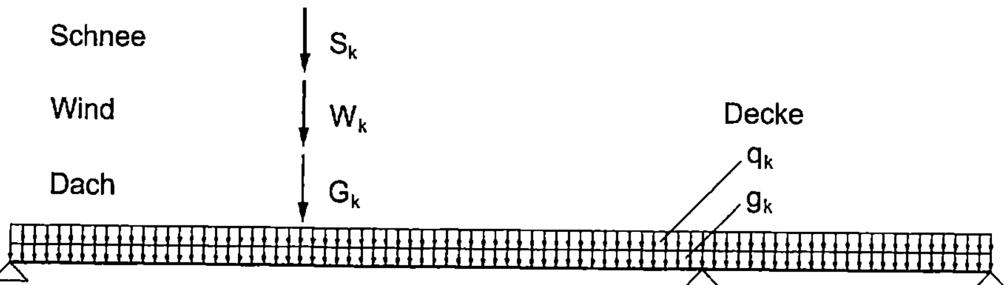

Bild 2.1   Pos 1.3 – Querträger 3. OG – Lasten

Mit den Kombinationsbeiwerten nach Tabelle 2.3

- Nutzlast Decke (Büro) Q: $\psi_0 = 0{,}7$

- Windlasten W: $\psi_0 = 0{,}6$

- Schneelasten S: $\psi_0 = 0{,}5$

ergeben sich die Grundkombinationen gemäß Tabelle 2.6.

Tabelle 2.6   Pos 1.3 – Querträger 3. OG – Grundkombinationen

Nr	ständige Einwirkungen	veränderliche Einwirkungen	
		vorherrschende	andere Einwirkungen
1.1	$\sum \gamma_G \cdot G_k$	$\gamma_Q \cdot Q_k$	$\gamma_Q \cdot 0{,}6\,W_k + \gamma_Q \cdot 0{,}5\,S_k$
1.2	$\sum \gamma_G \cdot G_k$	$\gamma_Q \cdot W_k$	$\gamma_Q \cdot 0{,}7\,Q_k + \gamma_Q \cdot 0{,}5\,S_k$
1.3	$\sum \gamma_G \cdot G_k$	$\gamma_Q \cdot S_k$	$\gamma_Q \cdot 0{,}7\,Q_k + \gamma_Q \cdot 0{,}6\,W_k$

Vereinfachend dürfen die veränderlichen Auswirkungen durch Kombination ihrer ungünstigen Werte zu $E_{Q,unf}$ (unf = unfavourable = ungünstig) zusammengefasst werden [DIN 1055-100, A.4(4)]:

$$E_{Q,unf} = E_{Qk,1} + \psi_{0,Q} \cdot \sum_{i>1\,(unf)} E_{Qk,i} \tag{2.6}$$

mit: $E_{Qk,1} = \max E_{Qk,1}$ oder $\min E_{Qk,1}$ vorherrschende Auswirkung

$\psi_{0,Q}$ bauwerksbezogener Größtwert ψ_0 nach Tabelle 2.3

Für den Plattenbalken Pos 1.3 werden die o.g. Kombinationen für die gegebenen Lasten ausgewertet und die daraus resultierenden Schnittgrößen gegenübergestellt, s. Abschnitt 4.4.1.

Bei vorwiegend auf Biegung beanspruchten Bauteilen ist es im Allgemeinen möglich, von vornherein die maßgebende Kombination zu erkennen und damit den Rechenaufwand zu reduzieren und überschaubar zu halten. Das ist bei schlanken, überwiegend auf Druck beanspruchten Bauteilen nicht so einfach – Anwendung der Theorie II. Ordnung. Dann ist eine größere Zahl von Lastkombinationen zu berücksichtigen.

Bei außergewöhnlichen Bemessungssituationen, z.B. Fahrzeuganprall (Gabelstapler), beträgt der Teilsicherheitsbeiwert für alle Einwirkungen $\gamma_F = 1{,}0$, s. DIN 1055-100, Tabelle A3. Streng genommen gilt die Tabelle nur für Hochbauten. Die ständigen Einwirkungen und die außergewöhnliche Einwirkung werden in voller Größe angesetzt; die veränderlichen Einwirkungen werden mit den Kombinationsbeiwerten ψ_1 bzw. ψ_2 multipliziert [DIN 1055-100, 9.4.(4b)].

$$\sum G_{k,j} + A_d + \psi_{1,1} \cdot Q_{k,1} + \sum \psi_{2,i} \cdot Q_{k,i} \tag{2.7}$$

mit: A_d Bemessungswert der außergewöhnlichen Einwirkung

2.5   Grenzzustände der Gebrauchstauglichkeit

Grenzzustände der Gebrauchstauglichkeit entsprechen Bedingungen, bei deren Überschreitung die festgelegten Nutzungsanforderungen eines Tragwerks oder Tragwerkteils nicht mehr erfüllt sind. Die Nachweise in den Grenzzuständen der Gebrauchstauglichkeit umfassen:

- Begrenzung der Spannungen

- Begrenzung der Rissbreiten

- Begrenzung der Verformungen

Folgende Einwirkungskombinationen sind zu unterscheiden, [DIN 1055-100, 10.4(2)]:

Seltene Kombinationen
z.B. Begrenzung der Betondruckspannungen

$$\sum G_{k,j} + Q_{k,1} + \sum_{i>1} \psi_{0,i} \cdot Q_{k,i} \tag{2.8a}$$

Häufige Kombinationen
z.B. Begrenzung der Rissbreite bei Spannbetonbauteilen (mit Verbund)

$$\sum G_{k,j} + \psi_{1,1} \cdot Q_{k,1} + \sum_{i>1} \psi_{2,i} \cdot Q_{k,i} \tag{2.8b}$$

Quasi-ständige Kombinationen
z.B. Begrenzung der Rissbreite bei Stahlbetonbauteilen
z.B. Begrenzung der Verformungen

$$\sum G_{k,j} + \sum_{i\geq1} \psi_{2,i} \cdot Q_{k,i} \tag{2.8c}$$

Die Symbole sind im Abschnitt 2.4.3 erläutert.

Bei mehreren veränderlichen Einwirkungen sollte angestrebt werden, mit einer Vorauswahl die Zahl der Kombinationen gering zu halten.

Der Bemessungswert des Bauteilwiderstands ist in der Regel mit $\gamma_M = 1{,}0$ anzusetzen, d.h. es erfolgt kein Abschlag durch Teilsicherheitsbeiwerte.

Die Ermittlung der maßgebenden Kombination für die Begrenzung der Rissbreite für die Flachdecke, Pos 3, erfolgt in Abschnitt 6.2.5.

3 Baustoffe, Dauerhaftigkeit, Betondeckung

3.1 Beton

Die Angaben zum Beton in DIN 1045-1, Abschnitt 9.1, werden ergänzt durch:

- DIN EN 206-1: Beton – Teil 1: Festlegung, Eigenschaften, Herstellung und Konformität; Deutsche Fassung EN 206-1: 2000 [8]

- DIN 1045-2: Beton – Festlegung, Eigenschaften, Herstellung und Konformität; Deutsche Anwendungsregeln zu DIN EN 206-1 [5]

Die Europäische Norm EN 206-1 gilt nur gemeinsam mit den Anwendungsregeln der DIN 1045-2. Der Inhalt dieser beiden Regelwerke ist zusammengestellt im

- DIN-Fachbericht 100: Beton [9]

Die Regeln der DIN 1045-1 gelten für

- Normalbeton: Symbol C

- Leichtbeton: Symbol LC

Das unterschiedliche Verhalten von Normal- und Leichtbeton wird fallweise durch spezielle Beiwerte für Leichtbeton erfaßt, die maßgeblich von der Trockenrohdichte ρ abhängen.

Aufgrund der großen Bandbreite der Festigkeitsklassen – C12/15 bis C100/115 – gibt es bei den Bemessungs- und Konstruktionsregeln für hochfeste Betone – oberhalb C50/60 – weitergehende Anforderungen. Für alle Festigkeitsklassen bis C50/60, die in der Baupraxis überwiegend verwendet werden, gelten die gleichen Regeln.

Um die Einführung in die neue Norm zu erleichtern werden sich die Angaben schwerpunktmäßig auf

- Normalbeton bis zur Festigkeitsklasse C50/60

beziehen.

Der entscheidende Wert ist

f_{ck} · charakteristische Zylinderdruckfestigkeit
im Alter von 28 Tagen

$f_{ck,cube}$ Würfeldruckfestigkeit
wird nur als Alternative zur Festigkeitsprüfung genannt

Beispiel:

Betonfestigkeitsklasse	C20/25	
Zylinderdruckfestigkeit	f_{ck}	$= 20$ N/mm²
Würfeldruckfestigkeit	$f_{ck,cube}$	$= 25$ N/mm²

Da die Probekörper zukünftig anders zu lagern sind – Wasserlagerung bis zum Prüftag, ergeben sich für gleiche Probekörper andere Festigkeiten als nach DIN 1045 (7/88) bzw. DIN 1048. Es darf jedoch die bisherige Prüfkörperlagerung beibehalten werden, wenn das Prüfergebnis – $f_{c,dry}$ – umgerechnet wird [DIN 1045-2, 5.5.1.2]:

Normalbeton bis einschließlich C50/60

$$f_{c,cube} = 0{,}92\, f_{c,dry} \tag{3.1}$$

Um den Bezug zum 200 mm Würfel herzustellen ist gemäß DIN 1045 (7/88) noch der Faktor 1,05 zu berücksichtigen. Bezogen auf B25 ergibt sich

$$f_{ck,cube} = 0{,}92 \cdot 1{,}05 \cdot 25 = 24{,}1 \text{ N/mm}^2,$$

d.h. B25 ist mit C20/25 vergleichbar.

Die zentrische Zugfestigkeit kann aus der Druckfestigkeit ermittelt werden [DIN 1045-1, Tabelle 9]:

$$f_{ctm} = 0{,}30\, f_{ck}^{2/3} \qquad \text{bis C50/60} \tag{3.2a}$$

$$f_{ctk;0,05} = 0{,}7\, f_{ctm} \tag{3.2b}$$

$$f_{ctk;0,95} = 1{,}3\, f_{ctm} \tag{3.2c}$$

f_{ctm} Mittelwert der Zugfestigkeit

$f_{ctk;0,05}$ unterer Grenzwert der Zugfestigkeit: 5 %-Quantil

$f_{ctk;0,95}$ oberer Grenzwert der Zugfestigkeit: 95 %-Quantil

In Tabelle 3.1 sind die Betonkennwerte für Normalbeton bis C50/60 zusammengestellt.

Tabelle 3.1 Betonfestigkeiten und Elastizitätsmodul

	Betonfestigkeitsklasse								
	C12/15	C16/20	C20/25	C25/30	C30/37	C35/45	C40/50	C45/55	C50/60
f_{ck}	12	16	20	25	30	35	40	45	50
$f_{ck,cube}$	15	20	25	30	37	45	50	55	60
f_{cm}	20	24	28	33	38	43	48	53	58
f_{ctm}	1,6	1,9	2,2	2,6	2,9	3,2	3,5	3,8	4,1
$f_{ctk;\,0,05}$	1,1	1,3	1,5	1,8	2,0	2,2	2,5	2,7	2,9
$f_{ctk;\,0,95}$	2,0	2,5	2,9	3,3	3,8	4,2	4,6	4,9	5,3
E_{cm}	21800	23400	24900	26700	28300	29900	31400	32800	34300

Die elastischen Verformungen des Betons hängen von seiner Zusammensetzung, vor allem von der Gesteinskörnung ab, insofern ist der o.g. Elastizitätsmodul nur als Richtwert zu sehen. Der E-Modul E_{cm} ist als Sekantenmodul bei einer Spannung $\sigma_c \approx 0{,}4\,f_{cm}$ definiert und beschreibt die Steifigkeit des ungerissenen Betons im Gebrauchslastniveau bei Kurzzeitbelastung, s. DIN 1045-1, Bild 22. Der Sekantenmodul ist für Verformungsberechnungen zu verwenden.

Die Querdehnzahl darf näherungsweise zu Null angenommen werden.

Die lineare Wärmedehnzahl darf für Normalbeton gleich 10^{-5} / K gesetzt werden.

Bei nichtlinearen Verfahren der Schnittgrößenermittlung und für Verformungsberechnungen ist die wirklichkeitsnahe Spannungs-Dehnungs-Linie nach DIN 1045-1, Bild 22 anzusetzen. Für Verformungsberechnungen beträgt der Höchstwert der Betondruckspannung $f_c = f_{cm}$, die zugehörige Dehnung hängt von der Betonfestigkeitsklasse ab, s. DIN 1045-1, Tabelle 9.

Für die Querschnittsbemessung ist das Parabel-Rechteck-Diagramm oder die bilineare Spannungs-Dehnungs-Linie zugrunde zu legen, s. DIN 1045-1, Bild 23 oder 24. Darauf wird bei der Bemessung in Abschnitt 5.1.1 näher eingegangen.

3.2 Betonstahl

Für Betonstabstahl und Betonstahlmatten gelten die Normen der Reihe DIN 488 und die allgemeinen bauaufsichtlichen Zulassungen.

Maßgebende Eigenschaften des Betonstahls sind:

- Streckgrenze f_{yk}

- Zugfestigkeit f_{tk}

- Duktilität

Die Duktilität kennzeichnet die Dehnfähigkeit des Betonstahls. Das Bauteil soll unter Bruchschnittgrößen noch eine so große Verformungsfähigkeit aufweisen, dass das Versagen angekündigt wird, z.B. durch Risse oder Verformungen, und ein Sprödbruch vermieden wird. Die Duktilität ist entscheidend für die Wahl des Verfahrens der Schnittgrößenermittlung, insbesondere für die Größe der Momentenumlagerung.

Unterschieden werden:

- normale Duktilität (A)

- hohe Duktilität (B)

Als normalduktil gelten Betonstähle mit einem Verhältnis Zugfestigkeit zu Streckgrenze von mindestens 1,05, als hochduktil mit einem Verhältnis von mindestens 1,08. Die Gesamtdehnung bei Erreichen der Höchstzugkraft muss bei normalduktilem Betonstahl 25 ‰ und bei hochduktilem 50 ‰ betragen [DIN 1045-1, Tabelle 11].

Die derzeit lieferbaren Betonstähle können hinsichtlich der Duktilität nach Tabelle 3.2 eingestuft werden [13].

Das Verhältnis $f_{tk} / f_{yk} \geq 1{,}05$ kann von den bisher üblichen gerippten Betonstahlmatten nach DIN 488 nicht immer eingehalten werden. Deshalb wurde die tiefgerippte Betonstahlmatte BSt 500 M (A) entwickelt, die die Forderungen der Duktilitätsklasse A erfüllt [13].

In Tabelle 3.3 sind die Eigenschaften der Betonstähle zusammengestellt.

Der Elastizitätsmodul beträgt [DIN 1045-1, 9.2.4(4)]:

$$E_s = 200 \cdot 10^3 \ \text{N/mm}^2$$

Tabelle 3.2 Duktilität der Betonstahlsorten

Betonstahlsorte	Duktilität
Betonstabstahl nach DIN 488	hochduktil (B)
Betonstahlmatten nach DIN 488	normalduktil (A) für $R_m / R_E \geq 1{,}05$
Tiefgerippte Betonstahlmatten nach allg. bauaufsichtlicher Zulassung	normalduktil (A)
Betonstahl in Ringen WR	hochduktil (B)
Betonstahl in Ringen KR	normalduktil (A)

Tabelle 3.3 Eigenschaften der Betonstähle

Betonstahlsorte	Betonstab- stahl	Betonstahl- matte	Betonstab- stahl	Betonstahl- matte
	BSt 500 S (A)	BSt 500 M (A)	BSt 500 S (B)	BSt 500 M (B)
Duktilität	normal		hoch	
Streckgrenze f_{yk}	500 N/mm²			
$(f_t / f_y)_k$	$\geq 1{,}05$		$\geq 1{,}08$	
Dehnung ε_{uk} unter Höchstlast	25 ‰		50 ‰	

Bei nichtlinearen Verfahren der Schnittgrößenermittlung ist eine wirklichkeitsnahe Spannungs-Dehnungs-Linie nach DIN 1045-1, Bild 26, mit $\varepsilon_s \leq \varepsilon_{uk} = 25$ bzw. 50 ‰ anzusetzen.

Für die Querschnittsbemessung ist eine idealisierte Spannungs-Dehnungs-Linie zugrunde zu legen. Darauf wird bei der Bemessung in Abschnitt 5.1.1 näher eingegangen.

3.3   Anforderungen an die Dauerhaftigkeit

3.3.1 Allgemeines

Die neue DIN 1045 misst der Forderung nach dauerhaften Tragwerken große Bedeutung bei. Während der vorgesehenen Nutzungsdauer sollen Gebrauchstauglichkeit und Tragfähigkeit ohne wesentlichen Verlust der Nutzungseigenschaften bei angemessenem Instandhaltungsaufwand erhalten bleiben. Diese Zielsetzung lässt sich durch die Formulierung „Bemessung auf Dauerhaftigkeit" beschreiben [14].

Auch in DIN 1055-100 ist die Dauerhaftigkeit als Kriterium für die Tragwerksplanung aufgenommen. Danach sind folgende Kriterien zu beachten, um ein dauerhaftes Tragwerk sicherzustellen:

- Nutzung des Tragwerks

- Umwelteinflüsse

- Zusammensetzung, Eigenschaften und Verhalten der Baustoffe

- Wahl des Tragsystems

- Form der Bauteile, bauliche Durchbildung

- Qualität der Bauausführung und Überwachung

- Besondere Schutzmaßnahmen

- Instandhaltung während der vorgesehenen Nutzungsdauer

3.3.2 Expositionsklassen, Mindestbetonfestigkeit

Die Funktionsfähigkeit eines Bauwerks als Ganzes oder eines Bauteils ist mit dem Nachweis der Tragfähigkeit und der Gebrauchstauglichkeit allein nicht gegeben. Vielmehr sind die unterschiedlichen Umgebungsbedingungen zu berücksichtigen, die zu einem Angriff auf die Bewehrung oder den Beton führen können. Daraus folgen die Anforderungen wie Zusammensetzung des Betons, Betondeckung, Rissbreite, um die Dauerhaftigkeit sicherzustellen. Jedes Bauteil ist nach den Umgebungsbedingungen zu klassifizieren, d.h. einer Expositionsklasse, ggf. mehreren Expositionsklassen, zuzuordnen. Maßgebend sind die Umgebungsbedingungen an der jeweiligen Bauteiloberfläche. Demzufolge können die Bauteile durchaus mehreren Expositionsklassen zugeordnet sein.

Tabelle 3.4 listet die Expositionsklassen auf, beschreibt die Umgebungsbedingungen, nennt Beispiele für die Zuordnung und gibt die Mindestbetonfestigkeitsklassen an. Es wird deutlich unterschieden zwischen Umgebungsbedingungen, die

- infolge Karbonatisierung oder von Chloriden zu einer Korrosion der Bewehrung führen

- eine Zerstörung des Betongefüges zur Folge haben.

Im DIN-Fachbericht 100 [9] sind für die Expositionsklassen Anforderungen an die Zusammensetzung des Betons, insbesondere den Wasserzementwert, festgelegt. Der Wasserzementwert beeinflusst maßgeblich die Druckfestigkeit, so dass in Tabelle 3.4 für jede Expositionsklasse eine Mindestbetonfestigkeitsklasse angegeben ist [DIN 1045-1, Tabelle 3]. Diese Vorgabe ist für die Bemessung hilfreich, damit mindestens die Betonfestigkeitsklasse zugrunde gelegt wird, die sich aus den Anforderungen an die Zusammensetzung des Betons ohnehin ergibt.

Die Angriffsintensität bei den Klassen XC, XD und XS nimmt mit wachsender Durchfeuchtung zu, dementsprechend steigen die Anforderungen an den Beton. Bei der Klasse XF spielt die Kombination von Wassersättigung und Taumitteleinsatz bzw. Meerwasserkontakt eine Rolle.

Die Expositionsklassen sind vom Bauherrn bzw. vom Tragwerksplaner festzulegen – vergleichbar mit den Nutzlasten – [14].

Auf den Bewehrungsplänen sind zusätzlich zur Festigkeitsklasse des Betons alle Expositionsklassen anzugeben, die für das Bauteil zutreffen [DIN 1045-1, 4.2.1 (3)].

Darüber hinaus ist die Expositionsklasse entscheidend für die

- Betondeckung zum Schutz gegen Korrosion

- Begrenzung der Rissbreite

Als Planungshilfe dient der Bauteilkatalog [15], in dem beispielhaft unterschiedlichen Bauteilen die Expositionsklasse, die Mindestbetonfestigkeitsklasse, die Betondeckung und die Überwachungsklasse zugeordnet werden.

Tabelle 3.4   Expositionsklassen

Klasse		Beschreibung der Umgebung	Beispiele für die Zuordnung von Expositionsklassen	Mindestbeton-festigkeitsklasse
1	Kein Korrosions- oder Angriffsrisiko			
	X0	Für Beton ohne Bewehrung: alle Umgebungsbedingungen, ausgenommen Frostangriff, Verschleiß oder chemischer Angriff	Fundamente ohne Bewehrung ohne Frost, Innenbauteile ohne Bewehrung	C12/15
2	Bewehrungskorrosion, ausgelöst durch Karbonatisierung[a]			
	XC1	Trocken oder ständig nass	Bauteile in Innenräumen mit üblicher Luftfeuchte (einschließlich Küche, Bad und Waschküche in Wohngebäuden); Beton, der ständig in Wasser getaucht ist	C16/20
	XC2	Nass, selten trocken	Teile von Wasserbehältern; Gründungsbauteile	C16/20
	XC3	Mäßige Feuchte	Bauteile, zu denen die Außenluft häufig oder ständig Zugang hat, z.B. offene Hallen; Innenräume mit hoher Luftfeuchte, z.B. in gewerblichen Küchen, Bädern, Wäschereien, in Feuchträumen von Hallenbädern und in Viehställen	C20/25
	XC4	Wechselnd nass und trocken	Außenbauteile mit direkter Beregnung	C25/30
3	Bewehrungskorrosion, ausgelöst durch Chloride, ausgenommen Meerwasser			
	XD1	Mäßige Feuchte	Bauteile im Sprühnebelbereich von Verkehrsflächen; Einzelgaragen	C30/37[c]
	XD2	Nass, selten trocken	Solebäder; Bauteile, die chloridhaltigen Industriewässern ausgesetzt sind	C35/45[c,f]
	XD3	Wechselnd nass und trocken	Teile von Brücken mit häufiger Spritzwasserbeanspruchung; Fahrbahndecken; direkt befahrene Parkdecks[b]	C35/45[c]
4	Bewehrungskorrosion, ausgelöst durch Chloride aus Meerwasser			
	XS1	Salzhaltige Luft, kein unmittelbarer Kontakt mit Meerwasser	Außenbauteile in Küstennähe	C30/37[c]
	XS2	Unter Wasser	Bauteile in Hafenanlagen, die ständig unter Wasser liegen	C35/45[c,f]
	XS3	Tidebereiche, Spritzwasser- und Sprühnebelbereiche	Kaimauern in Hafenanlagen	C35/45[c]

Klasse	Beschreibung der Umgebung	Beispiele für die Zuordnung von Expositionsklassen	Mindestbetonfestigkeitsklasse
5	Betonangriff durch Frost mit und ohne Taumittel		
XF1	Mäßige Wassersättigung ohne Taumittel	Außenbauteile	C25/30
XF2	Mäßige Wassersättigung mit Taumittel	Bauteile im Sprühnebel- oder Spritzwasserbereich von taumittelbehandelten Verkehrsflächen, soweit nicht XF4; Bauteile im Sprühnebelbereich von Meerwasser	C25/30 (LP[e]) C35/45[f]
XF3	Hohe Wassersättigung ohne Taumittel	Offene Wasserbehälter; Bauteile in der Wasserwechselzone von Süßwasser	C25/30 (LP[e]) C35/45[f]
XF4	Hohe Wassersättigung mit Taumittel	Verkehrsflächen, die mit Taumitteln behandelt werden; Überwiegend horizontale Bauteile im Spritzwasserbereich von taumittelbehandelten Verkehrsflächen; direkt befahrene Parkdecks[b]; Räumerlaufbahnen von Kläranlagen; Meerwasserbauteile Wasserwechselzone;	C30/37[e,g,i]
6	Betonangriff durch chemischen Angriff der Umgebung[d]		
XA1	Chemisch schwach angreifende Umgebung	Behälter von Kläranlagen; Güllebehälter	C25/30
XA2	Chemisch mäßig angreifende Umgebung und Meeresbauwerke	Betonbauteile, die mit Meerwasser in Berührung kommen; Bauteile in betonangreifenden Böden	C35/45[c,f]
XA3	Chemisch stark angreifende Umgebung	Industrieabwasseranlagen mit chemisch angreifenden Abwässern; Futtertische der Landwirtschaft; Kühltürme mit Rauchgasableitung	C35/45[c]
7	Betonangriff durch Verschleißbeanspruchung		
XM1	Mäßige Verschleißbeanspruchung	Tragende oder aussteifende Industrieböden mit Beanspruchung durch luftbereifte Fahrzeuge	C30/37[c]
XM2	Schwere Verschleißbeanspruchung	Tragende oder aussteifende Industrieböden mit Beanspruchung durch luft- oder vollgummibereifte Gabelstapler	C30/37[c,h] C35/45[c]
XM3	Extreme Verschleißbeanspruchung	Tragende oder aussteifende Industrieböden mit Beanspruchung durch elastomer- oder stahlrollenbereifte Gabelstapler; Oberflächen, die häufig mit Kettenfahrzeugen befahren werden; Wasserbauwerke in geschiebebelasteten Gewässern, z.B. Tosbecken	C35/45[c]

Fußnoten zur Tabelle 3.4

a Die Feuchteangaben beziehen sich auf den Zustand innerhalb der Betondeckung der Bewehrung. Im Allgemeinen kann angenommen werden, dass die Bedingungen in der Betondeckung den Umgebungsbedingungen des Bauteils entsprechen. Dies braucht nicht der Fall zu sein, wenn sich zwischen dem Beton und seiner Umgebung eine Sperrschicht befindet

b Ausführung nur mit zusätzlichen Maßnahmen (z.B. rissüberbrückende Beschichtung, s. Heft 525 DAfStb)

c Bei Verwendung von Luftporenbeton, z.B. auf Grund gleichzeitiger Anforderungen aus der Expositionsklasse XF, eine Festigkeitsklasse niedriger; siehe auch Fußnote e

d Grenzwerte für die Expositionsklassen bei chemischem Angriff siehe DIN EN 206-1 und DIN 1045-2

e Diese Mindestbetonfestigkeitsklassen gelten für Luftporenbeton mit Mindestanforderungen an den mittleren Luftgehalt im Frischbeton unmittelbar vor dem Einbau

f Bei langsam und sehr langsam erhärtenden Betonen (r < 0,30 nach DIN EN 206-1) eine Festigkeitsklasse im Alter von 28 Tagen niedriger. Die Druckfestigkeit zur Einteilung in die geforderte Druckfestigkeitsklasse ist auch in diesem Fall an Probekörpern im Alter von 28 Tagen zu bestimmen

g Erdfeuchter Beton mit w/z $\leq$ 0,40 auch ohne Luftporen

h Diese Mindestbetonfestigkeitsklasse erfordert eine Oberflächenbehandlung des Betons nach DIN 1045-2, z.B. Vakuumieren und Flügelglätten des Betons

i Bei Verwendung eines CEM III/B gemäß DIN 1045-2, Tabelle F.3.3, Fußnote c) für Räumerlaufbahnen in Beton ohne Luftporen mindestens C40/50 (hierbei gilt: w/z $\leq$ 0,35, z $\geq$ 360 kg/m³)

3.3.3 Betondeckung

Die Betondeckung der Bewehrung soll Folgendes sicherstellen:

- Schutz der Bewehrung gegen Korrosion

- Übertragung von Verbundkräften

- Brandschutz

Die Mindestbetondeckung c_{min} zum Schutz gegen Korrosion hängt von der Expositionsklasse – Umgebungsbedingungen – ab, s. Tabelle 3.5.

Tabelle 3.5 Mindestbetondeckung c_{min} (Korrosionsschutz) und Vorhaltemaß Δc für Betonstahl

Klasse	karbonatisierungsinduzierte Korrosion				chloridinduzierte Korrosion			chloridinduzierte Korrosion aus Meerwasser		
	XC1	XC2	XC3	XC4	XD1	XD2	XD3*	XS1	XS2	XS3
c_{min}	10	20		25	40			40		
Δc	10	15			15			15		

* Im Einzelfall können besondere Maßnahmen zum Korrosionsschutz der Bewehrung nötig sein.

Die Werte c_{min} dürfen um 5 mm vermindert werden für Bauteile, deren Betonfestigkeit um 2 Festigkeitsklassen höher liegt als nach Tabelle 3.4, nicht jedoch bei der Expositionsklasse XC1. Diese Regelung berücksichtigt, dass die Zusammensetzung des Betons für eine höhere Festigkeitsklasse zugleich einen dichteren Beton ergibt.

Wird Ortbeton kraftschlüssig mit einem Fertigteil verbunden, dürfen die Werte an den der Fuge zugewandten Rändern auf 5 mm im Fertigteil und auf 10 mm im Ortbeton verringert werden. Das Vorhaltemaß Δc kann in diesen Fällen entfallen.

Bei Verschleißbeanspruchung des Betons sind zusätzliche Anforderungen an die Betonzuschläge zu berücksichtigen oder c_{min} um 5 / 10 / 15 mm für die Expositionsklassen XM1 / XM2 / XM3 zu erhöhen [DIN 1045, 6.3(7)].

Um die Verbundkräfte sicher zu übertragen, gilt

$$c_{min} \geq d_s \quad \text{bzw.} \quad d_{sV} \tag{3.3}$$

mit: d_s Stabdurchmesser

$d_{sV} = d_s \cdot \sqrt{n}$ Vergleichsdurchmesser eines Stabbündels aus
                                   n Einzelstäben

Zur Berücksichtigung unplanmäßiger Abweichungen – Biegen und Verlegen der Bewehrung, Herstellung der Schalung, Einbau der Abstandshalter – ist die Mindestbetondeckung c_{min} um ein Vorhaltemaß Δc zu vergrößern. Daraus ergibt sich das Nennmaß der Betondeckung c_{nom}, s. Anhang Tafel A11.

$$c_{nom} = c_{min} + \Delta c \tag{3.4}$$

$\Delta c = 10$ mm   für Expositionsklasse XC1
                          allgemein für Verbund gemäß Gl.(3.3)

$\Delta c = 15$ mm   für die Expositionsklassen XC2 bis XC4, XD, XS

Mit der Erhöhung des Vorhaltemaßes Δc auf 15 mm für alle Expositionsklassen mit Ausnahme von XC1 soll eine größere Zuverlässigkeit der Mindestbetondeckung – 5 %-Quantilwert – erreicht werden. Dagegen gilt für Innenbauteile – XC1 – der 10 %-Quantilwert, was einem Vorhaltemaß von 10 mm entspricht. Für die Übertragung von Verbundkräften ist ein Vorhaltemaß $\Delta c = 10$ mm für alle Expositionsklassen ausreichend [10].

Das Vorhaltemaß darf um 5 mm abgemindert werden, wenn eine entsprechende Qualitätskontrolle in der Planung und Bauausführung vorliegt, s. DBV-Merkblätter „Betondeckung und Bewehrung" und „Abstandhalter".

Wird gegen unebene Flächen betoniert, z. B. Unterbeton, sollte das Vorhaltemaß um mindestens 20 mm, bei unmittelbarer Herstellung auf dem Baugrund um 50 mm vergrößert werden [DIN 1045-1, 6.3 (10)].

Auf dem Bewehrungsplan ist das Verlegemaß c_v der Bewehrung anzugeben, das c_{nom} für jeden einzelnen Stab einhält, z. B. bei Balken und Stützen

$$c_v = \begin{cases} c_{nom,bü} \\ c_{nom,l} - d_{s,bü} \end{cases} \qquad (3.5)$$

Auch das Vorhaltemaß Δc ist auf den Bewehrungsplänen anzugeben [DIN 1045-1, 4.2.1 (3)].

Beispiel

Flachdecke und Stütze
gewählt: C30/37

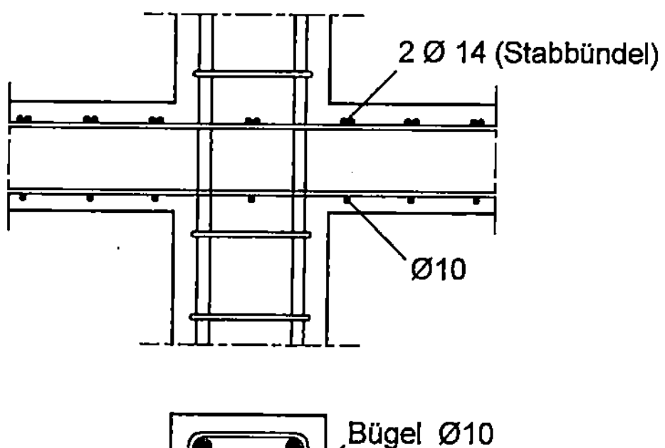

Bild 3.1   Beispiel Betondeckung

EG: Büros
Expositionsklasse XC1
Mindestbetonfestigkeitsklasse C16/20

Die höhere Betonfestigkeit ermöglicht bei XC1 keine Verminderung von c_{min}.

Decke: obere Bewehrung

$d_{sV} = d_s \sqrt{2} = 14\sqrt{2} = 20$ mm   Vergleichsdurchmesser

$c_{min} = 10$ mm   Korrosionsschutz

$c_{min} = d_{sV} = 20$ mm   Verbundsicherung

$\Delta c = 10$ mm   Expositionsklasse XC1

$c_{nom} = c_{min} + \Delta c = 20 + 10 = 30$ mm

$c_v = c_{nom} = 30$ mm

Stütze:

c_{min} = 10 mm   Korrosionsschutz   Bügel und Längsstab

c_{min} = 10 mm   Verbundsicherung   Bügel

c_{min} = 25 mm   Verbundsicherung   Längsstab

Δc = 10 mm   Expositionsklasse XC1

$c_{nom,bü}$ = 10+10 = 20 mm   Bügel

$c_{nom,l}$ = 25+10 = 35 mm   Längsstab

c_v = $c_{nom,l} - d_{s,bü}$ = 35−10 = 25 mm $\geq c_{nom,bü}$ = 20 mm

UG: PKW-Stellplätze, Außenluft hat Zugang
Expositionsklasse XC3 $\Rightarrow$ C20/25
Expositionsklasse XF1 $\Rightarrow$ C25/30

Bezogen auf den Korrosionsschutz liegt die gewählte Betonfestigkeit um 2 Festigkeitsklassen höher, so dass c_{min} vermindert werden kann.

Decke: untere Bewehrung

c_{min} = 20 mm   Korrosionsschutz
      − 5 mm   2 Festigkeiten höher
c_{min} = 15 mm $> d_s$ = 10 mm
Δc = 15 mm   Expositionsklasse XC3
c_{nom} = 15+15 = 30 mm
c_v = 30 mm

Stütze (durch bauliche Maßnahmen gegen Feuchtigkeit und Chloride geschützt):

c_{nom} = 30 mm   Korrosionsschutz   Bügel und Längsstab, s.o.

c_{min} = 25 mm   Verbundsicherung   Längsstab

Δc = 10 mm   allgemein für Verbund

$c_{nom,l}$ = 35 mm $< c_{nom,bü} + d_{s,bü}$ = 30 + 10 = 40 mm

c_v = $c_{nom,bü}$ = 30 mm

Selbst für Längsstäbe $\varnothing 28$ ist das Verlegemaß c_v = 30 mm ausreichend, weil wegen des Vorhaltemaßes Δc = 10 mm für Verbund $c_{nom,l}$ zur Verbundsicherung eingehalten ist, s. Anhang Tafel A11.

4 Schnittgrößen

4.1 Lastfälle

Zur Ermittlung der maßgebenden Schnittgrößen infolge ständiger Lasten, unterschiedlicher veränderlicher Lasten und indirekter Einwirkungen, z.B. Stützensenkung, ist eine ausreichende Anzahl von Lastfällen zu untersuchen.

Bei durchlaufenden Platten und Balken ist die veränderliche Einwirkung jeweils ungünstigst anzuordnen, d.h. entlastend wirkende veränderliche Einwirkungen bleiben unberücksichtigt, s. Bild 4.1. Die ständige Einwirkung wird bei üblichen Hochbauten in allen Feldern mit $\gamma_G = 1{,}35$ angesetzt [DIN 1045-1, 8.2(4)].

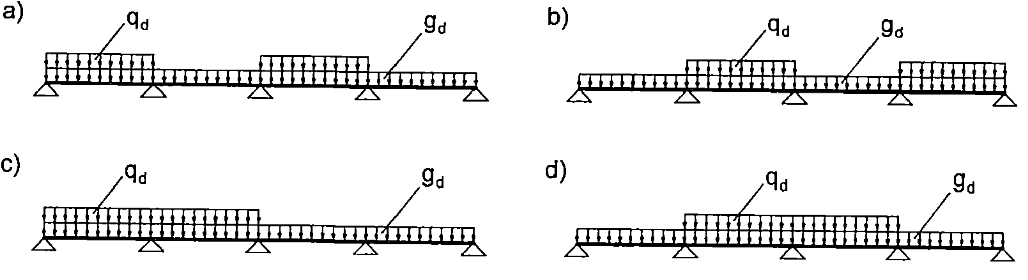

Bild 4.1 Lastfälle für durchlaufende Platten und Balken
a) max Feldmomente Feld 1 und 3
b) max Feldmomente Feld 2 und 4
c) min Stützmomente Achse B
d) min Stützmomente Achse C

Ganz anders ist zu verfahren, wenn das Tragwerk in hohem Maße anfällig gegen Schwankungen der ständigen Einwirkung ist. Das betrifft z.B. das statische Gleichgewicht oder die Lagesicherheit von Systemen mit Kragarmen. Dann sind günstige und ungünstige Anteile der ständigen Einwirkung als eigenständig zu betrachten und mit unterschiedlichen Teilsicherheitsbeiwerten zu multiplizieren [DIN 1055-100, A.3], s. Bild 4.2:

$$\gamma_{G,inf} = 0{,}9 \qquad \text{günstiger Anteil}$$

$$\gamma_{G,sup} = 1{,}1 \qquad \text{ungünstiger Anteil}$$

Ein ausführliches Beispiel mit unterschiedlichen Teilsicherheitsbeiwerten für die ständigen Einwirkungen enthält [16].

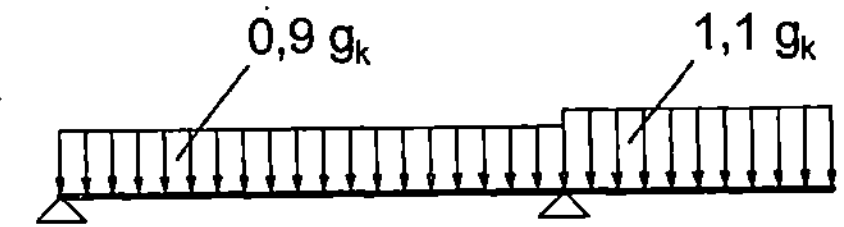

Bild 4.2   Grenzzustand des statischen Gleichgewichts, ständige Einwirkung

4.2 Idealisierungen und Vereinfachungen

4.2.1 Allgemeines

Das Tragwerk wird in Platten, Balken, Stützen, Wände usw. unterteilt. Bei Bauteilen, die überwiegend senkrecht zur Spannrichtung bzw. zur Systemachse belastet sind, werden die Schnittgrößen in der Regel am unverformten System berechnet (Theorie I. Ordnung), z.B. Platten und Balken. Wenn jedoch die Stabauslenkungen zu einem wesentlichen Anstieg der Schnittgrößen führen – bei Hochbauten mehr als 10 %, muss der Gleichgewichtszustand am verformten System nachgewiesen werden (Theorie II. Ordnung), z.B. Stützen und Wände. Dann sind außerdem die Auswirkungen möglicher Imperfektionen zu berücksichtigen, z.B. Schiefstellung des Tragwerks oder einzelner Stützen [DIN 1045-1, 7.2]. Für die Berechnung schlanker Druckglieder stehen Bemessungshilfsmittel zur Verfügung, in die die o.g. Forderungen eingearbeitet sind. Einzelheiten folgen in Abschnitt 7.

Kriechen und Schwinden ist nur bei der Berechnung der Durchbiegungen zu berücksichtigen. Lediglich bei schlanken Stützen ist der Einfluss auch im Grenzzustand der Tragfähigkeit von Bedeutung.

4.2.2 Stützweite, Lagerung, mitwirkende Plattenbreite

Die Stützweite eines Bauteils ergibt sich nach Bild 4.3:

l_{eff} effektive Stützweite

l_n lichte Stützweite

Bei der Bestimmung der effektiven Stützweite sind am Endauflager die Auflager- und Einspannbedingungen zu berücksichtigen, z.B. wird bei einer auf Mauerwerk gelagerten Stahlbetonplatte die Auflagerachse im Abstand $a/3$ von der Auflagervorderkante angesetzt, s. Bild 4.3a. Ist die Platte mit dem unterstützenden

Bauteil biegesteif verbunden, z.B. mit einer Stahlbetonwand oder einem Randbalken, dann ist die Auflagerachse mittig anzusetzen, s. Bild 4.3b und 4.3c.

Unabhängig von der Art der Unterstützung liegt die Auflagerachse bei durchlaufenden Bauteilen in der Mitte, s. Bild 4.3d und 4.3e.

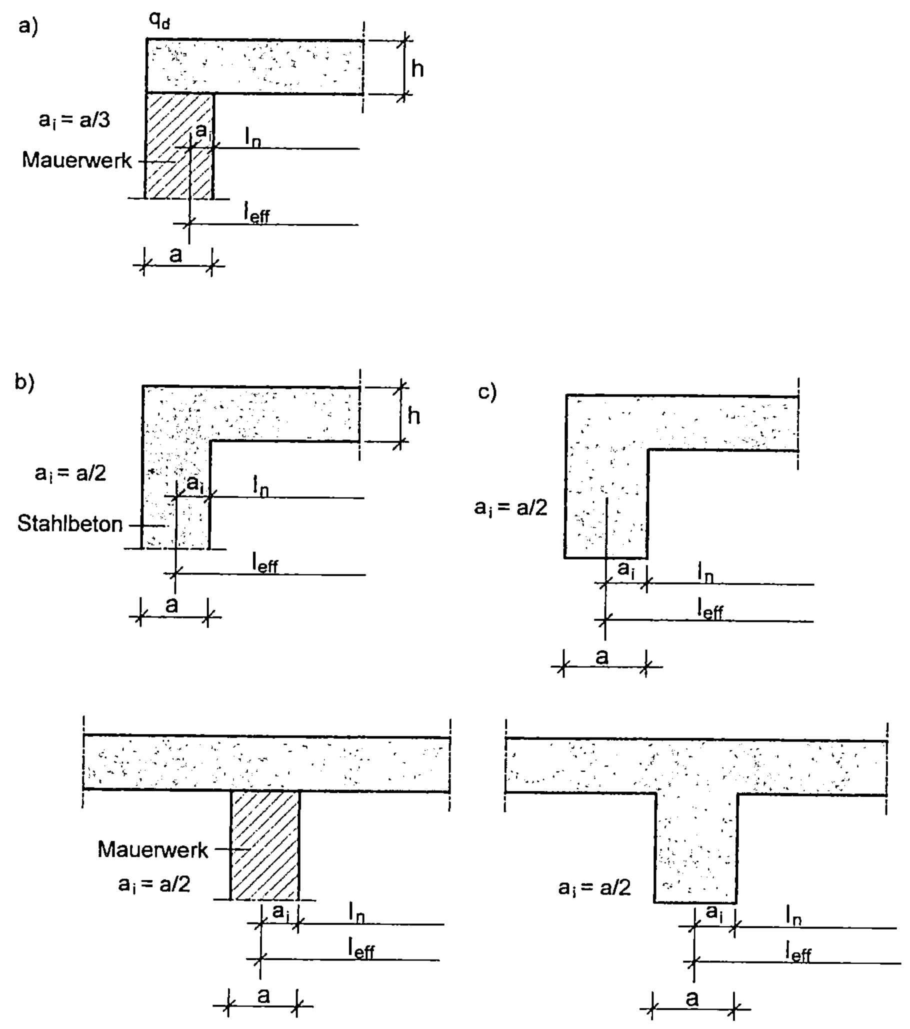

Bild 4.3   Stützweite und Auflagerachse
a) Endauflager auf Mauerwerk
b) Endauflager bei biegesteifem Anschluss
d) Zwischenauflager auf Mauerwerk
c) Endauflager Platte – Randunterzug
e) Zwischenauflager Platte – Unterzug

Die Lagerungsart beeinflusst die Beanspruchung im Bereich des Auflagers. Im Fall einer direkten Lagerung wird die Auflagerkraft des gestützten Bauteils durch Druckspannungen am unteren Querschnittsrand des Bauteils aufgenommen. Das ist der Fall, wenn das gestützte Bauteil (2) in der oberen Hälfte des stützenden Bauteils (1) angreift. Andernfalls ist von einer indirekten Lagerung auszugehen, s. Bild 4.4 [DIN 1045-1, 7.3.1(7)].

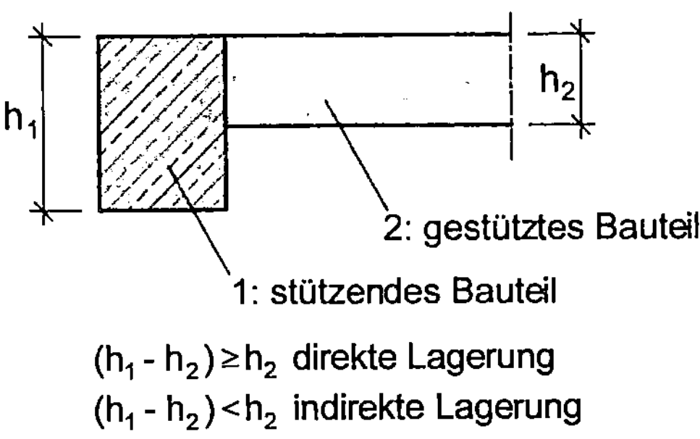

Bild 4.4   Definition der direkten und indirekten Lagerung

Bei Plattenbalken beteiligen sich die seitlich des Steges liegenden Gurte an der Aufnahme der Druckkraft infolge Biegung. Mit zunehmendem Abstand vom Steg werden die Druckspannungen im Gurt kleiner, d.h. die weiter entfernt liegenden Bereiche entziehen sich der Mitwirkung als Druckgurt. Zur Vereinfachung wird eine mitwirkende Plattenbreite definiert, für die die gleiche Druckspannung – bezogen auf den gleichen Abstand zur Spannungsnulllinie – zugrunde gelegt wird. Die mitwirkende Plattenbreite b_{eff} ist von den Gurt- und Stegabmessungen, von der Art der Belastung, der Stützweite und den Auflagerbedingungen abhängig.

Die mitwirkende Plattenbreite b_{eff} darf für Biegebeanspruchung infolge annähernd gleichmäßig verteilter Einwirkungen angenommen werden zu [DIN 1045-1, 7.3.1(2)]:

$$b_{eff} = \sum b_{eff,i} + b_w \tag{4.1a}$$

mit: $\quad b_{eff,i} = 0{,}2\,b_i + 0{,}1\,l_0 \qquad \leq 0{,}2\,l_0 \qquad \leq b_i \tag{4.1b}$

$\quad l_0 \qquad$ wirksame Stützweite

$\quad b_i \qquad$ tatsächlich vorhandene Gurtbreite

$\quad b_w \qquad$ Stegbreite

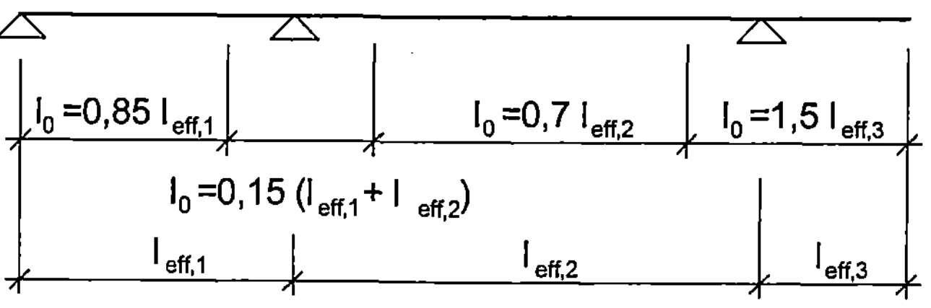

Bild 4.5   Mitwirkende Plattenbreite

Maßgebend für die Verteilungsbreite der Druckspannungen im Gurt sind die Verformungen des Plattenbalkens. Diese sind bei durchlaufenden Systemen kleiner als bei Einfeldbalken. Näherungsweise kann die wirksame Stützweite l_0 zugrunde gelegt werden, die dem Abstand der Momentennullpunkte entspricht.

Für annähernd gleichmäßig verteilte Einwirkungen darf die wirksame Stützweite Bild 4.6 entnommen werden. Voraussetzung sind etwa gleiche Steifigkeitsverhältnisse und ein Verhältnis der Stützweiten benachbarter Felder $l_{eff,i} / l_{eff,i+1} \geq 0,8$. Bei größeren Stützweitenunterschieden ist der Abstand der Momentennullpunkte aus dem zugehörigen Momentenverlauf anzusetzen.

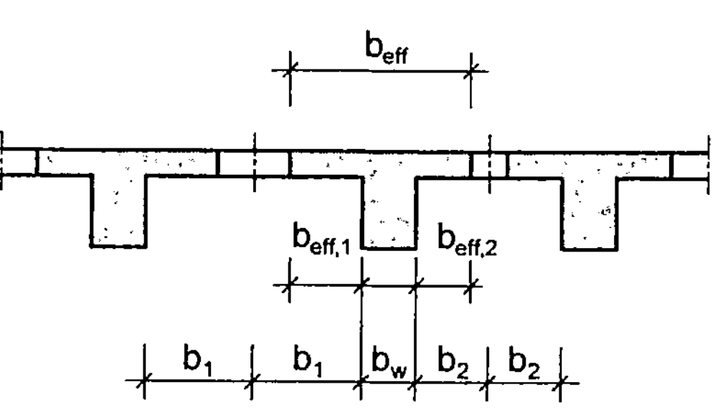

Bild 4.6   Angenäherte wirksame Stützweiten l_0 zur Berechnung der mitwirkenden Plattenbreite

4.2.3 Stützmoment, Auflagerkraft, Querkraft

Durchlaufende Platten und Balken dürfen im üblichen Hochbau unter der Annahme frei drehbarer Lagerung berechnet werden [DIN 1045-1, 7.3.2(1)]. Zur Bemessung darf das Stützmoment nach Bild 4.7a ausgerundet werden, d.h. es ermäßigt sich um

$$\Delta M_{Ed} = C_{Ed} \cdot a / 8 \tag{4.2}$$

mit: C_{Ed} Bemessungswert der Auflagerreaktion

$\quad\quad a$ Auflagerbreite

Bei Platten und Balken, die monolithisch mit dem Auflager verbunden sind, darf zur Bemessung das Moment am Auflagerrand zugrunde gelegt werden,

s. Bild 4.7b. Das schließt die Annahme frei drehbarer Lagerung für die Ermittlung der Schnittgrößen nicht aus.

Die Ermäßigung beträgt

$$\Delta M_{Ed} = |V_{Ed}|_{min} \cdot a/2 \qquad (4.3)$$

mit: $|V_{Ed}|_{min}$ kleinerer Betrag der Querkraft

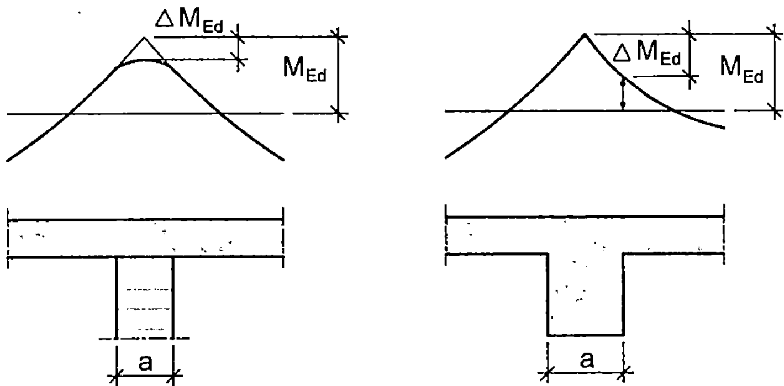

Bild 4.7 Bemessungswert Stützmoment
a) frei drehbare Lagerung   b) monolithischer Anschluss

Zur Berücksichtigung einer teilweisen Einspannung in die Unterstützungen sind Mindestmomente einzuhalten. Bei Durchlaufträgern, die monolithisch mit der Unterstützung verbunden sind, beträgt das Mindestmoment am Rand der Unterstützung 65 % des Volleinspannmoments [DIN 1045-1, 8.2(5)]. Anzusetzen ist die lichte Stützweite l_n, s. Bild 4.8. Diese Regelung erfasst gleichermaßen Streckenlasten und Einzellasten, s. Beispiel Abschnitt 4.4.2.

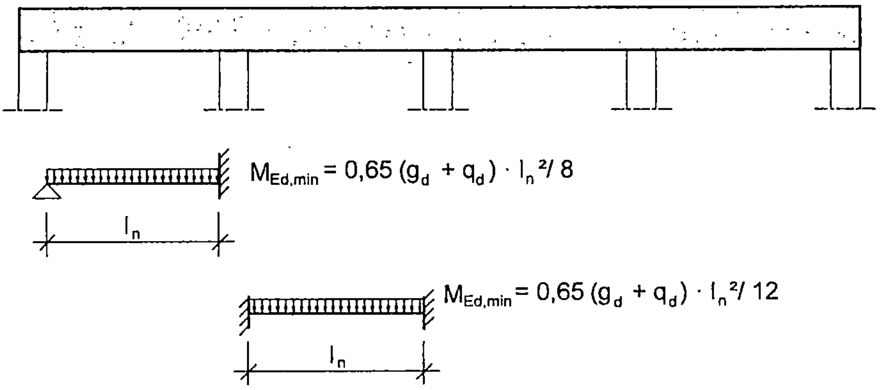

Bild 4.8 Mindestmomente für Streckenlast

Die Mindestmomente können bei Systemen mit breiten Unterstützungen maßgebend werden, wenn zusätzlich zur Momentenumlagerung die Verminderung ΔM_{Ed} beträchtlich ist.

Die auf unterstützende Bauteile wirkenden Kräfte dürfen ohne Berücksichtigung der Durchlaufwirkung berechnet werden:

- Belastung Balken durch Platte

- Belastung Stütze durch Balken

Die Durchlaufwirkung sollte jedoch stets für das erste Innenauflager berücksichtigt werden und darüber hinaus für Innenauflager, bei denen die angrenzenden Stützweiten um mehr als das Doppelte voneinander abweichen, d.h. bei einem Stützweitenverhältnis außerhalb des Bereichs $0,5 < l_{eff,1} / l_{eff,2} < 2,0$ [DIN 1045-1, 7.3.2(4)].

Bei üblichen Hochbauten mit einem Stützweitenverhältnis benachbarter Felder $0,5 < l_{eff,1} / l_{eff,2} < 2,0$ und annähernd gleicher Steifigkeit gelten außerdem folgende Vereinfachungen [DIN 1045-1, 7.3.2(5), (6)]:

- Querkräfte dürfen für Vollbelastung aller Felder ermittelt werden

- bei Innenstützen dürfen Biegemomente aus Rahmenwirkung vernachlässigt werden, wenn alle horizontalen Kräfte von aussteifenden Scheiben aufgenommen werden

Randstützen, die mit Platten oder Balken biegefest verbunden sind, sind stets als Rahmenstiele zu berechnen. Das gilt auch für Stahlbetonwände in Verbindung mit Platten.

4.3 Schnittgrößenermittlung

4.3.1 Allgemeines

Im Grenzzustand der Gebrauchstauglichkeit erfolgt die Schnittgrößenermittlung in der Regel auf der Grundlage der Elastizitätstheorie oder mit Hilfe nichtlinearer Verfahren.

Im Grenzzustand der Tragfähigkeit darf die Schnittgrößenermittlung wahlweise

- linear-elastisch mit oder ohne Momentenumlagerung

- mit Verfahren nach der Plastizitätstheorie

- mit nichtlinearen Verfahren

erfolgen.

Verfahren der Schnittgrößenermittlung nach der Plastizitätstheorie [DIN 1045-1, 8.4] gehen davon aus, dass sich durch das Fließen des Stahls plastische Gelenke ausbilden. Deshalb setzt die Anwendung der Plastizitätstheorie die Verwendung von Stahl mit hoher Duktilität voraus. Auf die direkte Kontrolle der Rotationsfähigkeit kann bei zweiachsig gespannten Platten verzichtet werden, wenn die bezogene Druckzonenhöhe $x/d \le 0{,}25$ ist (Festigkeitsklasse bis C50/60) und bei durchlaufenden Platten das Verhältnis von Stützmoment zu Feldmoment zwischen 0,5 und 2,0 liegt. In anderen Fällen ist die Rotationsfähigkeit nachzuweisen.

Verfahren nach der Plastizitätstheorie bilden auch die Grundlage für die Bemessung mit Stabwerkmodellen, z.B. die Bemessung von Konsolen und ausgeklinkten Trägerenden.

Nichtlineare Verfahren [DIN 1045-1, 8.5] berücksichtigen die nichtlinearen Spannungs-Dehnungs-Linien des Betons und des Stahls sowie die Mitwirkung des Betons auf Zug zwischen den Rissen. Mit diesen Verfahren lässt sich das Verhalten eines Bauteils wirklichkeitsnah ermitteln, und zwar für alle Belastungsphasen vom Zustand I bis zum Versagen. Sie sind sowohl für die Schnittgrößenermittlung im Grenzzustand der Gebrauchstauglichkeit als auch im Grenzzustand der Tragfähigkeit geeignet. Die eingesparte Bewehrung ist umso größer je höher der Verkehrslastanteil ist.

Nachteilig ist der größere Rechenaufwand, weil das Superpositionsgesetz nicht mehr gilt, d.h. die Schnittgrößen müssen für jede Einwirkungskombination getrennt berechnet werden.

Nichtlineare Verfahren schließen die Biegebemessung mit ein, weil die Größe und die Verteilung der Bewehrung im gesamten Bauteil vorgegeben werden muss; sie kann im Laufe der Berechnung iterativ verändert werden, was nur mit entsprechender EDV-Unterstützung machbar ist.

Ganz anders ist die Berechnung nach Theorie II. Ordnung zu sehen, bei der das geometrisch nichtlineare Verhalten als Ergebnis der Verformung berücksichtigt wird, z.B. bei schlanken Druckgliedern.

4.3.2 Linear-elastische Berechnung

Linear-elastische Berechnungsverfahren sind geeignet für die

- Grenzzustände der Gebrauchstauglichkeit

- Grenzzustände der Tragfähigkeit

Die Schnittgrößen werden in der Regel mit den Steifigkeiten der ungerissenen Querschnitte (Zustand I) ermittelt. Es dürfen auch die Steifigkeiten der gerissenen Querschnitte (Zustand II) zugrunde gelegt werden, was voraussetzt, dass die Feld- und Stützbewehrung und deren Verlauf über die Länge des Bauteils vorab bekannt sind.

Beim linear-elastischen Verfahren gilt das Superpositionsgesetz, d.h. die Schnittgrößen infolge der verschiedenen Einwirkungen können einzeln berechnet und überlagert werden. Der Vorteil des Verfahrens ist die Übersichtlichkeit; der wirkliche Verlauf der Schnittgrößen wird jedoch nur näherungsweise erfasst.

Im Allgemeinen ist die Verformungsfähigkeit ausreichend, sofern sehr hohe Bewehrungsgrade in den kritischen Abschnitten vermieden werden. Durch eine Begrenzung der Betondruckzone auf $x/d = 0{,}45$ soll eine ausreichende Rotationsfähigkeit von Durchlaufträgern gewährleistet und damit ein Querschnittsversagen durch Betonbruch ausgeschlossen werden. Wird der o.g. Wert überschritten, muss durch eine stärkere Umschnürung der Druckzone, z.B. mit Bügeln $d_s \geq 10$mm im Abstand $s_{max} = 0{,}25h \leq 200$mm, sichergestellt werden, dass der Restquerschnitt nach dem Versagen der Betondeckung eine ausreichende Tragkapazität besitzt [DIN 1045-1, 8.2(3) und 13.1.1(5)]. Diese Regelung bezieht sich auf Durchlaufträger; bei Einfeldträgern kann die Betondruckzone durchaus bis zum Grenzwert $x/d = 0{,}617$ vergrößert werden, bei dem die Bewehrung gerade noch mit dem Bemessungswert f_{yd} ausgenutzt wird, s. Anhang Tafel A1 und A3.

4.3.3 Linear-elastische Berechnung mit Momentenumlagerung

Die mit linear-elastischen Verfahren ermittelten Biegemomente dürfen für die Nachweise in den

- Grenzzuständen der Tragfähigkeit

umgelagert werden. Damit wird das nichtlineare Verhalten von biegebeanspruchten Stahlbetonbalken und -platten vereinfacht erfasst. Anstelle des nach dem linear-elastischen Verfahren ermittelten Stützmoments M darf ein abgemindertes Stützmoment M' bei der Bemessung angesetzt werden. Dabei wird berücksichtigt, dass mit zunehmender Last die Rissbildung und bei weiterer Laststeigerung das Fließen der Bewehrung in den stärker beanspruchten Bereichen zuerst einsetzt und damit die Biegesteifigkeit verändert. Demzufolge fallen die Stützmomente kleiner aus als bei linear-elastischer Berechnung, jedoch müssen konsequenterweise die zugehörigen Feldmomente vergrößert werden, s. Bild 4.9. Das Verfahren mit Momentenumlagerung ermöglicht eine günstigere Bewehrungsaufteilung zwischen positivem und negativem Moment, womit eine Bewehrungskonzentration in den Stützbereichen vermieden wird.

Da die veränderliche Last für die Berechnung der Stützmomente anders angeordnet wird als für die Berechnung der Feldmomente, führt eine Ermäßigung des Stützmoments nicht zwangsläufig zu einer Erhöhung des Feldmoments, wie am Beispiel des Zweifeldträgers in Bild 4.9 zu sehen ist.

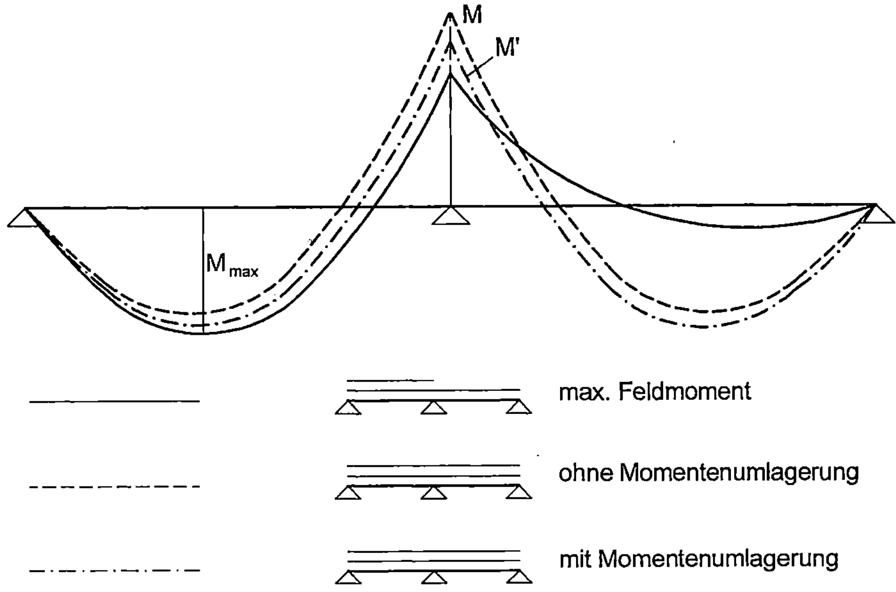

Bild 4.9   Momentenumlagerung: maßgebendes Feld- und Stützmoment

Das veränderte Stützmoment wirkt sich auch auf die Querkräfte aus – Vergrößerung am Endauflager, Verringerung am Innenauflager, was bei der Bemessung zu berücksichtigen ist.

Der Nachweis eines ausreichenden Rotationsvermögens erfolgt über eine Begrenzung der bezogenen Druckzonenhöhe. Für Durchlaufträger mit annähernd gleicher Steifigkeit und einem Stützweitenverhältnis benachbarter Felder $0{,}5 < l_{eff,1} / l_{eff,2} < 2$ ist die Momentenumlagerung begrenzt auf [DIN 1045-1, 8.3(3)]:

Hochduktiler Stahl:

$$\delta \geq 0{,}64 + 0{,}8\,x_d / d \geq 0{,}7 \qquad \text{bis C50/60} \tag{4.4a}$$

Stahl mit normaler Duktilität:

$$\delta \geq 0{,}64 + 0{,}8\,x_d / d \geq 0{,}85 \qquad \text{bis C50/60} \tag{4.4b}$$

mit: δ Verhältnis des umgelagerten Moments zum Ausgangsmoment vor der Umlagerung

x_d / d bezogene Druckzonenhöhe nach Umlagerung

Damit ist bei Platten, die mit handelsüblichen Betonstahlmatten BSt 500 M (A = normalduktil) bewehrt sind, die Umlagerung auf 15 % begrenzt ($\delta = 0{,}85$), bei Verwendung von Stabstahl BSt 500 S (B = hochduktil) oder – sofern lieferbar – Betonstahlmatten BSt 500 M (B = hochduktil) darf die Umlagerung bis zu 30 % betragen ($\delta \geq 0{,}7$).

Bei Balken und bei Plattenbalken wird die Begrenzung der Druckzone x_d / d häufig auf wesentlich geringere Umlagerungen hinauslaufen als 15 %, die die DIN 1045 (7/88) pauschal zulässt. Dann kann es sinnvoll sein, mit Hilfe einer Druckbewehrung den Wert x_d / d klein zu halten, s. Beispiel Abschnitt 5.1.5.

Die Momentenumlagerung kann wesentlich freizügiger gewählt werden, wenn anschließend das Rotationsvermögen nachgewiesen wird.

4.4 Beispiele Schnittgrößenermittlung

Die Deckenkonstruktion des in Abschnitt 1.5 vorgestellten Gebäudes besteht in Querrichtung aus Plattenbalken im Abstand von 2,50 m und in Längsrichtung aus Plattenbalken in den Achsen 5, 7 und 8. Als Hauptträger wird der Fünffeldträger in Achse 7 bezeichnet – Pos 2, die Zweifeldträger in Querrichtung werden im folgenden Querträger genannt – Pos 1.

4.4.1 Zweifeldträger ohne Momentenumlagerung

Die Plattenbalken in Querrichtung sind unterschiedlich belastet:

Pos 1.1, 1.2 Decke Erdgeschoss bis 2. Obergeschoss: gleichmäßig verteilte Last
Pos 1.3, 1.4 Decke 3. Obergeschoss: gleichmäßig verteilte Last, zusätzlich
Einzellast aus der Dachkonstruktion (Eigenlast, Wind-, Schneelast)

Lasten

Auf jeden Plattenbalken – Abstand 2,50 m – entfällt:

- ständige Last Decke (einschließlich Ausbaulast 1,2 kN/m²) g_k = 13,4 kN/m
- Nutzlast Decke (5 kN/m²) q_k = 12,5 kN/m

Zusätzliche Lasten für die Decke im 3. Obergeschoss

- ständige Last Dachkonstruktion G_k = 34 kN
- Windlast nach DIN 1055 Teil 4 W_k = 8 kN
- Schneelast nach DIN 1055 Teil 5 S_k = 26 kN

Die Dachkonstruktion und die Belastung sind in Bild 4.10 dargestellt, der Pfostenabstand beträgt 5,00 m.

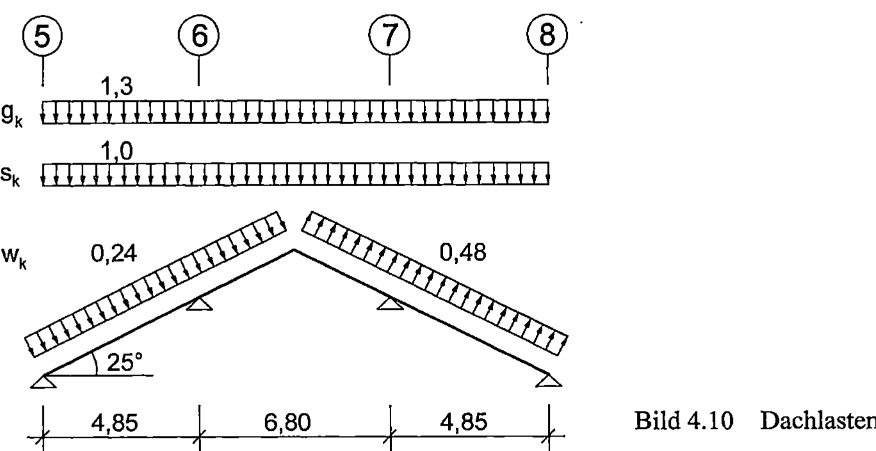

Bild 4.10   Dachlasten

Systeme

Die Zweifeldträger der Erdgeschossdecke, Pos 1.1 und 1.2, werden für unterschiedliche Auflager berechnet, s. Bild 4.11:

- Pos 1.1: frei drehbar gelagert: System 1
- Pos 1.2: Einspannung in die Randstützen: System 2

System 1 trifft auf den mittig zwischen den Stützen liegenden Querträger zu, s. Bild 1.2, System 2 betrifft die 1,25 m neben den Stützen liegenden Querträger. Aufgrund der biegefesten Verbindung der Querträger mit den Randbalken in Achse 5 und 8 und den Randstützen ergibt sich eine Einspannung der Querträger in die Randstützen. Mit Hilfe der Angaben in [17] können die Steifigkeiten für eine Rahmenrechnung, System 2, ermittelt werden.

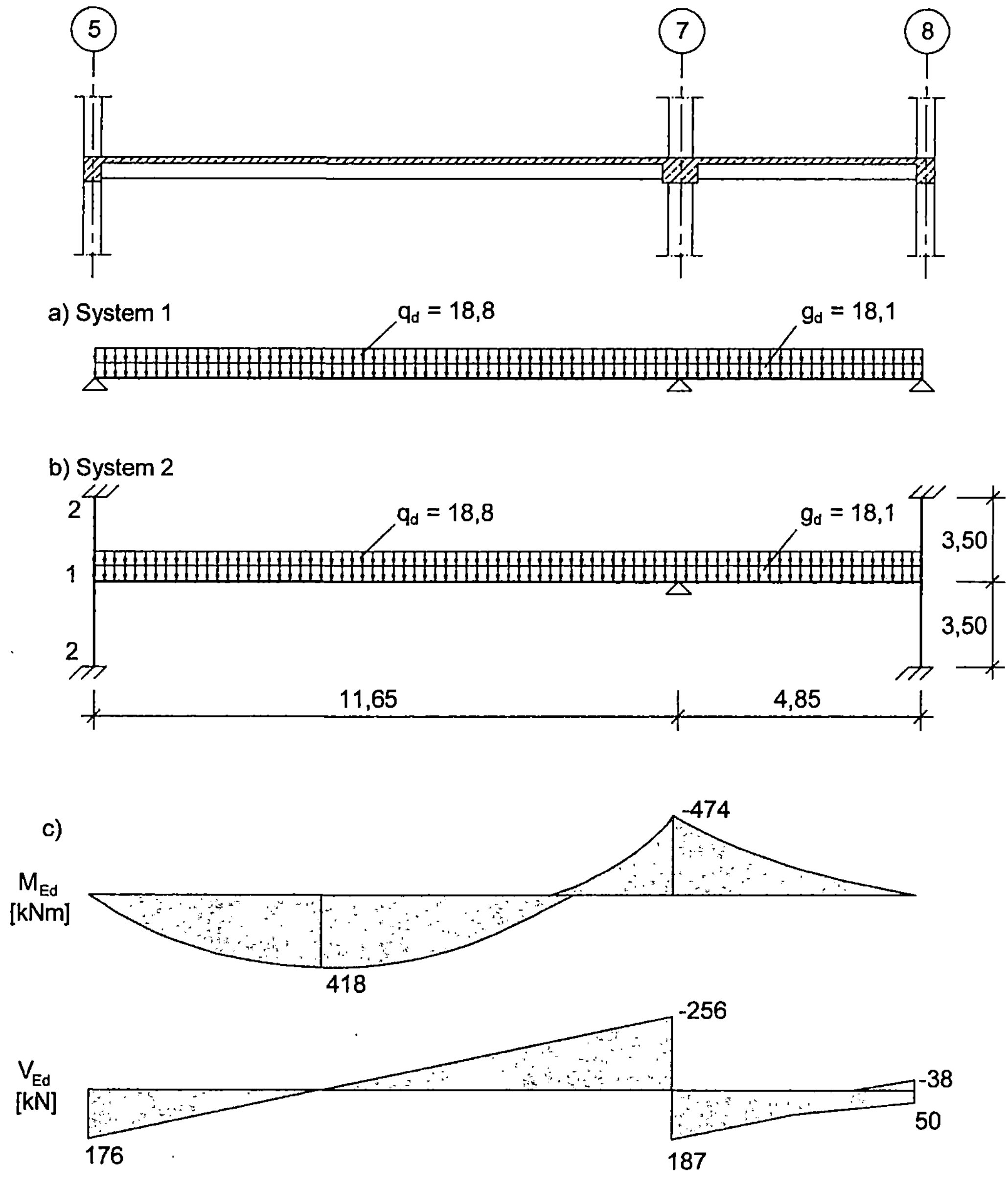

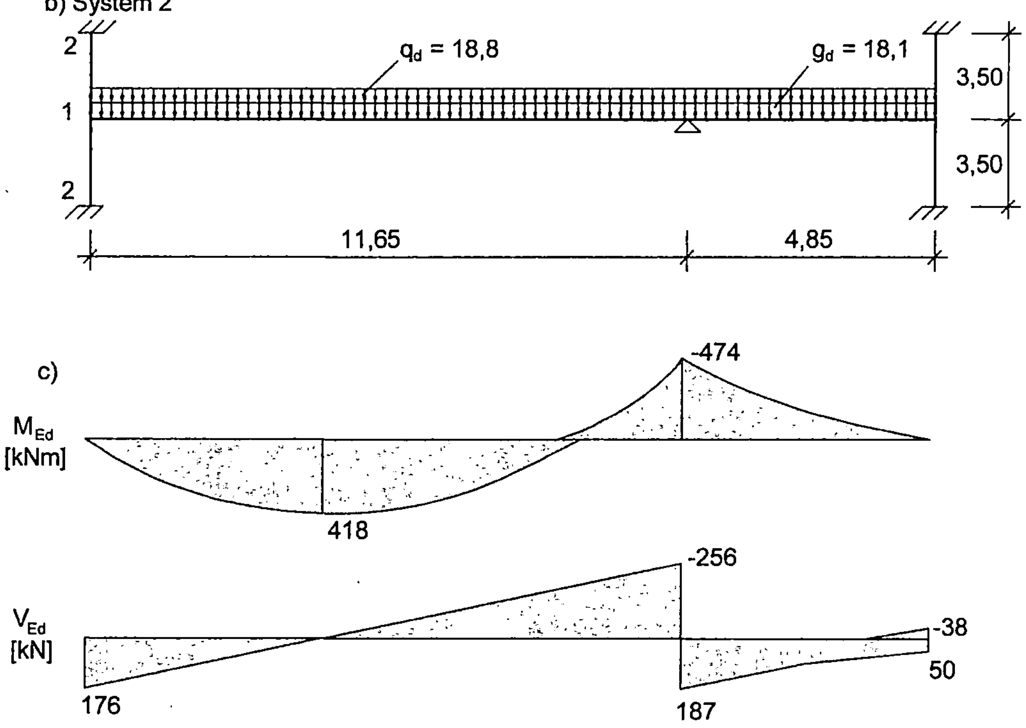

Bild 4.11   Pos 1.1, 1.2: Querträger
a) System 1: Pos 1.1
b) System 2: Pos 1.2
c) System 1: Schnittgrößen

Eine biegefeste Verbindung liegt auch zwischen den Querträgern, dem Längsträger in Achse 7 und der Mittelstütze vor. Wegen der sehr ungleichen Stützweiten

$l_{eff,1} / l_{eff,2} = 11{,}65 / 4{,}85 = 2{,}4 > 2{,}0$ stellt sich die Frage, ob die Biegemomente aus Rahmenwirkung bei der Innenstütze vernachlässigt werden dürfen [DIN 1045-1, 7.3.2(6)].

Die Nebenträger sind jedoch nicht unmittelbar mit der Innenstütze verbunden, sondern über den Hauptträger. Es liegt ein räumliches Rahmentragwerk vor: die Auflagerverdrehung der Nebenträger in Achse 7 erzeugt Torsionsmomente im Hauptträger, die Biegemomente in der Innenstütze bewirken. Die Größe der Torsionsmomente im Hauptträger und damit die Biegemomente in der Innenstütze hängen von der Torsionssteifigkeit des Hauptträgers ab.

Nach DIN 1045-1, Abschnitt 10.4.1(2) darf bei der Schnittgrößenermittlung statisch unbestimmter Tragwerke die Torsionssteifigkeit vernachlässigt werden, wenn die Torsion zum Gleichgewicht des Systems nicht erforderlich ist. Das trifft auf dieses Beispiel zu, so dass in Achse 7 für die Nebenträger eine frei drehbare Lagerung angenommen werden kann. Auf die Unterscheidung von Gleichgewichtstorsion und Verträglichkeitstorsion wird in Abschnitt 5.3.1 näher eingegangen.

Für die Plattenbalken im 3. Obergeschoss ist wiederum zwischen System 1 mit frei drehbarer Lagerung – Pos 1.3 – und System 2 mit Einspannung in die Randstützen des 3. Obergeschosses – Pos 1.4 – zu unterscheiden.

Pos 1.1: System 1: frei drehbare Endauflager

Die ständige Last wird in beiden Feldern mit $\gamma_G = 1{,}35$ angesetzt, die veränderliche Last wird mit $\gamma_Q = 1{,}50$ feldweise ungünstigst angeordnet.

Für die Bemessungslasten

$$g_d = 1{,}35 \cdot 13{,}4 = 18{,}1 \ \text{kN/m}$$

$$q_d = 1{,}50 \cdot 12{,}5 = 18{,}8 \ \text{kN/m}$$

sind die Schnittgrößen M_{Ed} und V_{Ed} in Bild 4.11c angegeben. Der Berechnung liegt konstante Biegesteifigkeit zugrunde; die voneinander abweichende mitwirkende Plattenbreite in Feld 1 und Feld 2 hat nur geringen Einfluss bei der Schnittgrößenermittlung. Die Nutzlast q_d wird feldweise angeordnet, damit sich die ungünstigsten Schnittgrößen ergeben.

Aufgrund der sehr unterschiedlichen Spannweiten ergeben sich in Achse 8 abhebende Auflagerkräfte. Damit stellt sich die Frage, ob es vertretbar ist, für die ständige Last in beiden Feldern $\gamma_G = 1{,}35$ zu setzen. Schließlich fordert DIN 1055-100 bei Systemen, die in hohem Maße gegen Schwankungen der ständigen Einwirkung anfällig sind, die günstigen und die ungünstigen Anteile der ständigen Einwirkung mit unterschiedlichen Teilsicherheitsbeiwerten zu multiplizieren [DIN 1055-100, 9.5(3) und Anhang A, Tabelle A.3].

In diesem Beispiel wird davon abgesehen, weil der Querträger, der Randunterzug und die Stützen monolithisch miteinander verbunden sind, so dass die Lagesicherheit immer gewährleistet ist. Allein die konstruktive Bewehrung in den Stützenecken – 4∅12, s. Abschnitt 9.4.1, kann 196 kN aufnehmen. Nach Ansicht des Verfassers ist es nicht notwendig, für diese und vergleichbare Ortbetonkonstruktionen vom normalen Schema – durchgehend $\gamma_G = 1{,}35$ – abzuweichen.

Zur Bemessung werden die Schnittgrößen am Rande der Unterstützung angesetzt.

Achse 7

$$\Delta M_{Ed} = \left|V_{Ed}\right|_{min} \cdot a/2$$

$$= 187 \cdot 0{,}60/2 = 56 \text{ kNm}$$

$$\left|M_{Ed,red}\right| = \left|M_{Ed}\right| - \Delta M_{Ed}$$

$$= 474 - 56 = 418 \text{ kNm}$$

$$\left|M_{Ed,min}\right| = 0{,}65 \cdot \left(g_d + q_d\right) \cdot l_n^{\,2}/8$$

$$= 0{,}65 \cdot (18{,}1 + 18{,}8) \cdot (11{,}65 - 0{,}15 - 0{,}30)^2/8 = 376 \text{ kNm}$$

Das Mindeststützmoment ist nicht maßgebend.

$$\left|V_{Ed,red}\right| = \left|V_{Ed}\right| - \left(g_d + q_d\right) \cdot a/2$$

$$= 256 - (18{,}1 + 18{,}8) \cdot 0{,}60/2 = 245 \text{ kN}$$

Da sich die Höhe des Nebenträgers ($h_{NT} = 50$ cm) nur unwesentlich von der des Hauptträgers ($h_{HT} = 55$ cm) unterscheidet, liegt indirekte Lagerung vor, s. Bild 4.4. Damit ist die Querkraft am Rand der Unterstützung anzusetzen; nur bei direkter Lagerung darf die Querkraft im Abstand d vom Rand der Unterstützung gewählt werden, s. Abschnitt 5.2.2.

Die übrigen Ergebnisse enthält Bild 4.11 c.

Bemessung des Zweifeldträgers Pos 1.1 s. Abschnitt 5.1.4.

Pos 1.2: System 2: Randeinspannungen

Die Schnittgrößen dieses Systems sind primär für die Bemessung der Randstütze, Pos 5, maßgebend, s. Abschnitt 7.6. Insofern wird auf die Schnittgrößen des Plattenbalkens nicht näher eingegangen.

Stielmomente

| Knoten 1 | M_{Ed} | $= \pm 121$ kNm |
| Knoten 2 | M_{Ed} | $= \mp 61$ kNm |

Pos 1.3: System 1: Zweifeldträger mit mehreren veränderlichen Lasten

Aus der Dachkonstruktion werden in den Achsen 5 - 8 Kräfte übertragen. Nur die Kräfte in Achse 6 beanspruchen die Plattenbalken Pos 1.3 und 1.4 auf Biegung, s. Bild 4.12. Zur besseren Übersicht sind nur die Lasten in Achse 6 in Bild 4.12 dargestellt.

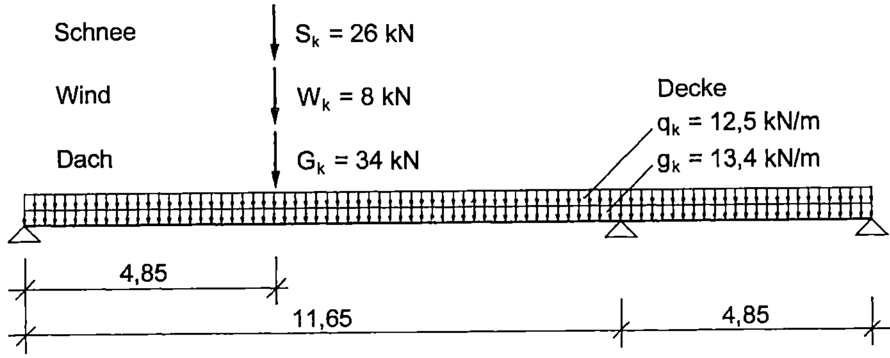

Bild 4.12   Pos 1.3 – Querträger 3. OG – charakteristische Lasten

Die veränderlichen Lasten Q_k, W_k, S_k sind voneinander unabhängig. Damit ist nur eine veränderliche Last – vorherrschende Einwirkung – in voller Größe zu berücksichtigen, die anderen dürfen mit dem Kombinationsbeiwert ψ_0 abgemindert werden, s. Abschnitt 2.4.3. Das ergibt die Grundkombination mit

ψ_0	= 0,7	Nutzlast, Büro	
ψ_0	= 0,6	Windlast	} Tabelle 2.1
ψ_0	= 0,5	Schneelast	

Zur Vereinfachung kann die vorherrschende Einwirkung in voller Größe und die anderen Einwirkungen können pauschal mit dem bauwerksbezogenen Größtwert $\psi_{0,Q}$ angesetzt werden [DIN 1055-100, A4(4)], in diesem Beispiel $\psi_0 = 0,7$.

In Tabelle 4.1 sind die o.g. Kombinationen zusammengestellt.

Tabelle 4.1   Zusammenstellung der Kombinationen – veränderliche Einwirkungen

Nr.	Grundkombination	
	Vorherrschende Einwirkung	Andere Einwirkungen
1.1	$\gamma_Q \cdot q_k = 1{,}5 \cdot 12{,}5$ $= 18{,}8$ kN/m	$\gamma_Q \cdot \psi_0 \cdot W_k + \gamma_Q \cdot \psi_0 \cdot S_k$ $= 1{,}5 \cdot 0{,}6 \cdot 8 + 1{,}5 \cdot 0{,}5 \cdot 26 = 26{,}7$ kN
1.2	$\gamma_Q \cdot W_k = 1{,}5 \cdot 8$ $= 12{,}0$ kN	$\gamma_Q \cdot \psi_0 \cdot q_k + \gamma_Q \cdot \psi_0 \cdot S_k$ $= 1{,}5 \cdot 0{,}7 \cdot 12{,}5 = 13{,}1$ kN/m $+1{,}5 \cdot 0{,}5 \cdot 26 = 19{,}5$ kN
1.3	$\gamma_Q \cdot S_k = 1{,}5 \cdot 26$ $= 39{,}0$ kN	$\gamma_Q \cdot \psi_0 \cdot q_k + \gamma_Q \cdot \psi_0 \cdot W_k$ $= 1{,}5 \cdot 0{,}7 \cdot 12{,}5 = 13{,}1$ kN/m $+1{,}5 \cdot 0{,}6 \cdot 8 = 7{,}2$ kN
	vereinfachte Kombination	
2.1	$\gamma_Q \cdot q_k + \gamma_Q \cdot \psi_{0,Q} \left(W_k + S_k \right) = 1{,}5 \cdot 12{,}5 + 1{,}5 \cdot 0{,}7 \cdot (8+26)$ $= 18{,}8$ kN/m$+35{,}7$ kN	
2.2	$\gamma_Q \cdot W_k + \gamma_Q \cdot \psi_{0,Q} \left(q_k + S_k \right) = 1{,}5 \cdot 8 + 1{,}5 \cdot 0{,}7 \cdot 26 = 39{,}3$ kN $+1{,}5 \cdot 0{,}7 \cdot 12{,}5 = 13{,}1$ kN/m	
2.3	$\gamma_Q \cdot S_k + \gamma_Q \cdot \psi_{0,Q} \left(q_k + W_k \right) = 1{,}5 \cdot 26 + 1{,}5 \cdot 0{,}7 \cdot 8 = 47{,}4$ kN $+1{,}5 \cdot 0{,}7 \cdot 12{,}5 = 13{,}1$ kN/m	

Wenn die Größe der Einwirkungen sehr unterschiedlich ist, wie in diesem Beispiel, kann die ungünstigste Kombination leicht erkannt werden. Maßgebend ist entweder

Nr 1.1   Grundkombination oder

Nr 2.1   vereinfachte Kombination.

Es ist freigestellt, ob die Kombination Nr 1.1 oder Nr 2.1 der Schnittgrößen-ermittlung zugrunde gelegt wird. Für die o.g. Kombinationen sind die Schnittgrößen in Bild 4.13 gegenübergestellt; die Unterschiede sind gering.

Kombination 1.1 (Kombination 2.1)

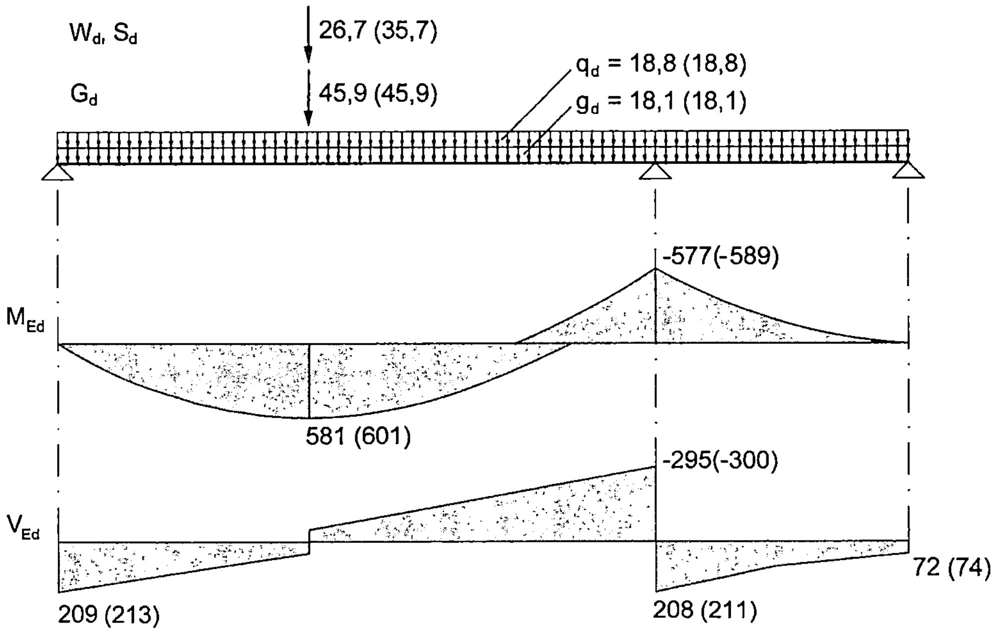

Bild 4.13   Pos 1.3 – Querträger 3. OG – Schnittgrößen

In anderen Fällen mag die Auswahl nicht so einfach sein. Dann ist es erforderlich, mehrere Lastkombinationen für das entsprechende Bauteil zu untersuchen.

Zur Vereinfachung dürfen nach DIN 1055-100, Abschnitt A4(7), bei Hochbauten für die Weiterleitung der vertikalen Lasten im Tragwerk folgende Grundkombinationen angesetzt werden:

$$max\,E_d = 1{,}35\,E_{Gk} + 1{,}50\,E_{Qk,unf} \tag{4.5a}$$

$$min\,E_d = 1{,}00\,E_{Gk} \tag{4.5b}$$

Für den häufig gegebenen Fall, dass die ständige Einwirkung insgesamt ungünstig ist, gilt Gleichung (4.5a). Gleichung (4.5b) trifft nur auf Fälle zu, in denen eine ungünstige Kombination von Biegung mit geringer Normalkraft maßgebend wird, z.B. Stützen nach Theorie II. Ordnung, s. Abschnitt 7.7.

4.4.2 Fünffeldträger mit Momentenumlagerung

Berechnet wird der Hauptträger der Erdgeschossdecke in Achse 7, Pos 2, und zwar ohne Berücksichtigung des anschließenden Gebäudeteils als Fünffeldträger. Der

Balken wird im wesentlichen durch Einzellasten aus den Querträgern belastet. Zur Vereinfachung wird für alle Querträger die Auflagerkraft der Pos 1.1 – System 1: frei drehbare Lagerung – zugrunde gelegt.

Es liegt nur eine veränderliche Last vor – Nutzlast Büroräume $q_k = 5$ kN/m², so dass keine Kombinationsbeiwerte zu berücksichtigen sind.

Lasten

g_d = 8,8 kN/m   Steg
G_d = 217 kN   s. Pos 1.1
Q_d = 226 kN   s. Pos 1.1

Der Schnittgrößenermittlung liegt eine

Momentenumlagerung von 15 %: δ = 0,85

zugrunde, die im Zuge der Bemessung, s. Abschnitt 5.1.5, zu überprüfen ist. Das zugehörige Feldmoment $M'_{Ed} = 765$ kNm ist kleiner als das maximale Feldmoment $M_{Ed,max} = 784$ kNm. Die Schnittgrößen nach Momentenumlagerung sind mit dem Kopfzeiger ' gekennzeichnet.

Biegemomente Achse F

vor Momentenumlagerung

$$M_{Ed} = -1044 \text{ kNm}$$

nach Momentenumlagerung

$$M'_{Ed} = -0{,}85 \cdot 1044 = -887 \text{ kNm}$$

am Stützenrand

$$\left| M'_{Ed,red} \right| = \left| M'_{Ed} \right| - \left| V'_{Ed} \right| \cdot a / 2$$

$$= 887 - 752 \cdot 0{,}5 / 2 = 699 \text{ kNm}$$

Mindestmoment

$$\left| M_{Ed,min} \right| = 0{,}65 \cdot \left[\frac{8{,}8 \cdot 7{,}00^2}{12} + \frac{443 \cdot 1{,}00}{7{,}00} \cdot (7{,}00 - 1{,}00) + \frac{443 \cdot 7{,}00}{8} \right]$$

$$= 522 \text{ kNm}$$

Berechnung der maßgebenden Querkraft s. Abschnitt 5.2.6.
Biegebemessung s. Abschnitt 5.1.5.

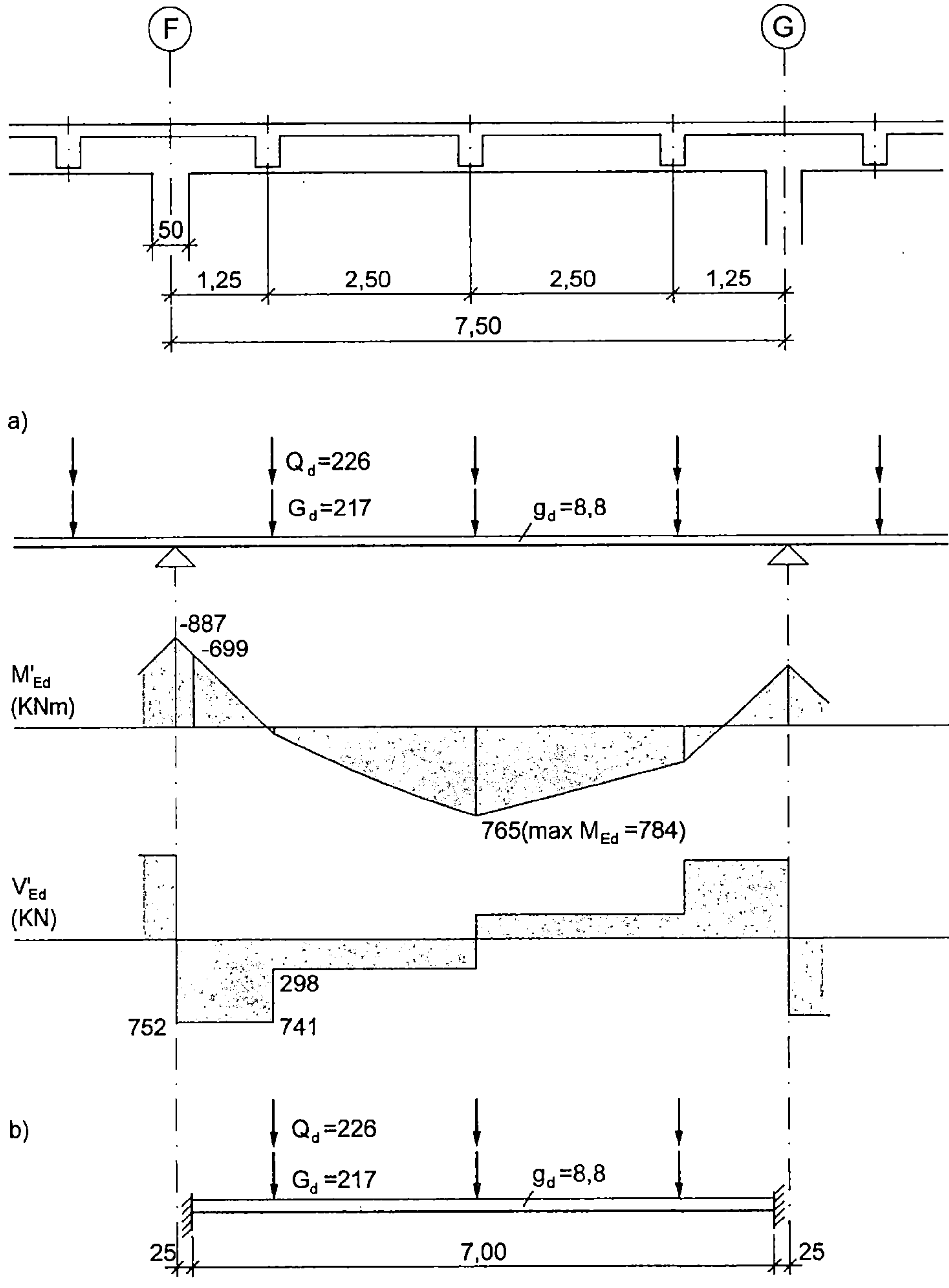

Bild 4.14   Pos 2 – Hauptträger – Feld F-G
a) System und Schnittgrößen   Momentenumlagerung 15 %
b) System für Mindestmomente

5 Nachweise der Tragfähigkeit

5.1 Biegung mit / ohne Längskraft

5.1.1 Spannungs-Dehnungs-Linien

Zur Querschnittsbemessung werden die idealisierten Spannungs-Dehnungs-Linien des Betons und des Betonstahls zugrunde gelegt. Für den Beton wird in der Regel das Parabel-Rechteck-Diagramm nach Bild 5.1 gewählt. Die angegebenen Dehnungen ε_c gelten für Normalbeton bis zur Festigkeitsklasse C50/60. Für höhere Festigkeitsklassen und allgemein bei Leichtbeton gelten andere ε-Werte, s. DIN 1045-1, 9.1.7, Tabelle 9 und Tabelle 10. Zulässig ist auch eine bilineare Spannungs-Dehnungs-Linie oder ein rechteckiger Spannungsblock; s. DIN 1045-1, Bild 24 und 25.

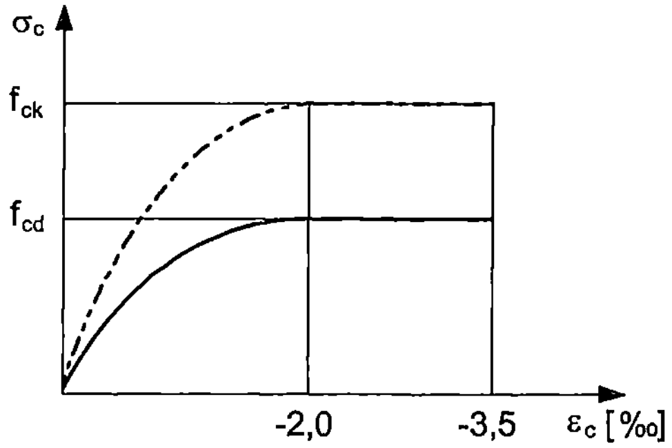

Bild 5.1
Parabel-Rechteck-Diagramm für
Normalbeton bis C50/60

Der Bemessungswert der Betondruckspannung

$$f_{cd} = \alpha \cdot f_{ck} / \gamma_c$$

ergibt sich nach Division durch den Teilsicherheitsbeiwert

$$\gamma_c = 1{,}5 \qquad \text{(Grundkombination)}$$

Zusätzlich ist ein Abminderungsbeiwert

$$\alpha = 0{,}85 \qquad \text{(Normalbeton)}$$

anzusetzen, der die Langzeitwirkungen auf die Druckfestigkeit sowie die Abweichungen zwischen Zylinderdruckfestigkeit und einaxialer Druckfestigkeit erfasst.

Bemerkenswert ist, dass für die Bemessung bis zur Festigkeitsklasse C50/60 der gleiche Faktor α / γ_c gilt. Im Gegensatz zur DIN 1045 (7/88) gibt es für die höheren Festigkeitsklassen keine weiteren Abschläge. Damit ist ein Beton C50/60 wesentlich leistungsfähiger als ein B55 nach DIN 1045 (7/88). Bei Beton ab der Festigkeitsklasse C55/67 ist der Teilsicherheitsbeiwert γ_c mit dem Faktor $\gamma_c{}'$ zu vergrößern, um die größeren Streuungen der Materialeigenschaften zu berücksichtigen, s. Gleichung (2.4).

Für den Betonstahl wird eine bilineare Spannungs-Dehnungs-Linie nach Bild 5.2 angesetzt. Es darf der Spannungsanstieg oberhalb der Streckgrenze berücksichtigt werden, vereinfachend kann auch der horizontale obere Ast der Spannungs-Dehnungs-Linie gewählt werden. Für die Querschnittsbemessung ist $f_{tk,cal}$ mit 525 N/mm² anzusetzen und die Stahldehnung auf 25 ‰ zu begrenzen [DIN 1045-1, 9.2.4 (3)].

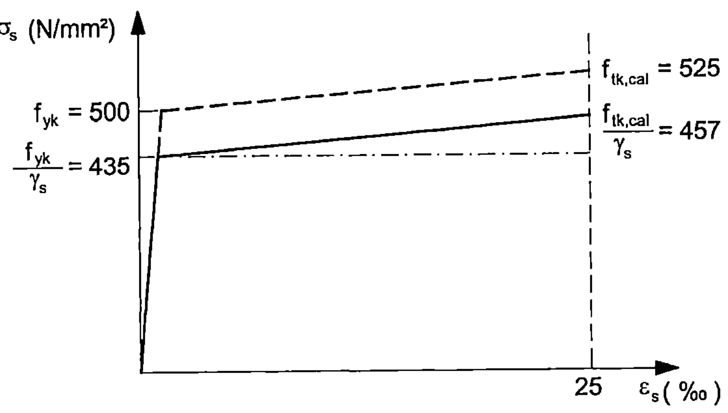

Bild 5.2   Rechnerische Spannungs-Dehnungs-Linie des Betonstahls

Der Bemessungswert der Stahlspannung

$$f_{yd} = f_{yk} / \gamma_s \quad \text{bzw.} \quad f_{yt,cal} / \gamma_s$$

ergibt sich nach Division durch den Teilsicherheitsbeiwert

$$\gamma_s = 1{,}15 \qquad \text{(Grundkombination)}$$

5.1.2 Grundlagen der Bemessung

Folgende Annahmen liegen den Nachweisen im Grenzzustand der Tragfähigkeit zugrunde:

- Die Querschnitte bleiben eben (Hypothese von Bernoulli)

- Die Betonzugfestigkeit wird vernachlässigt, d.h. alle Zugkräfte sind vom Stahl aufzunehmen

- Es liegt vollkommener Verbund zwischen Stahl und Beton vor, d.h. im gleichen Abstand von der Dehnungsnulllinie haben Stahl und Beton die gleiche Dehnung

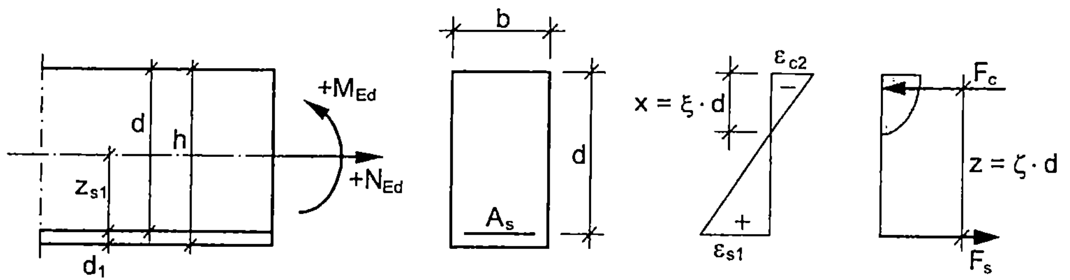

Bild 5.3   Rechteckquerschnitt ohne Druckbewehrung

Bei einem Rechteckquerschnitt ohne Druckbewehrung folgt aus den vorgegebenen Dehnungen am gedrückten Rand ε_{c2} und in der Schwerachse der Zugstäbe ε_{s1} die Lage der Spannungsnulllinie. Mit der Spannungs-Dehnungs-Linie nach Bild 5.1 sind die Betonspannungen über die Höhe der Betondruckzone x festgelegt, und so ergibt sich die resultierende Betondruckkraft F_{cd}. Zur Dehnung ε_{s1} gehört gemäß Bild 5.2 die Stahlspannung σ_s, und damit beträgt die Zugkraft F_{sd}.

F_{cd} und F_{sd} stehen mit der äußeren Normalkraft N_{Ed} im Gleichgewicht.

$$N_{Ed} = F_{sd} - F_{cd} \tag{5.1}$$

N_{Ed} ist als Druckkraft negativ; die inneren Kräfte sind ohne Vorzeichen einzusetzen, weil deren Richtung in Bild 5.3 bereits festgelegt ist. Der innere Hebelarm – Abstand der resultierenden Betondruckkraft von der Zugbewehrung – beträgt $z = \zeta \cdot d$.

Bei Biegung mit Normalkraft wird das Moment auf die Höhe der Stahleinlagen bezogen.

$$M_{Eds} = M_{Ed} - N_{Ed} \cdot z_{s1} \tag{5.2a}$$

Es steht mit dem Moment der Betondruckkraft bezogen auf die Stahleinlagen im Gleichgewicht.

$$M_{Eds} = F_{cd} \cdot z \tag{5.2b}$$

Nach Einsatz von Gleichung (5.1) und Umformung ergibt sich

$$F_{sd} = \frac{M_{Eds}}{z} + N_{Ed} \tag{5.3}$$

Der erforderliche Stahlquerschnitt beträgt

$$A_s = \frac{1}{\sigma_s}\left(\frac{M_{Eds}}{z} + N_{Ed}\right) \tag{5.4a}$$

Bei reiner Biegung vereinfacht sich die Gleichung

$$A_s = \frac{M_{Ed}}{\sigma_s \cdot z} \tag{5.4b}$$

5.1.3 Bemessungshilfsmittel

Im Zuge der Bemessung ist einerseits der Querschnitt der Zugbewehrung und ggf. der Druckbewehrung zu berechnen und andererseits nachzuweisen, dass die Druckkraft vom Beton aufgenommen werden kann. Die in Abschnitt 5.1.2 beschriebenen Zusammenhänge von Dehnungen, Spannungen, inneren Kräften und innerem Hebelarm sind in Bemessungshilfsmitteln aufbereitet.

Eine Vielzahl von Bemessungshilfsmitteln bietet [18], von denen einige Tafeln und Diagramme für Biegung mit / ohne Längskraft im Anhang wiedergegeben sind:

μ_s -Tafel	ohne Druckbewehrung	Tafel A1
μ_s -Tafeln	mit Druckbewehrung	Tafel A2
k_d -Tafel	ohne Druckbewehrung	Tafel A3
k_d -Tafeln	mit Druckbewehrung	Tafel A4
Diagramme	symmetrische Bewehrung	Tafel A5
Diagramme	Kreisquerschnitt	Tafel A6
Diagramme	schiefe Biegung	Tafel A7

Für die Bemessung von Querschnitten, die vorwiegend auf Biegung beansprucht sind, gibt es

- Tafeln mit dimensionslosen Beiwerten: μ_s -Tafeln

- Tafeln mit dimensionsgebundenen Beiwerten: k_d -Tafeln

Bei den μ_s -Tafeln, s. Anhang Tafel A1, erfolgt der Einstieg mit dem bezogenen Moment

$$\mu_{Eds} = \frac{M_{Eds}}{b \cdot d^2 \cdot f_{cd}}$$
(5.5)

mit: $M_{Eds} = M_{Ed} - N_{Ed} \cdot z_{s1}$

nach Gleichung (5.2a), N_{Ed} ist als Druckkraft negativ einzusetzen.

Abgelesen wird ω zur Berechnung der Bewehrung

$$A_s = \frac{1}{\sigma_{sd}}(\omega \cdot b \cdot d \cdot f_{cd} + N_{Ed})$$
(5.6)

Aus der Tabelle können außerdem die bezogene Druckzone $\xi = x / d$ und der bezogene innere Hebelarm $\zeta = z / d$, die Dehnungen ε_{c2} und ε_{c1} und die Stahlspannung σ_{sd} abgelesen werden.

Zu beachten ist, dass infolge des Anstiegs der Stahlspannung oberhalb der Streckgrenze σ_{sd} in Gleichung (5.6) beanspruchungsabhängig ist. Bei geringer Beanspruchung – kleine Betondruckzone – kann die Stahldehnung bis $\varepsilon_{s1} = 25\ \%_0$ angesetzt werden und damit ist der Bemessungswert der Stahlspannung $\sigma_{sd} > f_{yk} / \gamma_s = 435\ \text{N/mm}^2$.

Wenn bei hoher Beanspruchung die Betondruckzone so groß wird, dass aufgrund der kleinen Stahldehnungen $\sigma_{sd} < 435\ \text{N/mm}^2$ ist, wird die Querschnittsbemessung unwirtschaftlich und es ist Druckbewehrung erforderlich.

Die μ_s -Tafeln für Rechteckquerschnitte mit Druckbewehrung gehen von einer vorgegebenen Lage der Spannungsnulllinie x / d aus, s. Übersicht Anhang.

Die Druckbewehrung A_{s2} ist umso wirksamer, je näher sie am gedrückten Rand liegt, was über das Verhältnis d_2 / d in den Tabellen erfasst wird. Der Querschnitt der Zugbewehrung A_{s1} und der Druckbewehrung A_{s2} ergibt sich aus

$$A_{s1} = \frac{1}{f_{yd}}(\omega_1 \cdot b \cdot d \cdot f_{cd} + N_{Ed})$$
(5.7a)

$$A_{s2} = \omega_2 \cdot b \cdot d \, \frac{f_{cd}}{f_{yd}}$$
(5.7b)

Wenn eine Momentenumlagerung vorgenommen wird und der Nachweis der Rotationsfähigkeit vereinfacht über eine Beschränkung von x / d erfolgt, s. Abschnitt 4.3.3, kann bereits bei kleinerer Beanspruchung Druckbewehrung sinnvoll sein. Abschnitt 5.1.5 zeigt am Beispiel eines hochbeanspruchten

Querschnitts, wie mit Hilfe der Druckbewehrung eine ausgeprägte Momenten-umlagerung möglich wird.

Bei den k_d-Tafeln, s. Anhang Tafel A3, erfolgt der Einstieg über

$$k_d = \frac{d\,[cm]}{\sqrt{M_{Eds}\,[kNm]/b\,[m]}} \tag{5.8}$$

mit den vorgegebenen Dimensionen.

Beim Ablesen des k_s-Wertes zur Berechnung der Bewehrung ist die Betonfestigkeitsklasse zu berücksichtigen. Bei Ansatz des horizontalen Astes der Spannungs-Dehnungs-Linie des Betonstahls, s. Bild 5.2, errechnet sich die Bewehrung aus:

$$A_s\,[cm^2] = k_s \frac{M_{Eds}\,[kNm]}{d\,[cm]} + \frac{N_{Ed}\,[kN]}{43{,}5\,[kN/cm^2]} \tag{5.9a}$$

Bei Ansatz des geneigten Astes der Spannungs-Dehnungs-Linie ist die Bewehrung um bis zu 5 % geringer, was mit dem Faktor κ_s erfasst wird:

$$A_s\,[cm^2] = \kappa_s \left[k_s \frac{M_{Eds}\,[kNm]}{d\,[m]} + \frac{N_{Ed}\,[kN]}{43{,}5\,[kN/cm^2]} \right] \tag{5.9b}$$

Es gibt auch Bemessungstafeln, bei denen der Anstieg der Stahlspannung $\sigma_s > f_{yd}$ im Wert k_s enthalten ist [19]. Die Tabellen für den Rechteckquerschnitt ohne Druckbewehrung geben außerdem die bezogene Druckzonenhöhe $\xi = x/d$, den bezogenen inneren Hebelarm $\zeta = z/d$ und die Dehnungen ε_{c2} und ε_{s1} an. Der Vorteil der k_d-Tabellen liegt darin, dass die Differenz von einem k_s-Wert zum nächsten nur ungefähr 1 % beträgt, so dass es nicht nötig ist zu interpolieren, wenn der k_s-Wert für den jeweils kleineren k_d-Wert abgelesen wird. Schließlich enthält der k_s-Wert auch den Beiwert ζ für den inneren Hebelarm und der ändert sich nur allmählich mit ansteigendem Moment, s. Anhang Tafel A3.

Die k_d-Tabellen ohne Druckbewehrung enden, wo die Stahldehnung ε_{s1} gerade noch den Bemessungswert der Stahlspannungen $\sigma_{sd} = f_{yk}/\gamma_s = 435$ N/mm² erlaubt.

Bei höherer Beanspruchung – kleinere k_d-Werte – stehen k_d-Tabellen mit Druck-bewehrung zur Verfügung, s. Anhang, Tafel A4. Die Lage der Druckbewehrung, und damit ihre Wirksamkeit, wird über zusätzliche Faktoren ρ_1 und ρ_2 erfasst.

$$A_{s1}\left[cm^2\right] = \rho_1 \cdot k_{s1} \frac{M_{Eds}\left[kNm\right]}{d\left[cm\right]} + \frac{N_{Ed}\left[kN\right]}{43{,}5\left[kN/cm^2\right]} \qquad (5.9c)$$

$$A_{s2}\left[cm^2\right] = \rho_2 \cdot k_{s2} \frac{M_{Eds}\left[kNm\right]}{d\left[cm\right]} \qquad (5.9d)$$

Extra Bemessungstafeln für Plattenbalkenquerschnitte sind nur erforderlich, wenn bei sehr dünnen Platten die Spannungsnulllinie im Steg liegt [19]. In den meisten Fällen wird jedoch die Spannungsnulllinie in der Platte liegen, $x < h_f$, so dass wiederum die Tafeln für Rechteckquerschnitte angewendet werden können. Dann ist als Breite die mitwirkende Plattenbreite b_{eff} einzusetzen.

Bei Querschnitten, die gleichermaßen durch Biegung und Längskraft beansprucht werden, sind Diagramme erforderlich, die die Bewehrung in Abhängigkeit vom bezogenen Moment und von der bezogenen Normalkraft angeben. Sie gelten für den ganzen Bereich von Druck- und Zugbeanspruchung und werden überwiegend bei der Bemessung von Stützen verwendet, für die die Auswirkungen nach Theorie II. Ordnung nicht zu berücksichtigen sind.

Den Diagrammen, s. Anlage Tafel A5, liegt symmetrische Bewehrung $A_{s1} = A_{s2}$ zugrunde. Bei den Eingangswerten

$$v = \frac{N_{Ed}}{b \cdot h \cdot f_{cd}} \qquad (5.10a)$$

$$\mu = \frac{M_{Ed}}{b \cdot h^2 \cdot f_{cd}} \qquad (5.10b)$$

wird die Bauteilhöhe h – abweichend von d bei den μ_s - und k_d -Tafeln – eingesetzt, und auch der Abstand der Bewehrung vom Rand d_1 wird auf h bezogen.

Abgelesen wird ω_{tot} zur Berechnung der Gesamtbewehrung

$$A_{s,tot} = A_{s1} + A_{s2} = \omega_{tot} \cdot b \cdot h \frac{f_{cd}}{f_{yd}} \qquad (5.11)$$

mit: $\quad f_{yd} = 435$ N/mm²

Die Diagramme geben außerdem die Dehnungen an den Rändern ε_{c2} und ε_{c1} bzw. für die Zugbewehrung ε_{s1} an, was die Beanspruchung des Querschnitts – überwiegend Normalkraft oder Biegung und Normalkraft – verdeutlicht.

5.1.4 Beispiel Plattenbalken ohne Momentenumlagerung

Der Zweifeldträger Pos 1.1 wird mit Hilfe der μ_s -Tafeln bemessen.

Baustoffe

    Beton   C30/37 $f_{cd} = \alpha \cdot f_{ck} / \gamma_c = 0{,}85 \cdot 30 / 1{,}5 = 17 \ \text{N/mm}^2$

    Betonstahl   BSt 500 S $f_{yd} = f_{yk} / \gamma_s = 500 / 1{,}15 = 435 \ \text{N/mm}^2$

Geometrie

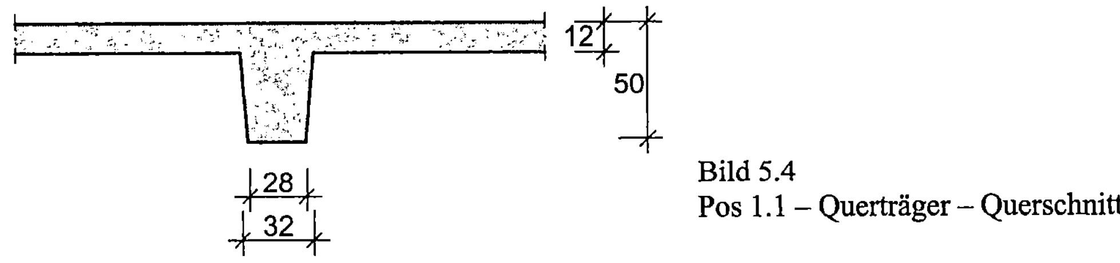

Bild 5.4
Pos 1.1 – Querträger – Querschnitt

Betondeckung

Expositionsklasse XC1 (trockene Umgebung, s. Tabelle 3.4)

    $c_{min} = 10 \ \text{mm} \geq d_s$ s. Tabelle 3.5

    $c_{nom} = c_{min} + \Delta c$ $\Delta c = 10 \ \text{mm}$

Ausgehend von $\varnothing 28$ als untere Bewehrung und Bügeln $\varnothing 8$ beträgt das Verlegemaß:

    $c_v = 30 \ \text{mm}$

Damit ist c_{nom} der Längsstäbe erfüllt:

    $c_{nom} = d_s + \Delta c = 28 + 10 = 38 \ \text{mm}$

    $\leq c_v + d_{s,bü} = 30 + 8 = 38 \ \text{mm}$

Für den Brandschutz ist auf DIN 4102 zurückzugreifen; die o.g. Betondeckung erfüllt die Feuerwiderstandsdauer F90.

Nutzhöhe

    $d = 50 - 3{,}0 - 0{,}8 - 2{,}8 / 2 \approx 45 \ \text{cm}$

Vereinfachend wird dieser Wert für die untere und die obere Bewehrung angenommen. Damit gilt für die Druckbewehrung:

$$d_2 / d = 5/45 \approx 0{,}1$$

Mitwirkende Plattenbreite Feld 1

$$b_{eff} = \sum b_{eff,i} + b_w \qquad \text{s. Gl.(4.1a)}$$

mit: $\quad b_{eff,i} = 0{,}2 b_i + 0{,}1 l_0 \qquad \leq 0{,}2 l_0$

$$\leq b_i$$

$$l_0 = 0{,}85 l_{eff} \qquad \text{s. Bild 4.6}$$

$$b_{eff,1} = 0{,}2 \cdot 1{,}09 + 0{,}1 \cdot 0{,}85 \cdot 11{,}65 = 1{,}208 \text{ m}$$

$$\leq 0{,}2 \cdot 0{,}85 \cdot 11{,}65 = 1{,}980 \text{ m}$$

$$> 1{,}09 \text{ m}$$

Maßgebend ist $b_{eff,1} = b_{eff,2} = 1{,}09$ m, und damit ist die mitwirkende Breite gleich dem gegenseitigen Abstand der Nebenträger.

$$b_{eff} = 2{,}50 \text{ m}$$

Bei diesem System sind die Stützweiten sehr unterschiedlich, so dass $l_0 = 0{,}85\, l_{eff}$ nicht mehr angewendet werden sollte, zumindest nicht für das kleine Feld. Wenn stattdessen für l_0 der Abstand der Momentennullpunkte gewählt wird – $l_0 = 9{,}51$ m, ändert sich die mitwirkende Breite für das große Feld nicht, weil ohnehin $b_{eff,1} \leq b_1$ maßgebend ist.

Schnittgrößen

s. Abschnitt 4.4.1, System 1

Bemessung

Die Bemessung erfolgt mit den μ_s -Tafeln, s. Anhang.

Feldmoment: keine Druckbewehrung, s. Tafel A1
Stützmoment: mit Druckbewehrung
wahlweise mit unterschiedlicher Begrenzung x / d

$$\xi = x / d = 0{,}617 \qquad \text{s. Tafel A2c}$$

$$\xi = x / d = 0{,}45 \qquad \text{s. Tafel A2b}$$

Einzelschritte Bemessung Feldmoment

$$\mu_{Eds} = \frac{M_{Eds}}{b \cdot d^2 \cdot f_{cd}} = \frac{0,418}{2,50 \cdot 0,45^2 \cdot 17} = 0,0486 \qquad \text{mit } b = b_{eff}$$

$$A_s = \omega \cdot b \cdot d \, \frac{f_{cd}}{\sigma_{sd}} = 0,0500 \cdot 250 \cdot 45 \, \frac{17}{457} = 20,9 \text{ cm}^2$$

$$x = \xi \cdot d = 0,075 \cdot 45 = 3,4 \text{ cm} < h_f = 12 \text{ cm}$$

Die Nulllinie liegt in der Platte, d.h. die Annahme einer rechteckigen Betondruckzone ist zutreffend.

Tabelle 5.1 Pos 1.1 – Querträger – Biegebemessung

	M_{Eds}	d	b	μ_{Eds}	ω_1	ω_2	ξ	σ_{sd}	A_{s1}	A_{s2}
	kNm	m	m	-	-	-	-	N/mm²	cm²	cm²
Feldmom.	418	0,45	2,50	0,0486	0,0500	-	0,075	457	20,9	-
Stützmom.	418	0,45	0,28	0,434	0,569	0,069	0,617	435	28,0	3,4
Stützmom.	418	0,45	0,28	0,434	0,517	0,153	0,45	435	25,5	7,5

Einzelschritte Bemessung Stützmoment

Für $\mu = 0,434$ liefert Tafel A1 keine sinnvolle Bewehrung, es ist Druckbewehrung erforderlich. Die Aufteilung der Druckkraft auf den Beton und die Bewehrung lässt sich über die Höhe der Betondruckzone $\xi = x / d$ steuern. $\xi = 0,617$ ist der Grenzwert, bei dem der Stahl in der Zugzone gerade noch mit $\sigma_s = f_{yd}$ ausgenutzt wird, s. Tafel A1. Zweckmäßiger ist es, die Betondruckzone weiter zu reduzieren, z. B. auf $\xi = 0,45$, s. Tafel A2b. Damit wird der unteren Bewehrung mehr Druck zugewiesen. Der Mehrbedarf an Druckbewehrung ist in der Regel ohnehin gedeckt, weil 1/4 der Feldbewehrung zum Auflager zu führen ist, s. Konstruktionsregeln Abschnitt 9.2.1. Der günstigere Hebelarm der Druckbewehrung bewirkt eine Verringerung der Zugbewehrung.

$$\mu_{Eds} = \frac{0,418}{0,28 \cdot 0,45^2 \cdot 17} = 0,434$$

aus Tafel A2b $\quad \xi = 0,45 \quad d_2 / d = 0,1 \qquad \omega_1 = 0,517 \quad \omega_2 = 0,153$

$$A_{s1} = 0,517 \cdot 28 \cdot 45 \, \frac{17}{435} = 25,5 \text{ cm}^2 \qquad\qquad A_{s2} = 7,5 \text{ cm}^2$$

Damit ist zugleich die Anwendungsregel erfüllt, für Durchlaufträger $x/d \leq 0{,}45$ einzuhalten [DIN 1045-1, 8.2 (3)]. Diese Regel bezieht sich auf Durchlaufträger, bei denen das Stützweitenverhältnis benachbarter Felder $0{,}5 < l_{eff,1} / l_{eff,2} < 2{,}0$ beträgt. Andernfalls sind geeignete konstruktive Maßnahmen zu treffen, um eine ausreichende Duktilität sicherzustellen, wie eine kräftige Umschnürung der Biegedruckzone mit Bügeln [DIN 1045-1, 13.1.1(5)].

Die Biegebemessung mit Teilsicherheitsbeiwerten ist vorteilhaft, und bei Berücksichtigung des geneigten Astes der Spannungs-Dehnungs-Linie ergibt sich darüber hinaus ein weiteres Einsparpotential.

DIN 1045-1

$$\gamma_F \cdot \gamma_s \approx 1{,}4 \cdot 1{,}15 = 1{,}61$$

Stahlspannung unter Gebrauchslasten

$$\frac{500}{1{,}61} = 311 \leq \sigma_s \leq \frac{525}{1{,}61} = 326 \text{ N/mm}^2$$

DIN 1045 (7/88)

$$\gamma = 1{,}75$$

Stahlspannung unter Gebrauchslasten

$$\sigma_s = \frac{500}{1{,}75} = 286 \text{ N/mm}^2$$

Nach DIN 1045-1 wird die Biegezugbewehrung um bis zu 14 % höher ausgenutzt.

5.1.5 Beispiel Plattenbalken mit Momentenumlagerung

Wenn den Schnittgrößen eine Momentenumlagerung zugrunde liegt, ist entweder ein Nachweis des Rotationsvermögens zu führen oder Gleichung (4.4)

$$\delta = 0{,}64 + 0{,}8 \cdot x / d$$

einzuhalten. Da der Steg eines Plattenbalkens durch die Stützmomente in der Regel hoch beansprucht ist, lässt sich die o.g. Gleichung häufig nur durch eine vorgegebene Begrenzung von x/d erfüllen. Die damit erforderliche Druckbewehrung ist meistens als durchgeführte Feldbewehrung ohnehin vorhanden. Aus der o.g. Gleichung ergibt sich die zulässige Momentenumlagerung nach Tabelle 5.2; die entsprechenden Bemessungstafeln sind im Anhang angegeben.

x/d	zul δ	Tafel	Tafel
0,25	0,84	A2a	A4a

Tabelle 5.2
Zulässige Momentenumlagerung

0,45	1,00	A2b	A4b

Das Mittelfeld des Fünffeldträgers – Pos 2 – wird mit Hilfe der k_d-Tafeln bemessen.

Geometrie

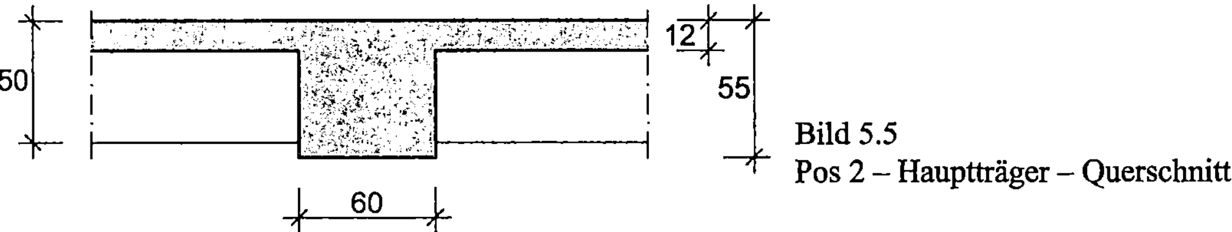

Bild 5.5
Pos 2 – Hauptträger – Querschnitt

Nutzhöhe

untere Bewehrung $d = 50$ cm
obere Bewehrung $d = 48$ cm $d_2 = 5$ cm $d_2 / d \approx 0,1$
(Bewehrung Nebenträger liegt über Bewehrung Hauptträger)

Mitwirkende Plattenbreite

$$b_{eff,1} = 0,2 \cdot 5,60 + 0,1 \cdot 0,70 \cdot 7,50 = 1,645 \text{ m}$$
$$> 0,2 \cdot 0,70 \cdot 7,50 = 1,05 \text{ m} \quad \text{maßgebend}$$
$$\leq 5,60 \text{ m}$$

$$b_{eff,2} = 0,2 \cdot 2,20 + 0,1 \cdot 0,70 \cdot 7,50 = 0,965 \text{ m}$$
$$\leq 0,2 \cdot 0,70 \cdot 7,50 = 1,05 \text{ m}$$
$$\leq 2,20 \text{ m}$$

$$b_{eff} = 0,60 + 1,05 + 0,965 = 2,615 \text{ m}$$

Schnittgrößen s. Abschnitt 4.4.2   Momentenumlagerung $\delta = 0,85$

Bemessung

Mit der Begrenzung $x / d = 0,25$ gemäß Bemessungstafel A4a ist die vorab gewählte Momentenumlagerung zulässig.

$$\delta_{zul} = 0,64 + 0,80 \cdot 0,25 = 0,84 < \delta_{vorh} = 0,85$$

Einzelschritte Bemessung Feldmoment

$$k_d = \frac{50}{\sqrt{\dfrac{784}{2,61}}} = 2,89$$

k_s, κ_s, ξ ablesen für nächst kleineren Wert $k_d = 2,77$, Spalte C30/37

$$A_s = 0,95 \cdot 2,40 \, \frac{784}{50} = 35,8 \ \text{cm}^2$$

Der Wert $\kappa_s = 0,95$ berücksichtigt der Anstieg der Stahlspannung oberhalb der Sreckgrenze – geneigter Ast der Spannungs-Dehnungs-Linie.

$$x = \xi \cdot d = 0,104 \cdot 50 = 5,2 \ \text{cm} < h_f = 12 \ \text{cm}$$

Die Nulllinie liegt zweifelsfrei in der Platte, eine Interpolation von ξ ist nur angebracht, wenn der Nachweis $x \le h_f$ knapp wird.

Tabelle 5.3   Pos.2 – Hauptträger – Biegebemessung

	Tafel	M	d	b	k_d	k_{s1}	k_{s2}	κ_s	A_{s1}	A_{s2}
	-	kNm	m	m	-	-	-	-	cm²	cm²
Feldmom.	A3	784	0,50	2,61	2,89	2,40	-	0,95	35,8	-
Stützmom.	A4a	699	0,48	0,60	1,41	2,52	0,94	-	37,4	14,8

Einzelschritte Bemessung Stützmoment

$$k_d = \frac{48}{\sqrt{\dfrac{699}{0,60}}} = 1,41$$

k_{s1} abgelesen für $k_d = 1,38$

k_{s2} interpoliert, ggf. für $k_d = 1,38$ ablesen

$\rho_1 = 1,02$ für $d_2 / d = 0,1$ und $k_{s1} = 2,52$

$\rho_2 = 1,08$ für $d_2 / d = 0,1$

$$A_{s1} = 1,02 \cdot 2,52 \, \frac{699}{48} = 37,4 \ \text{cm}^2$$

$$A_{s2} = 1{,}08 \cdot 0{,}94 \, \frac{699}{48} = 14{,}8 \ \text{cm}^2$$

Der k_d-Tafel mit Druckbewehrung liegt aus Gründen der Vereinfachung $\sigma_{sd} = f_{yd} = 435 \ \text{N/mm}^2$ zugrunde. Für $\varepsilon_{s1} = 10{,}5 \ \text{‰}$ würde sich mit dem geneigten Ast der Spannungs-Dehnungs-Linie eine geringfügig höhere Stahlspannung ergeben, was letztlich den Bewehrungsquerschnitt A_{s1} kaum reduziert.

5.2 Querkraft

5.2.1 Allgemeines

In Balken und Platten wirken Biegemomente und Querkräfte gemeinsam. Demzufolge wird die Größe und die Neigung der Betondruckkraft sowie die Größe der Zugkraft sowohl durch das Biegemoment als auch durch die Querkraft beeinflusst.

Im Prinzip kann die Last allein durch Gewölbewirkung abgetragen werden, s. Bild 5.6. Voraussetzung ist ein kräftiges Zugband – mindestens 50 % der Zugbewehrung muss bis zum Auflager geführt und ausreichend verankert werden. Dieses Modell liegt Stahlbetonplatten zugrunde, soweit sie keine Querkraftbewehrung benötigen.

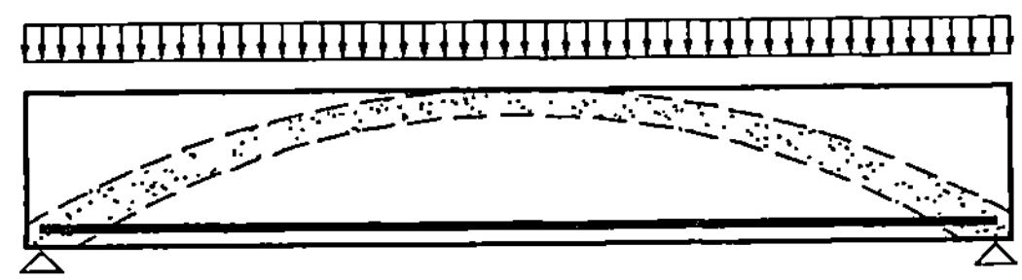

Bild 5.6   Tragverhalten von Platten ohne Querkraftbewehrung

Bei höherer Querkraftbeanspruchung, insbesondere bei Balken, wird die Lastabtragung mit einem Fachwerk beschrieben, Bild 5.7, das aus

- horizontalen Druck- und Zuggurten

- vertikalen Zugstreben: Bügel

- geneigten Druckstreben: Beton

besteht.

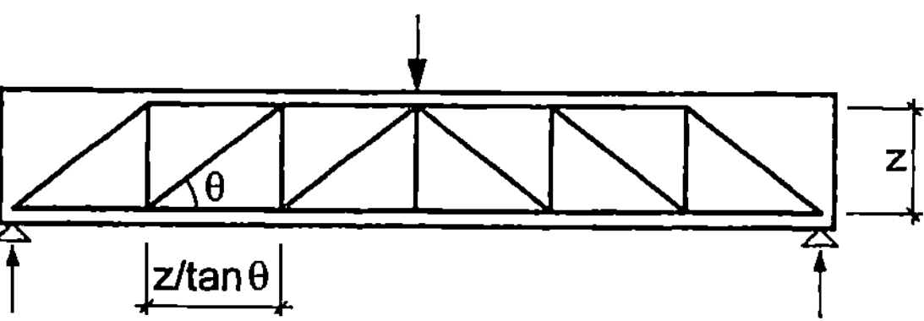

Bild 5.7   Fachwerkmodell

Je flacher die Druckstreben geneigt sind, desto größer ist deren Beanspruchung und um so kleiner ist die Zugkraft der vertikalen Streben. Das traditionelle Fachwerkmodell von Mörsch legt die Neigung der Druckstreben mit $\theta = 45°$ fest. DIN 1045 (7/88) lässt in den Schubbereichen 1 und 2 flachere Druckstreben zu, wodurch sich der erforderliche Bügelquerschnitt reduziert.

Der Bemessung nach DIN 1045-1 liegt auch das Fachwerkmodell zugrunde. Die Druckstrebenneigung $\tan\theta$ hängt vom Verhältnis der Rissreibung zur aufzunehmenden Querkraft ab. Die Rissreibung erfasst den Querkraftanteil, der durch Kornverzahnung übertragen wird. Bei hoher Querkraftbeanspruchung wird vergleichsweise wenig Querkraft durch Kornverzahnung übertragen, demzufolge ist für die Ermittlung der Querkraftbewehrung ein steilerer Winkel θ zugrunde zu legen als bei geringer Querkraftbeanspruchung. Die Zusammenhänge sind in [20] dargestellt, und daraus ist zu erkennen, dass das Bemessungsverfahren nach DIN 1045-1 formal dem der DIN 4227 – Spannbetonbau – bzw. dem Standardverfahren in EC 2 [2] entspricht.

Die aufnehmbare Querkraft – Querkrafttragfähigkeit – wird mit folgenden Bemessungswerten beschrieben [DIN 1045-1, 10.3.1]:

$V_{Rd,ct}$ aufnehmbare Querkraft ohne Querkraftbewehrung:
Übertragung allein durch den Beton

$V_{Rd,sy}$ aufnehmbare Querkraft der Querkraftbewehrung:
Tragfähigkeit der Querkraftbewehrung

$V_{Rd,max}$ maximal aufnehmbare Querkraft:
maßgebend ist die Tragfähigkeit der geneigten Druckstreben

Wenn der Bemessungswert $V_{Ed} \leq V_{Rd,ct}$ ist, ist bei Platten keine Querkraftbewehrung erforderlich, bei Balken ist immer eine Mindestbewehrung vorzusehen. Die maximal aufnehmbare Querkraft – Verhältnis $V_{Ed} / V_{Rd,max}$ – ist das Kriterium für den größten Bügelabstand, s. Abschnitt 9.2.2.

5.2.2 Bemessungswert der einwirkenden Querkraft

Bei direkter Auflagerung, s. Bild 4.4, werden auflagernahe Lasten direkt in das Auflager eingeleitet. Demzufolge darf bei Platten und Balken mit gleichmäßig verteilter Last der Bemessungswert V_{Ed} im Abstand d vom Auflagerrand ermittelt werden [DIN 1045-1, 10.3.2(1)], s. Bild 5.8. Außerdem darf der Querkraftanteil einer Einzellast, die in einem Abstand $x \leq 2{,}5d$ vom Auflagerrand wirkt, mit dem Beiwert β abgemindert werden.

$$\beta = \frac{x}{2{,}5\,d} \qquad (5.12)$$

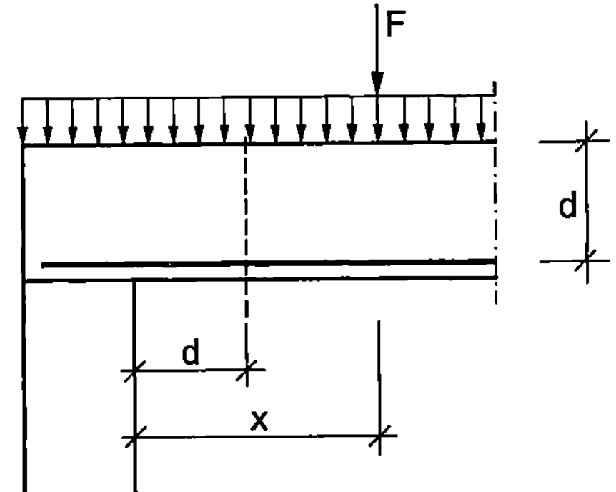

Bild 5.8 Maßgebender Bemessungsschnitt und auflagernahe Einzellast

Die o.g. Vergünstigungen wirken sich nur auf die Bemessung der Querkraftbewehrung aus, sie dürfen nicht beim Nachweis der maximal aufnehmbaren Querkraft – Druckstrebennachweis – angesetzt werden [DIN 1045-1, 10.3.2(1) bis (3)].

Bei indirekter Lagerung darf eine Abminderung der Querkraft nur bis zum Auflagerrand vorgenommen werden. In Bauteilen mit veränderlicher Nutzhöhe ergibt sich der Bemessungswert der Querkraft V_{Ed} unter Berücksichtigung der Kraftkomponenten des Druck- und Zuggurtes [DIN 1045-1, 10.3.2(4)]. Ein typisches Beispiel ist der in Bild 5.9 dargestellte Kragarm.

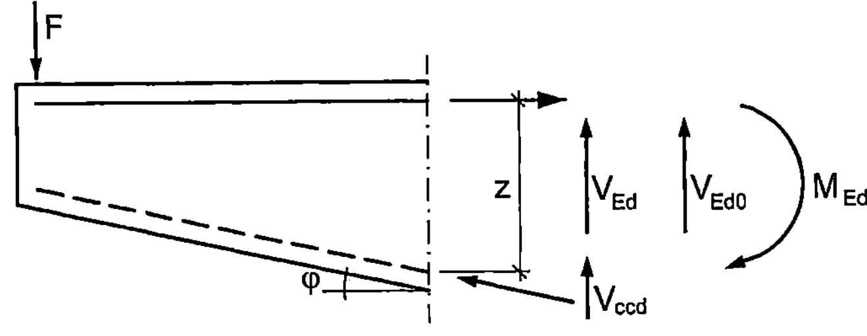

Bild 5.9 Querkraft bei veränderlicher Querschnittshöhe

$$V_{Ed} = V_{Ed0} - V_{ccd} \tag{5.13a}$$

mit: V_{Ed0} Grundbemessungswert der einwirkenden Querkraft

V_{ccd} Querkraftkomponente der Betondruckkraft

$$V_{ccd} = \frac{M_{Ed}}{z}\tan\varphi \tag{5.13b}$$

5.2.3 Bauteile ohne rechnerisch erforderliche Querkraftbewehrung

Der Bemessungswert der Querkrafttragfähigkeit $V_{Rd,ct}$ ergibt sich aus:

$$V_{Rd,ct} = \left(0{,}10\,\kappa\cdot(100\,\rho_l\cdot f_{ck})^{1/3} - 0{,}12\,\sigma_{cd}\right)\cdot b_w\cdot d \tag{5.14a}$$

mit: $\kappa = 1 + \sqrt{\dfrac{200}{d}} \leq 2{,}0 \tag{5.15}$

$$\rho_l = \frac{A_{sl}}{b_w\cdot d} \leq 0{,}02$$

A_{sl} Fläche der Zugbewehrung, die mindestens um das Maß d über den betrachteten Querschnitt hinaus geführt und dort wirksam verankert wird, s. Bild 5.10

b_w kleinste Querschnittsbreite innerhalb der Zugzone in mm

d statische Nutzhöhe der Biegebewehrung in mm

f_{ck} charakteristischer Wert der Betondruckfestigkeit in N/mm²

$$\sigma_{cd} = \frac{N_{Ed}}{A_c} \quad \text{in N/mm}^2$$

N_{Ed} Längskraft infolge äußerer Einwirkungen oder Vorspannung ($N_{Ed} < 0$ als Längsdruckkraft)

In den meisten Fällen wird sich Gleichung (5.14a) vereinfachen, wenn keine Längskraft vorhanden ist.

$$V_{Rd,ct} = 0{,}1\kappa\cdot(100\,\rho_l\cdot f_{ck})^{1/3}\cdot b_w\cdot d \tag{5.14b}$$

Bezogen auf Platten – $b_w = 1{,}0$ m – ergibt sich die Querkrafttragfähigkeit [kN/m]

$$v_{Rd,ct} = 0{,}1\kappa\cdot(100\,\rho_l\cdot f_{ck})^{1/3}\cdot d \tag{5.14c}$$

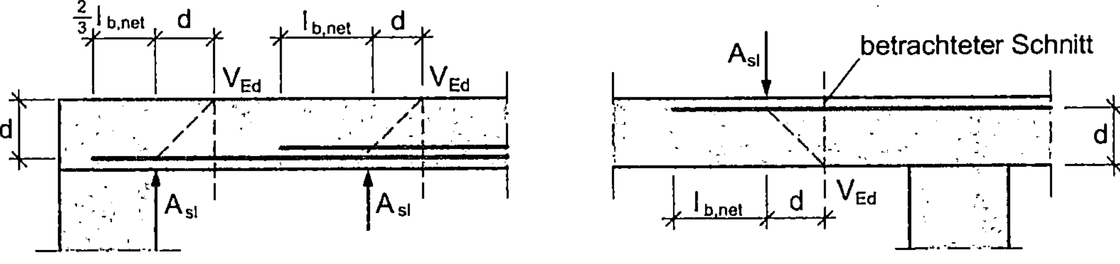

Bild 5.10   Definition von A_{sl}

Die Querkrafttragfähigkeit hängt von folgenden Parametern ab: Der Beiwert κ begünstigt dünne Bauteile, weil sie bei gleicher Krümmung kleinere Rissbreiten aufweisen. Eine zunehmende Längsbewehrung wirkt sich günstig auf die Verdübelung der Rissufer aus und führt zu einer Vergrößerung der ungerissenen Druckzone. Die Zugfestigkeit des Beton – proportional zu $f_{ck}^{1/3}$ – beeinflusst das Rissverhalten. Mit der Begrenzung des Bewehrungsgrades auf $\rho_l \leq 0,02$ sollen überbewehrte Bauteile mit sprödem Bruchtragverhalten vermieden werden.

Der Rechengang wird am folgenden Beispiel verdeutlicht.

Platte: System und Lasten s. Bild 5.11

$h = 24$ cm	$d = 21$ cm		
C20/25	$f_{ck} = 20$ N/mm²		
BSt 500 M	unten	2 R513 A	gestaffelt
	oben	2 R513 A	(15 % Momentenumlagerung)

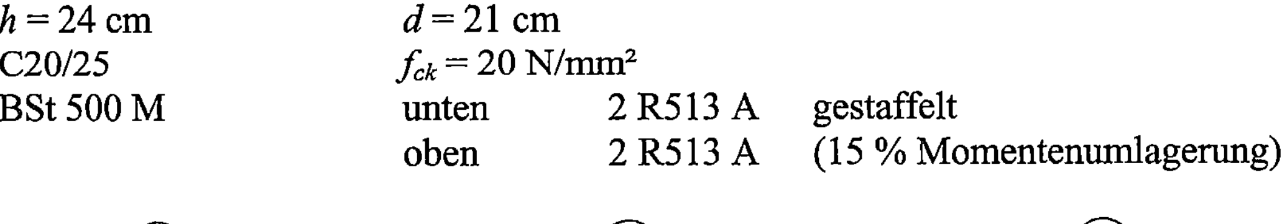

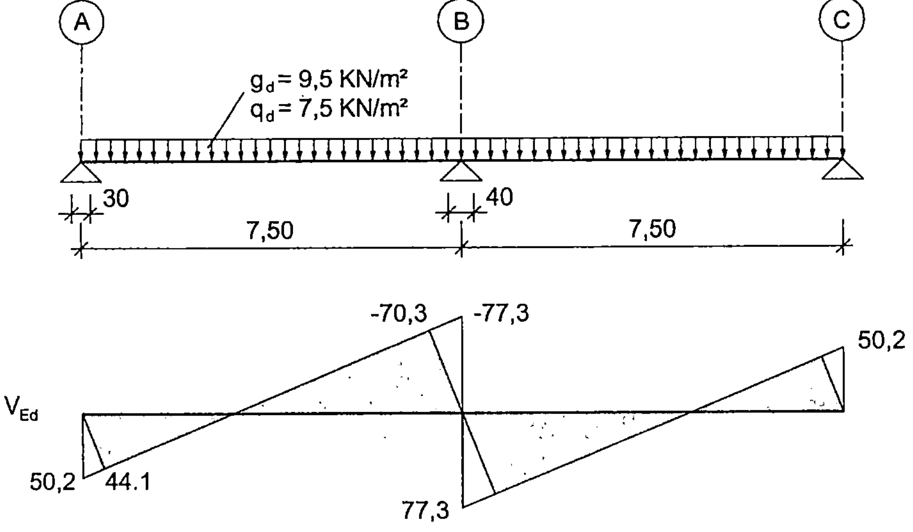

Bild 5.11   Zweifeldplatte: Querkraft

Der in Bild 5.11 dargestellte Querkraftverlauf gilt für Volllast nach 15 % Momentenumlagerung.

Tabelle 5.4   Platte ohne Querkraftbewehrung

DIN 1045-1				DIN 1045 (7/88)	
Ort	$v_{Ed,red}$	a_{sl}	$v_{Rd,ct}$	τ_{011}	q_{max} $(v_{Rd,max})$
	kN/m	cm²/m	kN/m	N/mm²	kN/m
A	44,1	5,13	70,5	0,35	62,5 (87,5)
B	70,3	10,26	88,9	0,50	89,3 (125,0)

Einzelschritte Auflager A

$$\kappa = 1 + \sqrt{\frac{200}{210}} = 1{,}98$$

$$\rho_l = \frac{5{,}13}{21 \cdot 100} = 0{,}00244$$

$$v_{Rd,ct} = 0{,}1 \cdot 1{,}98 (100 \cdot 0{,}00244 \cdot 20)^{1/3} \cdot 210 = 70{,}5 \text{ kN/m}$$

Die unterschiedliche Querkrafttragfähigkeit am Auflager A und B verdeutlicht den Einfluss der Längsbewehrung. In beiden Schnitten ist $v_{Rd,ct} > v_{Ed}$, so dass keine Querkraftbewehrung erforderlich ist.

Zum Vergleich ist die aufnehmbare Querkraft nach DIN 1045 (7/88) aufgeführt, und zwar für B25 mit $\tau_{011} = 0{,}35$ N/mm² (gestaffelte Feldbewehrung) und $\tau_{011} = 0{,}5$ N/mm² (durchlaufende Feldbewehrung). Mit dem pauschalen Teilsicherheitsbeiwert $\gamma_F = 1{,}4$ ergibt sich $v_{Rd,max}$ (in Klammern). Es ist zu erkennen, dass der Spielraum für Platten ohne Querkraftbewehrung nach DIN 1045-1 geringer ist.

5.2.4   Bauteile mit rechnerisch erforderlicher Querkraftbewehrung

Die Querkraftbemessung erfolgt auf der Grundlage eines Fachwerkmodells. Die Neigung der Druckstreben des Fachwerks θ hängt von der Größe der einwirkenden Querkraft V_{Ed} ab, s. Gleichung (5.16), und ist entscheidend für die Ermittlung der Querkraftbewehrung, s. Gleichung (5.19).

Diesem Rechengang liegt folgendes mechanisches Modell zugrunde: von der einwirkenden Querkraft wird der Anteil abgezogen, der durch Rissreibung übertragen wird – $V_{Rd,c}$. Die verbleibende Querkraft – V_{Ed} - $V_{Rd,c}$ – wird über das Fachwerk abgetragen, und zwar mit einer einheitlichen Druckstrebenneigung $\cot\theta = 1{,}2$. Daraus ergibt sich die Querkraftbewehrung.

Dem Querkraftanteil $V_{Rd,c}$ liegt ein ganz anderes Bauteilverhalten zugrunde als dem Bemessungswert $V_{Rd,ct}$ für Bauteile ohne Querkraftbewehrung. Bei Bauteilen ohne Bügel – Platten – öffnet sich ein Riss sehr weit und führt zum Bruch – $V_{Rd,ct}$. Dagegen stellen sich bei bügelbewehrten Balken viele Risse in engen Abständen ein, so dass ein anderer Dehnungs- und Spannungszustand vorliegt. Der Betontraganteil $V_{Rd,c}$ entspricht der Vertikalkomponente der Reibungskräfte in einem Schrägriss.

Es ist jedoch immer eine Mindestquerkraftbewehrung einzulegen, die in der Lage ist den Betontraganteil $V_{Rd,c}$ aufzunehmen, um ein plötzliches Versagen zu verhindern, s. Abschnitt 9.2.2.

Als Vereinfachung darf nach DIN 1045-1, 10.3.4(5) pauschal $\cot\theta = 1{,}2$ gesetzt werden, was einer Vernachlässigung des Querkraftanteils $V_{Rd,c}$ entspricht, der durch Rissreibung übertragen wird.

Nach DIN 1045-1, 10.3.4(3) folgt die Neigung der Druckstreben aus:

$$\cot\theta \;\leq\; \frac{1{,}2-1{,}4\,\sigma_{cd}/f_{cd}}{1-V_{Rd,c}/V_{Ed}} \;\leq 3{,}0 \quad \text{für Normalbeton} \tag{5.16a}$$

$$\text{mit:} \quad V_{Rd,c} \;=\; \beta_{ct}\cdot 0{,}10 \cdot f_{ck}^{1/3}\left(1+1{,}2\,\frac{\sigma_{cd}}{f_{cd}}\right)\cdot b_w \cdot z \tag{5.17a}$$

$$\beta_{ct} \;=\; 2{,}4$$

$$\sigma_{cd} \;=\; \frac{N_{Ed}}{A_c} \quad \text{in N/mm}^2$$

N_{Ed} Längskraft infolge äußerer Einwirkungen oder Vorspannung
  ($N_{Ed} < 0$ als Längsdruckkraft)

Ohne Längskraft vereinfachen sich die Gleichungen:

$$\cot\theta \;=\; \frac{1{,}2}{1-V_{Rd,c}/V_{Ed}} \;\leq\; 3{,}0 \tag{5.16b}$$

$$\text{mit:} \quad V_{Rd,c} \;=\; 0{,}24\,f_{ck}^{1/3}\cdot b_w \cdot z \tag{5.17b}$$

Näherungsweise darf angenommen werden:

$$z = 0,9\,d$$

Bei hoher Beanspruchung ergeben sich aus der Biegebemessung ggf. geringere Werte für z, z.B. im Stützbereich von Plattenbalken. Die Bügel sollen die Druckzone umschließen, deshalb darf für z kein größerer Wert angenommen werden als [DIN 1045-1, 10.3.4(2)]:

$$z = d - 2\,c_{nom,l}$$

mit: $c_{nom,l}$ Betondeckung der Längsstäbe in der Druckzone

Die o.g. Begrenzung ist sehr ungünstig bei großer Betondeckung oder wenn der Längsstab aus konstruktiven Gründen – kreuzende Bewehrung – einen großen Abstand von der Betonoberfläche hat. Das Ziel, die Druckstreben mit Bügeln zu umschließen, wird mit folgender Begrenzung

$$z = d - c_{nom,l} - 30\,\text{mm}$$

genauso erreicht [12]. Damit liegt der Knoten des Fachwerkmodells 30 mm unterhalb der Innenkante des Bügels.

Die Tragfähigkeit der rechtwinklig zur Bauteilachse angeordneten Querkraftbewehrung – i.A. lotrechte Bügel – folgt aus:

$$V_{Rd,sy} = \frac{A_{sw}}{s_w} \cdot f_{yd} \cdot z \cdot \cot\theta \tag{5.18}$$

Dabei ist s_w der Abstand der Querkraftbewehrung in Richtung der Bauteilachse.

Mit $V_{Rd,sy} = V_{Ed}$ und $s_w = 1\text{m}$ ergibt sich die Querkraftbewehrung je Längeneinheit:

$$a_{sw} = \frac{V_{Ed}}{z \cdot f_{yd} \cdot \cot\theta} \quad [\text{cm}^2/\text{m}] \tag{5.19}$$

Der Rechengang zur Ermittlung der Querkraftbewehrung lässt sich vereinfachen, wenn die Bemessung für die verbleibende Querkraft – nach Abzug des Betontraganteils – mit $\cot\theta = 1,2$ erfolgt.

$$a_{sw} = \frac{V_{Ed} - V_{Rd,c}}{z \cdot f_{yd} \cdot 1,2} \quad [\text{cm}^2/\text{m}] \tag{5.20}$$

Diese Gleichung ist ähnlich aufgebaut wie die zur Berechnung der Durchstanzbewehrung, s. Abschnitt 5.4.5.

Die maximal aufnehmbare Querkraft beträgt:

$$V_{Rd,max} = \frac{b_w \cdot z \cdot \alpha_c \cdot f_{cd}}{\cot\theta + \tan\theta} \tag{5.21}$$

mit: $\alpha_c = 0,75$ Abminderungsbeiwert für die Druckstrebenfestigkeit

Bei Bauteilen mit geneigter Querkraftbewehrung gilt:

$$V_{Rd,sy} = \frac{A_{sw}}{s_w} \cdot f_{yd} \cdot z \cdot (\cot\theta + \cot\alpha) \cdot \sin\alpha \tag{5.22}$$

$$V_{Rd,max} = b_w \cdot z \cdot \alpha_c \cdot f_{cd} \cdot \frac{\cot\theta + \cot\alpha}{1 + \cot^2\theta} \tag{5.23}$$

mit: α Winkel zwischen Querkraftbewehrung und Bauteilachse

s_w Abstand der geneigten Querkraftbewehrung in Richtung der Bauteilachse

Der Zusammenhang zwischen Druckstrebenneigung, Querkraftbewehrung und maximal aufnehmbarer Querkraft wird am folgenden Beispiel verdeutlicht.

Rechteckbalken

$b_w = 30$ cm
$h\ = 50$ cm $d = 45$ cm
                        $z = 0,9\,d$

C20/25 $f_{cd} = 0,85 \cdot 20/1,5 = 11,33$ N/mm²
BSt 500 S $f_{ywd} = 500/1,15 = 435$ N/mm²

Durch Rissreibung wird übertragen:

$$V_{Rd,c} = 0,24\,f_{ck}^{1/3} \cdot b_w \cdot z = 0,24 \cdot 20^{1/3} \cdot 0,30 \cdot 0,9 \cdot 0,45 \cdot 10^3 = 79 \text{ kN}$$

Druckstrebenneigung

$$\cot\theta = \frac{1,2}{1 - V_{Rd,c}/V_{Ed}} = \frac{1,2}{1 - 79/V_{Ed}}$$

Querkraftbewehrung

$$a_{sw} = \frac{V_{Ed}}{z \cdot f_{yd} \cdot \cot\theta} = \frac{V_{Ed}}{0,9 \cdot 0,45 \cdot 435 \cdot \cot\theta} \cdot 10 \ [\text{cm}^2/\text{m}]$$

Maximal aufnehmbare Querkraft

$$V_{Rd,max} = \frac{b_w \cdot z \cdot \alpha_c \cdot f_{cd}}{\cot\theta + \tan\theta} = \frac{0{,}30 \cdot 0{,}9 \cdot 0{,}45 \cdot 0{,}75 \cdot 11{,}33}{\cot\theta + \tan\theta} \cdot 10^3 \ [\text{kN}]$$

Tabelle 5.5   Beispiel Rechteckbalken: Vergleich Querkraftbewehrung

DIN 1045-1					DIN 1045 (7/88)			
V_{Ed}	$\cot\theta$	θ	a_{sw}	$V_{Rd,max}$	$Q\ (V_{Ed})$	a_{st}	τ_0	SB
kN	-	°	cm²/m	kN	kN	cm²/m	N/mm²	-
132	3,000	18,4	2,50	310	86 (121)	3,15	0,75	} 2
200	1,983	26,8	5,72	415				
300	1,629	31,6	10,45	460	207 (289)	18,88	1,80	
400	1,495	33,8	15,18	477				} 3
485	1,433	34,9	19,20	485	344 (482)	31,47	3,00	

SB: Schubbereich

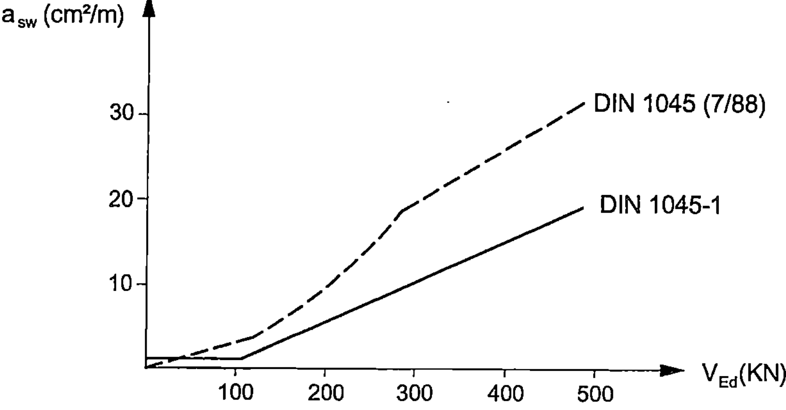

Bild 5.12   Beispiel Rechteckbalken: Vergleich Querkraftbewehrung

Aus Tabelle 5.5 und Bild 5.12 ist eindeutig zu erkennen, dass die Querkraftbewehrung linear mit zunehmender Querkraft ansteigt, weil nach Abzug von $V_{Rd,c}$ = 79 kN die verbleibende Querkraft vom Fachwerk mit der einheitlichen Druckstrebenneigung $\cot\theta$ = 1,2 abgetragen wird.

Zum Vergleich ist das Ergebnis der Querkraftbemessung nach DIN 1045 (7/88) für B25 aufgenommen. Der Teilsicherheitsbeiwert für die Lasten wurde pauschal mit

$\gamma_F = 1{,}4$ angesetzt: $V_{Ed} = 1{,}4\ Q$. Die maximal aufnehmbare Querkraft ist für dieses Beispiel praktisch gleich: $V_{Rd,max}$ entspricht $V_{Ed} = 1{,}4\ Q$ für $\tau_{03} = 3{,}0$ N/mm².

Nach DIN 1045-1 ist deutlich weniger Querkraftbewehrung erforderlich als nach DIN 1045 (7/88). In Tabelle 5.6 sind die maßgebenden Einflussgrößen zur Berechnung der Querkraftbewehrung gegenübergestellt.

Tabelle 5.6 Einflussgrößen Querkraftbewehrung

	DIN 1045-1	DIN 1045 (7/88)
Sicherheitsbeiwert	$\gamma_F \cdot \gamma_s \approx 1{,}4 \cdot 1{,}15 = 1{,}61$	$\gamma = 1{,}75$
Abstand vom Auflagerrand	d (d = Nutzhöhe)	$h / 2$ (h = Nutzhöhe)
Druckstrebenneigung geringe Beanspruchung hohe Beanspruchung	$\cot\theta = 3{,}0$ $\cot\theta = 1{,}2$ nach Abzug $V_{Rd,c}$ (Rissreibung)	$\cot\theta = 2{,}5\ /\ \tau = 0{,}4\ \tau_0$ $\cot\theta = 1{,}0\ /\ \tau = \tau_0$

Allein das veränderte Sicherheitsniveau und die Druckstrebenneigung – pauschal $\cot\theta = 1{,}2$ gegenüber $\cot\theta = 1{,}0$ – reduzieren die erforderliche Querkraftbewehrung auf 77 %:

$$\frac{1{,}61}{1{,}2} : \frac{1{,}75}{1{,}0} = 0{,}77$$

5.2.5 Schubkräfte zwischen Balkensteg und Gurten

Bei Plattenbalken erzeugt das Feldmoment Druckkräfte in den Gurten, s. mitwirkende Plattenbreite, Abschnitt 4.2.2, und zur Abdeckung der Zugkräfte infolge des Stützmoments wird Längsbewehrung in die Gurte ausgelagert. Der Anschluss dieser Druck- und Zugkräfte an den Balkensteg ist mit Hilfe eines Fachwerkmodells nachzuweisen, das horizontal in der Gurtebene liegt, s. Bild 5.13.

Die Längskraft in den Gurten verändert sich analog zum Momentenverlauf. Die Längsschubkraft V_{Ed} entspricht der Längskraftdifferenz ΔF_d, die über die Länge a_v, s. Bild 5.13, konstant angenommen wird.

$$V_{Ed} = \Delta F_d \tag{5.24}$$

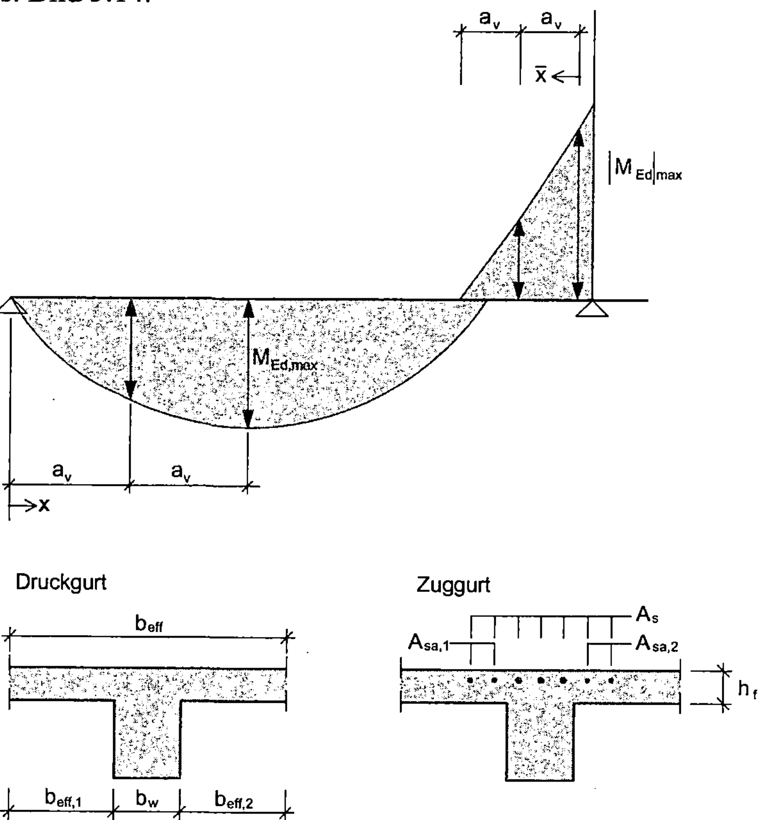

Bild 5.13   Anschluss zwischen Gurten und Steg

Für a_v darf höchstens der halbe Abstand zwischen Momentennullpunkt und Momentenhöchstwert angenommen werden. Bei nennenswerten Einzellasten sollte a_v nicht über die Querkraftsprünge hinausgehen, s. Beispiel Abschnitt 5.2.6.

Die Ermittlung von ΔF_d wird am Beispiel des Endfeldes eines Durchlaufträgers erläutert, s. Bild 5.14.

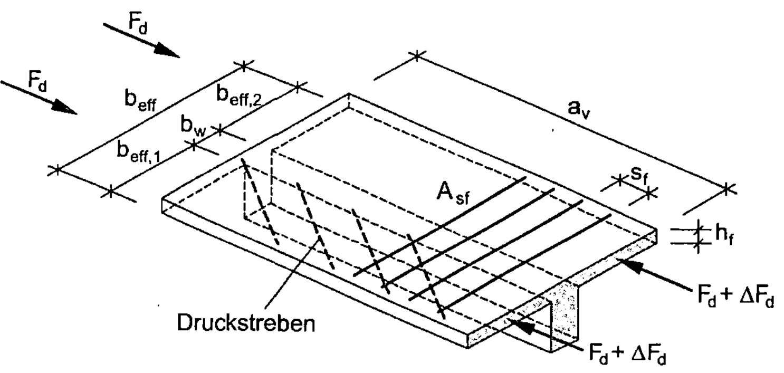

Bild 5.14   Ermittlung der Schubkräfte bei Druck- und Zuggurten

Druckgurt

$$0 \leq x \leq a_v$$

$$\sum \Delta F_d = \frac{M_{Ed}\left(x=a_v\right)}{z}$$

$$a_v \leq x \leq 2a_v$$

$$\sum \Delta F_d = \frac{M_{Ed,max} - M_{Ed}\left(x=a_v\right)}{z}$$

Die Längskraftdifferenz wird entsprechend dem Verhältnis der Gurtbreite zur gesamten mitwirkenden Plattenbreite aufgeteilt.

$$V_{Ed} = \Delta F_{d,1} = \frac{b_{eff,1}}{b_{eff}} \sum \Delta F_d$$

Zuggurt

$$0 \leq \bar{x} \leq a_v$$

$$\sum \Delta F_d = \frac{|M_{Ed}|_{max} - |M_{Ed}|\left(\bar{x}=a_v\right)}{z}$$

$$a_v \leq \bar{x} \leq 2a_v$$

$$\sum \Delta F_d = \frac{M_{Ed}\left(\bar{x}=a_v\right)}{z}$$

Die Längskraftdifferenz wird entsprechend dem Verhältnis der ausgelagerten Bewehrung zur Gesamtbewehrung aufgeteilt.

$$V_{Ed} = \Delta F_{d,l} = \frac{A_{sa,1}}{A_s} \sum \Delta F_d$$

Der Nachweis der Querkrafttragfähigkeit ergibt sich aus den Gleichungen (5.18) und (5.21), indem $b_w = h_f$, $z = a_v$ und außerdem $\sin\alpha = 1$ – Anschlussbewehrung senkrecht zur Stegachse – gesetzt wird:

$$V_{Rd,sy} = \frac{A_{sf}}{s_f} \cdot f_{yd} \cdot a_v \cdot \cot\theta \tag{5.25}$$

$$V_{Rd,max} = \frac{h_f \cdot a_v \cdot \alpha_c \cdot f_{cd}}{\cot\theta + \tan\theta} \tag{5.26}$$

Dabei ist $\alpha_c = 0{,}75$ für Normalbeton. Vereinfachend darf in Zuggurten $\cot\theta = 1{,}0$ und in Druckgurten $\cot\theta = 1{,}2$ gesetzt werden [DIN 1045-1, 10.3.5(3)].

Mit $V_{Rd,sy} = V_{Ed} = \Delta F_d$ und $s_f = 1$ m ergibt sich die Anschlussbewehrung je Längeneinheit:

$$a_{sf} = \frac{V_{Ed}}{a_v \cdot f_{yd} \cdot \cot\theta} \quad [\text{cm}^2/\text{m}] \tag{5.27}$$

Bei kombinierter Beanspruchung, d.h. gleichzeitig wirkenden Biegemomenten in der Platte, darf der größere erforderliche Stahlquerschnitt zugrunde gelegt werden. Für die Oberseite der Platte – Biegezugzone – wird maßgebend:

$$a_{s,Biegung} \qquad \text{oder} \quad \frac{a_{sf}}{2}$$

Die Vergleichsrechnung in [21] zeigt, dass bei typischen Platte-Balken-Konstruktionen für die Plattenbiegung durchweg mehr Bewehrung erforderlich ist als für den Gurtanschluss, so dass sich der Nachweis in der Regel erübrigt.

Auf der Unterseite der Platte wirken Druckkräfte infolge Plattenbiegung, die die Zugbeanspruchung aus dem Gurtanschluss reduzieren oder sogar aufheben. Für $a_{s,Biegung} > a_{sf}/2$ ist keine zusätzliche Gurtanschlussbewehrung erforderlich. Andernfalls ist auch auf der Plattenunterseite eine Gurtanschlussbewehrung erforderlich, maximal $a_{sf}/2$.

5.2.6 Beispiel Plattenbalken

Die Querkraftbemessung – lotrechte Bügel – erfolgt für das Mittelfeld des Fünffeldträgers, Pos 2, s. Bild 5.15.

Beim üblichen Hochbau dürfen die maßgebenden Querkräfte für Vollbelastung aller Felder berechnet werden [DIN 1045-1, 7.3.2(5)].

Stützenrand

$$V_{Ed} = 8{,}8(7{,}5-0{,}5)/2+1{,}5(226+217) = 695 \text{ kN}$$

1,00 m vom Stützenrand

$$V_{Ed} = 8{,}8 \cdot 2{,}5+0{,}5(226+217) = 244 \text{ kN}$$

Der Querkraftverlauf wird maßgeblich durch die Einzellasten – Auflagerkräfte des Nebenträgers – bestimmt. Obgleich direkte Stützung vorliegt darf der Querkraftanteil der auflagernahen Einzellast nicht reduziert werden, weil in diesem Beispiel

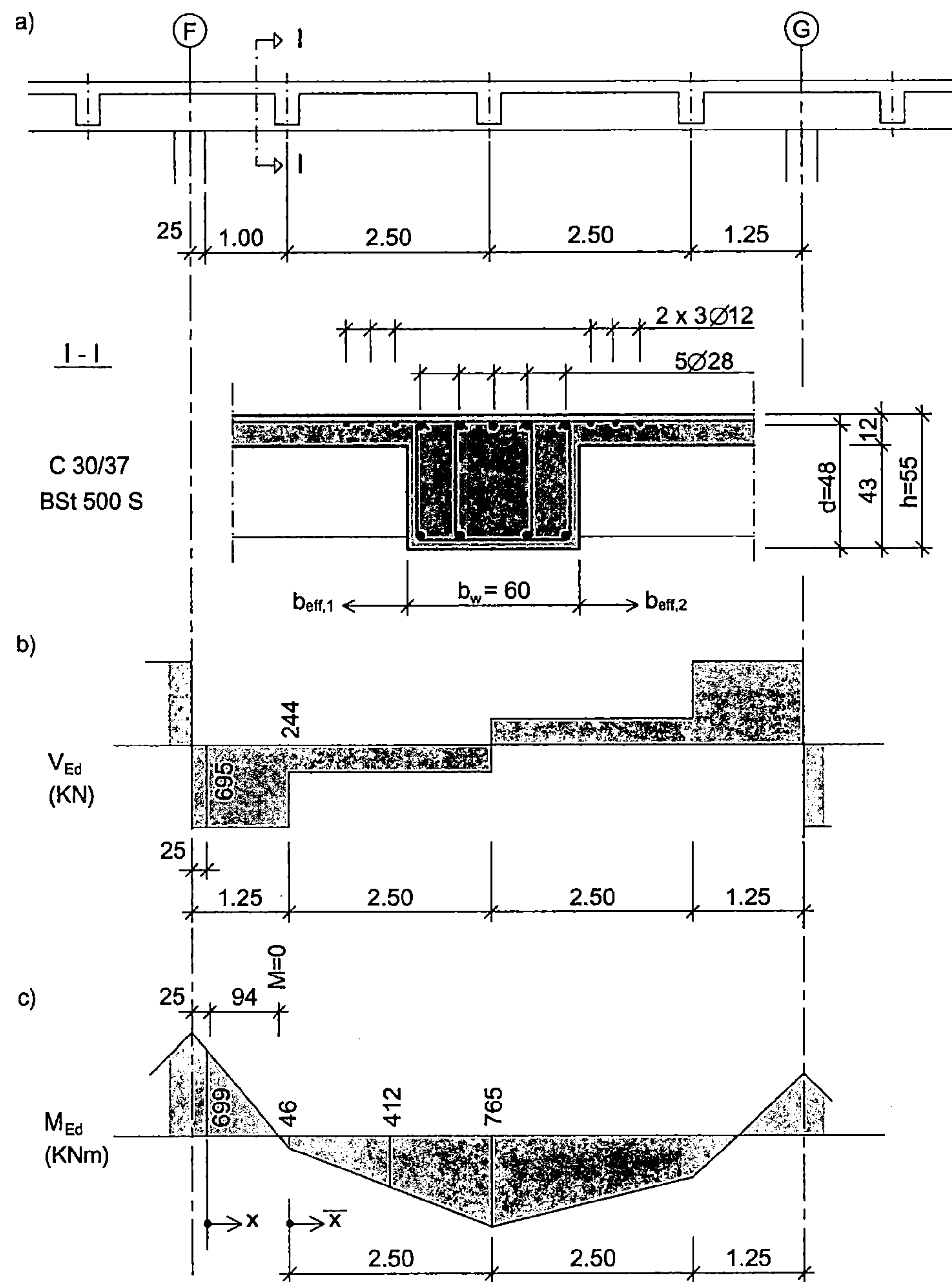

Bild 5.15 Pos 2 – Hauptträger – Angaben zu den Nachweisen der Querkraft und der Schubkräfte
     a) Geometrie
     b) Querkräfte: Vollast

c) Biegemomente: Anschluss zwischen Gurten und Steg
die Lasteinleitung des Nebenträgers in den Hauptträger indirekt ist. Unabhängig davon wird der Rechengang zur Ermittlung der reduzierten Querkraft vorgestellt:

Querkraftanteil der Einzellast $F = 443$ kN
im Abstand 1,25 m von der Auflagerachse / Abstand 1,00 m vom Auflagerrand

$$V_{Ed,F} = 443(7{,}50-1{,}25)/7{,}50 = 369 \text{ kN}$$

$$\beta = \frac{x}{2{,}5d} = \frac{1{,}00}{2{,}5 \cdot 0{,}48} = 0{,}83$$

$$V_{Ed,red} = V_{Ed} -(1-\beta)V_{Ed,F}$$

$$= 695-(1-0{,}83)369 = 632 \text{ kN}$$

Für den inneren Hebelarm wird $z = d - c_{nom,l} - 3$ cm angesetzt.

Tabelle 5.7   Pos 2 – Hauptträger – Querkraftbemessung Feld F-G

x	V_{Ed}	d	b	z	$V_{Rd,c}$	$\cot\theta$	θ	$V_{Rd,max}$	a_{sw}
	kN	m	m	m	kN	-	°	kN	cm²/m
0	695	0,48	0,60	0,41	183	1,63	31,5	1398	23,9
$1{,}00_{re}$	244	0,50	0,60	0,41	183	3,00	18,4	941	4,6

Einzelschritte für $x = 0$ (Stützenrand)

$$c_{nom,l} = 4 \text{ cm} \qquad \text{Druckzone unten}$$

$$z = 0{,}48 - 0{,}04 - 0{,}03 = 0{,}41 \text{ m}$$

$$V_{Rd,c} = 0{,}24 f_{ck}^{1/3} \cdot b_w \cdot z$$

$$= 0{,}24 \cdot 30^{1/3} \cdot 0{,}60 \cdot 0{,}41 \cdot 10^3 = 183 \text{ kN}$$

$$\cot\theta = \frac{1{,}2}{1-V_{Rd,c}/V_{Ed}}$$

$$= \frac{1{,}2}{1-183/695} = 1{,}63$$

$$\theta = 31{,}5°$$

$$V_{Rd,max} = \frac{b_w \cdot z \cdot \alpha_c \cdot f_{cd}}{\cot\theta + \tan\theta}$$

$$= \frac{0{,}60 \cdot 0{,}41 \cdot 0{,}75 \cdot 17{,}0}{1{,}63 + 0{,}61} 10^3 = 1398 \text{ kN}$$

$$a_{sw} = \frac{V_{Ed}}{z \cdot f_{yw} \cdot \cot\theta}$$

$$= \frac{0{,}695}{0{,}41 \cdot 435 \cdot 1{,}63} 10^4 = 23{,}9 \text{ cm}^2/\text{m}$$

Einzelschritte für $x = 1{,}00_{re}$

$c_{nom,l} = 6$ cm   Druckzone oben, Bewehrung liegt unterhalb der Bewehrung des Nebenträgers

$$z = 0{,}50 - 0{,}06 - 0{,}03 = 0{,}41 \text{ m}$$

$$V_{Rd,c} = 183 \text{ kN} \quad \text{s.o.}$$

$$\cot\theta = \frac{1{,}2}{1 - 183/244} = 4{,}80$$

$$> 3{,}0 \qquad \text{maßgebend}$$

$$\theta = 18{,}4°$$

$$V_{Rd,max} = \frac{0{,}60 \cdot 0{,}41 \cdot 0{,}75 \cdot 17{,}0}{3{,}0 + 0{,}333} 10^3 = 941 \text{ kN}$$

$$a_{sw} = \frac{0{,}244}{0{,}41 \cdot 435 \cdot 3{,}0} 10^4 = 4{,}6 \text{ cm}^2/\text{m}$$

Maßgebend wird im mittleren Bereich des Feldes die Mindestquerkraftbewehrung, s. Abschnitt 9.2.2.

Schub zwischen Balkensteg und Gurt

Gurt in der Zugzone

Momentenverlauf und Verteilung der Stützbewehrung s. Bild 5.15

In diesem Beispiel ist verhältnismäßig wenig Bewehrung in die Gurte ausgelagert, was sich aus den Konstruktionsregeln ergibt, s. Abschnitt 9.2.1.

Der Abstand zwischen dem Bemessungsmoment $|M_{Ed}| = 699$ kN am Stützenrand und dem Momentennullpunkt beträgt $2a_v = 0,94$ m.

$$|M_{Ed}|(x = a_v = 0,47\text{m}) = 349 \text{ kNm}$$

Längskraftdifferenz insgesamt

$$\sum \Delta F_d = \frac{699-349}{0,9 \cdot 0,48} = 810 \text{ kN}$$

Längskraftdifferenz eines Gurtabschnitts

$$V_{Ed} = \Delta F_d = \frac{A_{sa}}{A_s} \sum \Delta F_d$$

$$= \frac{3,4}{37,6} 810 = 73 \text{ kN}$$

mit: $A_{sa} = 3,4$ cm² (3Ø12), $A_s = 37,6$ cm² (5Ø28, 2·3Ø12)

$$a_{sf} = \frac{V_{Ed}}{a_v \cdot f_{yd} \cdot \cot\theta}$$

$$= \frac{0,073}{0,47 \cdot 435 \cdot 1,0} 10^4 = 3,6 \text{ cm}^2/\text{m}$$

mit: $\cot\theta = 1,0$ (Zuggurt)

$$V_{Rd,max} = \frac{h_f \cdot a_v \cdot \alpha_c \cdot f_{cd}}{\cot\theta + \tan\theta}$$

$$= \frac{0,12 \cdot 0,47 \cdot 0,75 \cdot 17}{1+1} 10^3 = 360 \text{ kN}$$

Gurt in der Druckzone

Nach DIN 1045-1, 10.3.5(2) sollen bei Einzellasten die Abschnittslängen nicht über die Querkraftsprünge hinausgehen, so dass anstelle des Momentennullpunkts der Angriffspunkt der Einzellast gewählt wird: $2a_v = 2,50$ m

$$M_{Ed}(\bar{x} = a_v = 1,25\text{m}) = 412 \text{ kN}$$

$$\sum \Delta F_d = \frac{412-46}{0,9 \cdot 0,50} = 813 \text{ kN}$$

$$V_{Ed} = \frac{b_{eff,1}}{b_{eff}} \sum \Delta F_d = \frac{1,05}{2,61} 813 = 327 \text{ kN}$$

mit: $b_{eff,1} = 1,05$ m $\qquad b_{eff} = 2,61$ m

$$a_{sf} = \frac{0,327}{1,25 \cdot 435 \cdot 1,2} 10^4 = 5,0 \text{ cm}^2/\text{m}$$

mit: $\cot\theta = 1,2$ (Druckgurt)

$$V_{Rd,max} = \frac{0,12 \cdot 1,25 \cdot 0,75 \cdot 17}{1,2 + 0,83} 10^3 = 941 \text{ kN}$$

Die Bewehrung ist jeweils zur Hälfte auf die Ober- und Unterseite der Gurte zu verteilen. Bei gleichzeitiger Querbiegung braucht nur die größere Bewehrung aus Biegung oder Schubkräften eingelegt zu werden. In diesem Beispiel verläuft die Spannrichtung der Platte – und damit die Plattenbewehrung – parallel zum Hauptträger; rechtwinklig zum Hauptträger verlaufen die Querträger. Im unmittelbaren Bereich der Querträger – Abstand 2,50 m – ist genügend Bewehrung vorhanden. Zwischen den Querträgern reicht eine konstruktive Anschlussbewehrung, z.B. $\varnothing 8 - 20$: $a_{sf} = 2,5$ cm²/m.

5.2.7 Schubkraftübertragung in Fugen

Bei vielen Stahlbetonbauten werden Teilfertigteile – Elementplatten und Balkenstege – in Verbindung mit Ortbeton verwendet. Auch bei dem als Beispiel gewählten Gebäude bietet es sich an, Elementplatten und Teilfertigteile als Steg der Nebenträger vorzusehen und durch Ortbeton zu ergänzen, s. Bild 5.19.

Bei statisch bestimmt gelagerten Elementdecken liegt die Feldbewehrung im Fertigteil und die Druckzone im Ortbeton. Mit Elementdecken lassen sich auch durchlaufende Systeme erzeugen. Dann wird die Stützbewehrung im Ortbeton angeordnet und die Druckzone liegt im Fertigteil. In beiden Fällen ist die Schubkraft über die Fuge zu übertragen.

Die Übertragung von Schubkräften in den Fugen

- zwischen Ortbeton und einem vorgefertigten Bauteil sowie

- zwischen nacheinander betonierten Ortbetonabschnitten

wird durch die Rauigkeit und Oberflächenbeschaffenheit der Fuge bestimmt.

Es gelten folgende Definitionen:

- sehr glatt: die Oberfläche wurde gegen Stahl oder glatte Holzschalung betoniert

- glatt: die Oberfläche wurde abgezogen oder sie blieb nach dem Verdichten ohne weitere Behandlung

- rau: die Oberfläche weist eine definierte Rauigkeit auf (s. Heft 525, DAfStb)

- verzahnt: die Geometrie der Verzahnung entspricht den Angaben in Bild 5.17, oder es handelt sich um eine Fuge mit freigelegtem Korngerüst

Bei der in Bild 5.16 dargestellten Π-Platte wird im allgemeinen Fall die Betondruckkraft vom Aufbeton und vom Fertigteil aufgenommen. Die Druckkraft im Aufbeton ist über die Kontaktfläche zu übertragen.

$$v_{Ed} = \frac{F_{cdj}}{F_{cd}} \cdot \frac{V_{Ed}}{z} \qquad (5.28a)$$

mit: F_{cdj} Bemessungswert des zu übertragenden Längskraftanteils
Druckkraft oder Zugkraft

$$F_{cd} = \frac{M_{Ed}}{z} \qquad \text{gesamte Gurtlängskraft infolge Biegung}$$

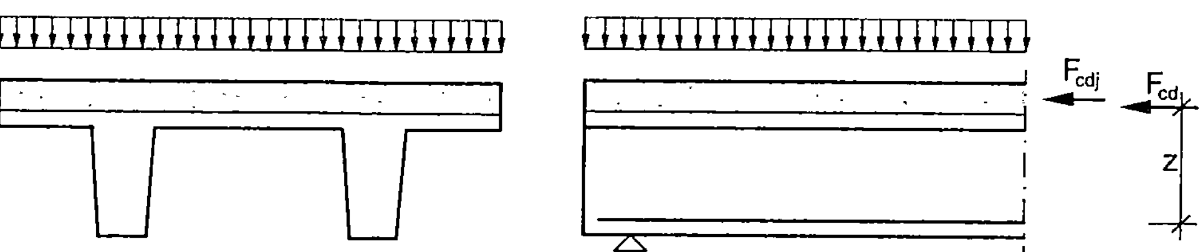

Bild 5.16   Nachträglich ergänzter Querschnitt

In vielen Fällen wird die gesamte Druck- oder Zugkraft über die Fuge übertragen, dann vereinfacht sich die Gleichung:

$$v_{Ed} = \frac{V_{Ed}}{z} \qquad (5.28b)$$

Wenn keine Verbundbewehrung erforderlich ist, darf $z = 0{,}9d$ angenommen werden. Mit Verbundbewehrung ist ggf. $z \leq d - c_{nom,l} - 30$ mm einzuhalten [11].

Der Bemessungswert der aufnehmbaren Schubkraft in Fugen ohne Verbundbewehrung beträgt:

$$v_{Rd,ct} = \left(0,042 \cdot \beta_{ct} \cdot f_{ck}^{1/3} - \mu \cdot \sigma_{Nd}\right) \cdot b \tag{5.29a}$$

mit: β_{ct} der Rauigkeitsbeiwert nach Tabelle 5.8

f_{ck} charakteristischer Wert der Betondruckfestigkeit des Ortbetons oder des Fertigteils (der kleinere Wert ist maßgebend) in N/mm²

μ Reibungswert nach Tabelle 5.8

σ_{Nd} Normalspannung senkrecht zur Fuge ($\sigma_{Nd} < 0$ als Druckspannung)

b Breite der Fuge

Tabelle 5.8   Beiwerte β_{ct}, μ

Oberflächenbeschaffenheit	β_{ct}	μ
verzahnt	2,4	1,0
rau	2,0[a]	0,7
glatt	1,4[a]	0,6
sehr glatt	0	0,5

a   In den Fällen, in denen die Fuge infolge Einwirkungen rechtwinklig zur Fuge unter Zug steht, ist bei glatten oder rauen Fugen $\beta_{ct} = 0$ zu setzen

Für $v_{Ed} \leq v_{Rd,ct}$ ist keine Verbundbewehrung erforderlich, ggf. ist eine Verbundsicherungsbewehrung an Endauflagern anzuordnen, s. DIN 1045-1, 13.4.3(5).

In bewehrten Fugen zwischen Decken- und Wandelementen hängt der Querschnitt der Verbundbewehrung maßgeblich von der Neigung der Druckstreben des Fachwerks ab, wie auch bei der Bemessung der Querkraftbewehrung. Der Bemessungswert der aufnehmbaren Schubkraft beträgt:

$$v_{Rd,sy} = a_s \cdot f_{yd} \cdot (\cot\theta + \cot\alpha) \cdot \sin\alpha - \mu \cdot \sigma_{Nd} \cdot b \tag{5.30a}$$

mit: a_s Querschnitt der die Fuge kreuzenden Bewehrung je Längeneinheit

α Winkel der die Fuge kreuzenden Bewehrung (s. Bild 5.17) mit $45° \leq \alpha \leq 90°$

Die Neigung der Druckstreben folgt aus:

$$1,0 \leq \cot\theta \leq \frac{1,2\,\mu - 1,4\,\sigma_{cd}/f_{cd}}{1 - v_{Rd,ct}/v_{Ed}} \leq 3,0 \tag{5.31a}$$

mit: $v_{Rd,ct}$ nach Gleichung (5.29a)

σ_{cd} Längsspannung im anzuschließenden Querschnittsteil ($\sigma_{cd} < 0$ als Druckspannung)

Der untere Grenzwert $\cot\theta = 1{,}0$ bedeutet, dass volle Schubdeckung erforderlich ist.

Die Verbundbewehrung darf entsprechend der Schubkraftlinie v_{Ed} abgestuft werden; auch ein abgetreppter Verlauf mit Einschnitt in die Schubkraftlinie analog zu Bild 9.3 ist zulässig.

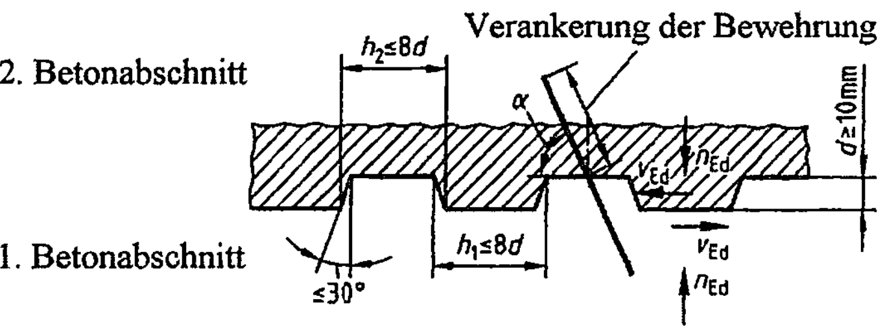

Bild 5.17   Verzahnte Fuge

Die Gleichungen vereinfachen sich für Bauteile, bei denen weder eine Normalspannung σ_{Nd} senkrecht zur Fuge noch eine Längsspannung σ_{cd} wirkt.

$$v_{Rd,ct} = 0{,}042\,\beta_{ct} \cdot f_{ck}^{1/3} \cdot b \tag{5.29b}$$

$$v_{Rd,sy} = a_s \cdot f_{yd} \cdot (\cot\theta + \cot\alpha) \cdot \sin\alpha \tag{5.30b}$$

$$1{,}0 \leq \cot\theta \leq \frac{1{,}2\,\mu}{1 - v_{Rd,ct}/v_{Ed}} \leq 3{,}0 \tag{5.31b}$$

Mit $v_{Rd,sy} = v_{Ed}$ ergibt sich die Verbundbewehrung:

$$a_s = \frac{v_{Ed}}{f_{yd} \cdot (\cot\theta + \cot\alpha) \cdot \sin\alpha} \tag{5.32}$$

5.2.8 Beispiel Platte mit Ortbetonergänzung

Die in Bild 5.18 dargestellte durchlaufende Platte besteht aus einer Elementplatte mit Ortbetonergänzung. Nachgewiesen wird die Übertragung der Schubkraft in der Fuge.

Gesamtdicke $\quad$ h = 24 cm $\qquad$ d = 21 cm

C20/25 $\qquad f_{ck}$ = 20 N/mm²

Gitterträger, gew. $\quad f_{yd}$ = 435 N/mm²

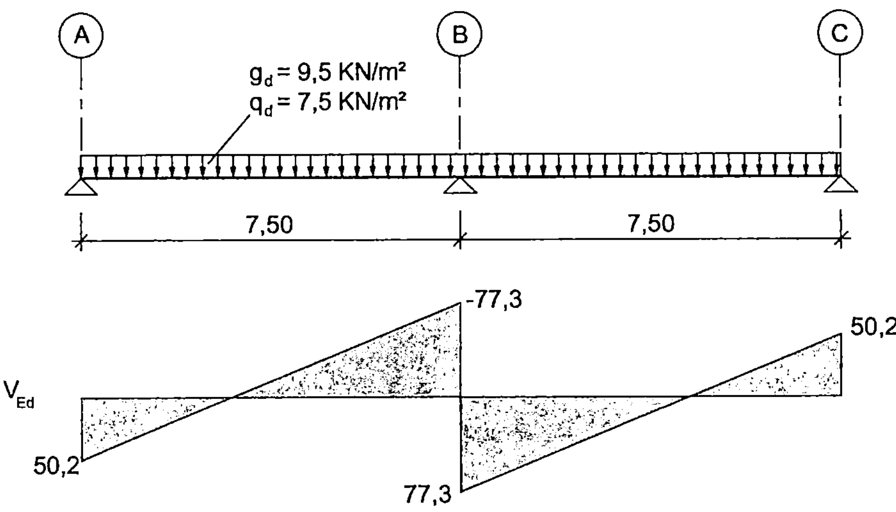

Bild 5.18 $\quad$ Platte mit Ortbetonergänzung

Der dargestellte Querkraftverlauf gilt für Vollast nach 15 % Momentenumlagerung für einen 1,00 m breiten Plattenstreifen. Auf eine Abminderung des Bemessungswerts der Querkraft – Auflagerrand – wird verzichtet.

Ohne Verbundbewehrung können in der Fuge – Breite 1,00 m –

$$v_{Rd,ct} = 0,042 \cdot 2,0 \cdot 20^{1/3} \cdot 1,0 \cdot 10^3 = 228 \text{ kN/m}$$

übertragen werden.

Vorausgesetzt wird:

raue Fuge $\qquad \beta_{ct}$ = 2,0 $\qquad \mu$ = 0,7 $\qquad \alpha$ = 45°

Tabelle 5.9 $\quad$ Platte mit Ortbetonergänzung – 1 m Breite –

Ort	V_{Ed}	v_{Ed}	$\cot\theta$	a_s
	kN	kN/m	-	cm²/m
A	50,2	266	3,00	2,2
B	77,3	409	1,90	4,6

Einzelschritte Auflager B

$$v_{Ed} = 77,3/0,9 \cdot 0,21 = 409 \text{ kN/m}$$

$$\cot\theta = \frac{1,2 \cdot 0,7}{1-228/409} = 1,90$$

$$a_s = \frac{0,409}{435 \cdot (1,90+1,00) \cdot 0,707} \cdot 10^4 = 4,6 \text{ cm}^2/\text{m}$$

Die Diagonalen der Gitterstäbe sind die Verbundbewehrung, dabei ist eine Neigung $\alpha = 45°$ zugrunde gelegt. In der Praxis sind von 45° abweichende Neigungen möglich, und es werden auch Stähle mit anderer Streckgrenze verarbeitet, so dass die Bemessungsspannung $f_{yd} \neq 435$ N/mm² sein kann. Einige Hersteller setzen zur Sicherheit eine glatte Fuge an.

Die Frage, ob die Oberfläche als rau einzustufen ist, kann mit Hilfe der mittleren Rautiefe $R_t \geq 0,9$ mm oder der maximalen Profilkuppenhöhe $R_p \geq 0,7$ mm geprüft werden [10]. Stark vereinfacht liegt eine raue Oberfläche bei einer Strukturtiefe von 1 mm vor.

Für dieses Beispiel ist nach DIN 1045 (7/88) mehr Verbundbewehrung erforderlich – volle Schubdeckung. Heft 400 DAfStb [22] ermöglicht verminderte Schubdeckung, was zu günstigeren Ergebnissen führt. Die Konstruktionspraxis wird sich nicht ändern, weil die für den Transport- und Bauzustand notwendigen Gitterträger ausreichend Verbundbewehrung stellen.

5.2.9 Beispiel Plattenbalken mit Ortbetonergänzung

Nachgewiesen wird der Anschluss der Platte an den Fertigteilsteg des Querträgers Pos 1.1. Dabei spielt es keine Rolle, dass die Platte wiederum aus den vorgefertigten Elementplatten und der Ortbetonergänzung besteht, zumal einheitlich C30/37 verwendet wird, Bild 5.19.

Da auf beiden Seiten des Steges die Elementplatten aufliegen, verbleibt für die Übertragung der Schubkraft $b = 24$ cm.

Das System, die Belastung und die Schnittgrößen des Querträgers sind in Bild 5.20 dargestellt. Angesetzt werden die Querkräfte für Vollast, und zwar am Rand der Unterstützung. Eine weitergehende Abminderung ist für den Nachweis der Kraftübertragung in der Fuge nicht zulässig.

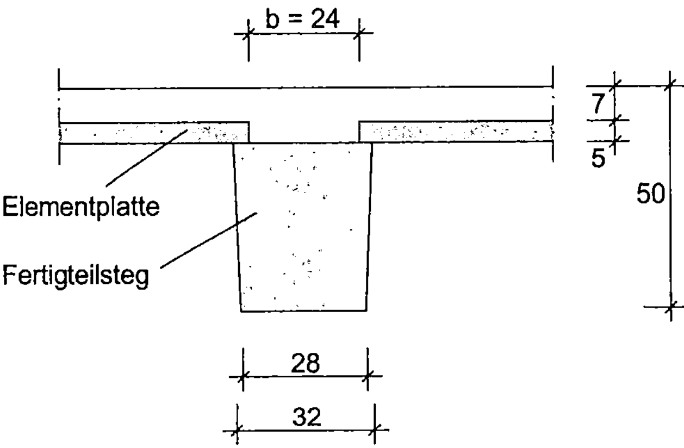

Bild 5.19   Pos 1.1 – Querträger – Teilfertigteile und Ortbetonergänzung

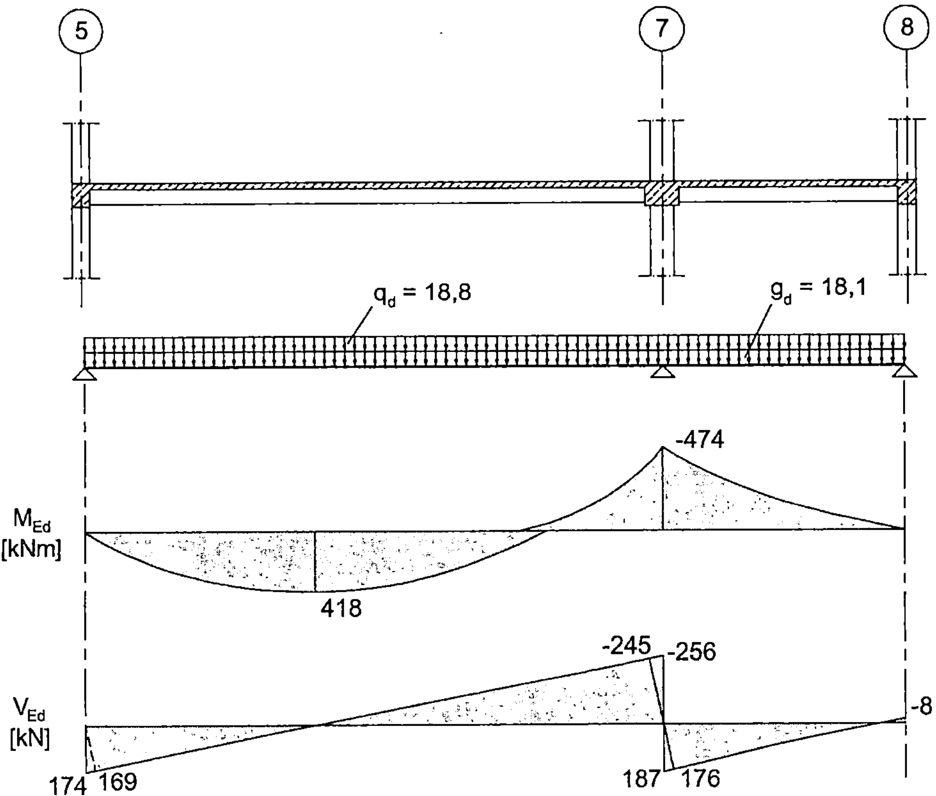

Bild 5.20   Pos 1.1 – Querträger – System und Schnittgrößen

Zur Achse 5 hin – linkes Endauflager – ist die Platte auf Druck beansprucht.
Aufgrund der günstigen mitwirkenden Plattenbreite ist die gesamte Betondruckkraft im Ortbeton, d.h. $F_{cdj} = F_{cd}$. Im Bereich der Mittelunterstützung – Achse 7 –

ist die Platte auf Zug beansprucht. Die gesamte Biegezugbewehrung liegt im Ortbeton. Damit gilt für beide Schnitte Gleichung (5.28b).

Der innere Hebelarm wird pauschal mit $z = 0{,}9\ d$ angenommen $- d = 45$ cm.

Vorausgesetzt wird

raue Fuge $\beta_{ct} = 2{,}0$ $\mu = 0{,}7$ $\alpha = 90°$

Ohne Verbundbewehrung können in der Fuge

$$v_{Rd,ct} \quad = 0{,}042 \cdot 2{,}0 \cdot 30^{1/3} \cdot 0{,}24 \cdot 10^3 = 63 \text{ kN/m}$$

übertragen werden.

Tabelle 5.10   Plattenbalken mit Ortbetonergänzung / Ortbeton ohne Fuge

Achse	mit Ortbetonergänzung						Ortbeton ohne Fuge			
	V_{Ed}	b	v_{Ed}	$v_{Rd,ct}$	$\cot\theta$	a_s	b	$V_{Rd,c}$	$\cot\theta$	a_{sw}
	kN	m	kN/m	kN/m	-	cm²/m	m	kN	-	cm²/m
5	169	0,24	417	63	1,00	9,6	0,28	84	2,39	4,0
7	245	0,24	605	63	1,00	13,9	0,28	84	1,83	7,6

Einzelschritte Achse 5

$$v_{Ed} = \frac{169}{0{,}9 \cdot 0{,}45} = 417 \text{ kN/m}$$

$$\cot\theta = \frac{1{,}2 \cdot 0{,}7}{1 - 63/417} = 0{,}99 \; < \; 1{,}00 \quad \text{maßgebend}$$

$$a_s = \frac{0{,}417}{435 \cdot 1{,}0} \cdot 10^4 = 9{,}6 \text{ cm}^2/\text{m}$$

Zum Vergleich ist die Querkraftbemessung für Ortbeton ohne Fuge aufgeführt, als Breite ist $b = 28$ cm maßgebend. Eine weitergehende Verminderung der Querkraft $- d$ vom Auflagerrand – bleibt zum besseren Vergleich unberücksichtigt.

Durch Rissreibung werden übertragen, s. Gleichung (5.17b)

$$V_{Rd,c} = 0{,}24 \cdot f_{ck}^{\,1/3} \cdot b_w \cdot z$$

$$= 0{,}24 \cdot 30^{1/3} \cdot 0{,}28 \cdot 0{,}9 \cdot 0{,}45 \cdot 10^3 = 84 \text{ kN}$$

Einzelschritte Achse 5

$$\cot\theta = \frac{1,2}{1-84/169} = 2,39$$

$$a_{sw} = \frac{0,169}{435\cdot0,9\cdot0,45\cdot2,39}\cdot10^4 = 4,0 \ \text{cm}^2/\text{m}$$

Die Bauart Fertigteilsteg mit Ortbetonergänzung erfordert deutlich mehr Bügel als die reine Ortbetonlösung wegen der steileren Neigung der Druckstreben – im Beispiel 45°.

Bei diesem Balken ist nach DIN 1045 (7/88) auch volle Schubdeckung in der Fuge erforderlich, jedoch ermöglicht Heft 400 DAfStb [22] verminderte Schubdeckung, was zu günstigeren Ergebnissen führt.

Der Nachweis des Gurtplattenanschlusses an den Steg unterscheidet sich nicht von der reinen Ortbetonkonstruktion.

Die Schubfuge zwischen Elementplatte und Ortbetonergänzung ist analog zu Abschnitt 5.2.8 nachzuweisen.

5.3 Torsion

5.3.1 Allgemeines

Eine Bemessung für Torsion ist nur dann erforderlich, wenn das Gleichgewicht des Tragwerks von der Torsionstragfähigkeit der einzelnen Bauteile abhängt. Bei statisch unbestimmten Tragwerken ist die Torsion häufig gar nicht für die Standsicherheit maßgebend, sondern ergibt sich nur aus den Verträglichkeitsbedingungen. Dann darf die Torsionssteifigkeit bei der Schnittgrößenermittlung unberücksichtigt bleiben. Es ist jedoch eine geeignete konstruktive Bewehrung in Form von Bügeln und Längsstäben vorzusehen, um die Rissbreiten im Gebrauchszustand zu beschränken.

Der Unterschied zwischen Gleichgewichtstorsion und Verträglichkeitstorsion wird am folgenden System erläutert. Bild 5.21a zeigt ein typisches Beispiel der Verträglichkeitstorsion. Die Platte, die Randunterzüge und die Stützen sind miteinander monolithisch verbunden. Durch die Einspannung der Platte in den Randunterzug entstehen Torsionsmomente im Randunterzug, weil dieser wiederum in die Stützen eingespannt ist. Bei Vernachlässigung der Platteneinspannung – frei drehbare Lagerung – ergeben sich keine Torsionsmomente im Randunterzug. Die Standsicherheit des Systems ist ohne Berücksichtigung der Torsion gewährleistet.

Ganz anders verhält es sich bei der Konstruktion in Bild 5.21b. Die Kragplatte ist im Unterzug eingespannt, die Einspannmomente der Platte erzeugen Torsionsmomente im Unterzug. Wenn der Unterzug diese Torsionsmomente nicht aufnehmen kann, klappt die Kragplatte weg. Die Torsion ist für das Gleichgewicht der Konstruktion notwendig, daher der Begriff Gleichgewichtstorsion.

Da eine vollständige Torsionsbemessung vergleichsweise selten durchzuführen ist, werden die entsprechenden Regelungen der DIN 1045-1, Abschnitt 10.4 nicht in allen Einzelheiten wiedergegeben. Ein Beispiel mit den verschiedenen Nachweisen enthält [16].

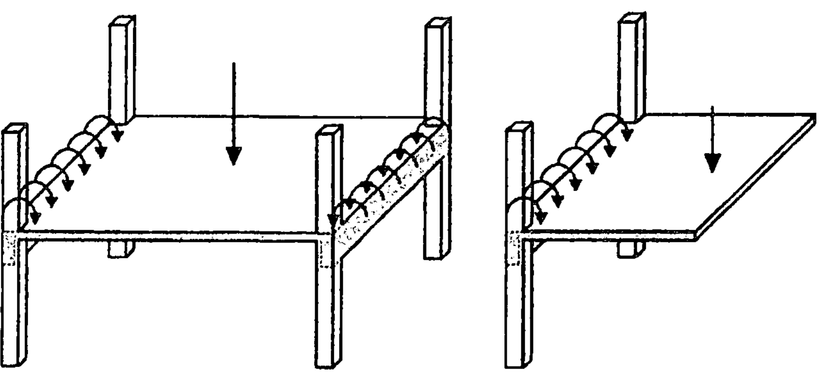

Bild 5.21   Unterscheidung Torsionsbeanspruchung [23]
a) Verträglichkeitstorsion
b) Gleichgewichtstorsion

5.3.2 Nachweisverfahren

Die Torsionstragfähigkeit wird am Modell eines dünnwandigen geschlossenen Querschnitts berechnet, s. Bild 5.22. Vollquerschnitte werden durch gleichwertige Hohlquerschnitte ersetzt. Die Mittellinien der Wände verlaufen durch die Achsen der Längsstäbe in den Ecken. Damit sind folgende Querschnittswerte definiert:

t_{eff} Wanddicke des fiktiven Hohlquerschnitts

A_k durch die Mittellinien eingeschlossene Fläche

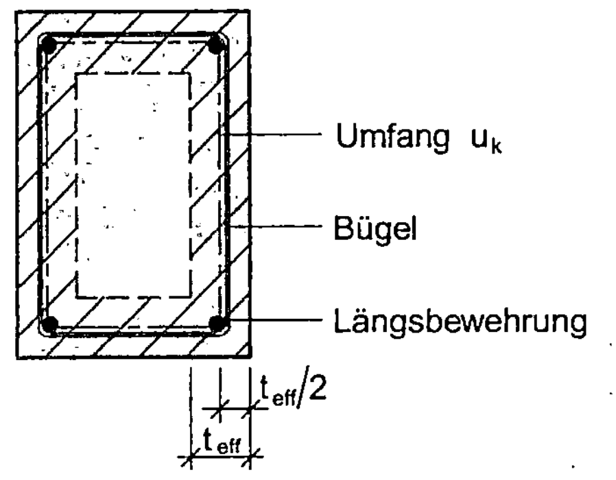

Beispiel: b = 30 cm

h = 50 cm

Betondeckung 25 mm

Bügel 10 mm

Längsstab 25 mm

t_{eff} = 2 (25 + 10 + 25/2) = 95 mm

$A_k = (b - t_{eff}) \cdot (h - t_{eff})$ = 830 cm²

u_k = 2 $(b - t_{eff})$ + 2 $(h - t_{eff})$ = 122 cm

Bild 5.22 Ersatzhohlkasten für den Torsionsnachweis

Zur Aufnahme der Torsion sind Bügel und über den Umfang verteilte Längsstäbe erforderlich. Sie bilden zusammen mit den geneigten Druckstreben des Betons ein Fachwerk. Damit wird das aufnehmbare Torsionsmoment durch die Tragfähigkeit der Torsionsbewehrung und die Tragfähigkeit der Betondruckstreben begrenzt.

$T_{Rd,sy}$ aufnehmbares Torsionsmoment:

maßgebend ist die Tragfähigkeit der Bewehrung

$T_{Rd,\mathrm{max}}$ maximal aufnehmbares Torsionsmoment:

maßgebend ist die Tragfähigkeit der Betondruckstreben

$$T_{Rd,sy} = \frac{A_{sw}}{s_w} \cdot f_{yd} \cdot 2A_k \cdot \cot\theta \qquad (5.33)$$

$$T_{Rd,sy} = \frac{A_{sl}}{u_k} \cdot f_{yd} \cdot 2A_k \cdot \tan\theta \qquad (5.34)$$

mit: A_{sw} Querschnittsfläche der Torsionsbewehrung rechtwinklig zur Bauteilachse

s_w Abstand der Torsionsbewehrung in Richtung der Bauteilachse gemessen

A_{sl} Querschnittsfläche der Torsionslängsbewehrung

u_k Umfang der Fläche A_k

Die Druckstrebenneigung $\cot\theta$ ist beanspruchungsabhängig und kann analog zur Querkraftbemessung ermittelt werden, s. DIN 1045-1, 10.4.2(1) und (2). Vereinfachend darf die Bewehrung für Torsion unter der Annahme θ = 45° ermittelt und zu der unabhängig ermittelten Querkraftbewehrung addiert werden.

Die erforderliche Bewehrung je Längeneinheit ergibt sich für das einwirkende Torsionsmoment T_{Ed} aus den Gleichungen (5.33) und (5.34) mit $T_{Rd,sy} = T_{Ed}$, $\theta = 45°$ und $s_w = 1$ m zu:

$$a_{sw} = a_{sl} = \frac{T_{Ed}}{2 A_k \cdot f_{yd}} \quad [\text{cm}^2/\text{m}] \tag{5.35}$$

Zu beachten ist, dass sich der Querschnitt der Bügel a_{sw} auf einen Bügelschenkel bezieht, im Gegensatz zur Querkraftbewehrung, wo mit a_{sw} beide Bügelschenkel erfasst werden. Wegen der umlaufenden Zugbeanspruchung müssen die Bügel kraftschlüssig geschlossen werden, weitere Konstruktionsregeln s. DIN 1045-1, (13.2.4).

Die Torsionslängsbewehrung ist gleichmäßig über den Umfang anzuordnen. In der Biegezugzone ist sie zur Biegezugbewehrung zu addieren. In der Biegedruckzone darf die Torsionslängsbewehrung entsprechend den vorhandenen Druckkräften abgemindert werden, wodurch sie sich dort in vielen Fällen erübrigt.

Das maximal aufnehmbare Torsionsmoment beträgt:

$$T_{Rd,max} = \frac{\alpha_{c,red} \cdot f_{cd} \cdot 2 A_k \cdot t_{eff}}{\cot\theta + \tan\theta} \tag{5.36a}$$

mit: $\alpha_{c,red}$ Abminderungsbeiwert für die Druckstrebenfestigkeit

$$\alpha_{c,red} = 0{,}7\,\alpha_c = 0{,}7 \cdot 0{,}75 \quad \text{für Normalbeton}$$

Die Gleichung vereinfacht sich für $\theta = 45°$

$$T_{Rd,max} = 0{,}525 f_{cd} \cdot A_k \cdot t_{eff} \tag{5.36b}$$

Bei kombinierter Beanspruchung aus Torsion und Querkraft – das ist in der Baupraxis der Regelfall – wird die maximale Tragfähigkeit durch die Interaktionsregel begrenzt.

$$\left[\frac{T_{Ed}}{T_{Rd,max}}\right]^2 + \left[\frac{V_{Ed}}{V_{Rd,max}}\right]^2 \leq 1 \tag{5.37}$$

mit: $V_{Rd,max}$ Bemessungswert der aufnehmbaren Querkraft nach Abschnitt 5.2.4

Diese Gleichung gilt für Kompaktquerschnitte (Vollquerschnitte). Auf Kastenquerschnitte wird in DIN 1045-1, 10.4.2(5) eingegangen.

Vereinfachend dürfen die Bewehrung für Torsion – ermittelt unter der Annahme $\theta = 45°$ – und die Querkraftbewehrung – ermittelt nach Abschnitt 5.2.4: $\theta < 45°$ – addiert werden.

Bei gering beanspruchten Rechteckquerschnitten ist die Mindestquerkraftbewehrung ausreichend, s. Abschnitt 9.2.2, wenn die folgenden Bedingungen eingehalten sind:

$$T_{Ed} \leq \frac{V_{Ed} \cdot b_w}{4,5} \tag{5.38}$$

$$V_{Ed}\left[1 + \frac{4,5\,T_{Ed}}{V_{Ed} \cdot b_w}\right] \leq V_{Rd,ct} \tag{5.39}$$

Der Rechengang wird am Beispiel des Balkens 30×50 cm, s. Bild 5.22, erläutert.

$$T_{Ed} = 30 \text{ kNm}$$

Bügel (Querschnitt eines Schenkels) für Torsion mit $\theta = 45°$

$$a_{sw} = \frac{0,030}{2 \cdot 0,083 \cdot 435}\,10^4 = 4,15 \text{ cm}^2/\text{m}$$

maximal aufnehmbares Torsionsmoment

$$T_{Rd,max} = 0,525 \cdot 11,33 \cdot 0,083 \cdot 0,095 \cdot 10^3 = 47 \text{ kNm}$$

Für den gleichen Balken liegt eine Querkraftbemessung vor, s. Abschnitt 5.2.4. Es wird eine kombinierte Beanspruchung des Torsionsmomentes und der Querkraft

$$V_{Ed} = 200 \text{ kN}$$

nachgewiesen. Die unabhängige Querkraftbemessung ergibt:

$$a_{sw} = 5,72 \text{ cm}^2/\text{m}$$

$$V_{Rd,max} = 415 \text{ kN}$$

Der erforderliche Gesamtquerschnitt für zweischnittige Bügel beträgt:

$$a_{sw} = 2 \cdot 4,15 + 5,72 = 14,02 \text{ cm}^2/\text{m}$$

Die maximale Druckstrebentragfähigkeit wird mit Gleichung (5.37) nachgewiesen

$$\left(\frac{30}{47}\right)^2 + \left(\frac{200}{415}\right)^2 = 0,64 < 1,0$$

5.4 Durchstanzen

5.4.1 Allgemeines

Bei Bürogebäuden und Tiefgaragen werden die Geschossdecken vorzugsweise ohne Balken ausgeführt, um die Konstruktionshöhe zu reduzieren – daher der Name Flachdecke – und die Montage der Gebäudetechnik zu vereinfachen. Die Deckenlasten werden direkt auf die Stütze übertragen, damit liegt eine konzentrierte Lasteinleitung vor. Häufig ist die Querkraftübertragung der entscheidende Nachweis für die Dimensionierung der Flachdecken.

Im Stützbereich sind Biegebeanspruchung und Querkraftübertragung eng verknüpft. Es ergibt sich eine rotationssymmetrische Rissbildung – zentrische Last vorausgesetzt – und damit eine gleichmäßige Querkraftübertragung entlang eines kritischen Rundschnitts. Wenn die Tragfähigkeit der Betondruckstreben erschöpft ist, tritt ein kegelförmiger Bruch ein, der als Durchstanzen bezeichnet wird. Durchstanzen ist ein lokales Bauteilversagen, dessen Ursache die Überschreitung der Betonzugfestigkeit oder der Betondruckfestigkeit oder die unzureichende Verankerung der Durchstanzbewehrung sein kann. Gleichermaßen erfolgt die Querkraftübertragung bei Fundamenten.

Das Bemessungsmodell für den Nachweis gegen Durchstanzen definiert die Querkrafttragfähigkeit längs des kritischen Rundschnitts im Abstand $1,5\,d$ vom Stützenrand. Analog zur Querkraftbemessung nach Abschnitt 5.2 wird die Querkraft entweder allein vom Beton oder in Kombination mit Durchstanzbewehrung übertragen.

Um die Querkrafttragfähigkeit sicherzustellen, ist eine kräftige Biegezugbewehrung erforderlich, insofern sind bei der Bemessung der Stützbewehrung Mindestmomente zu beachten.

5.4.2 Lasteinleitung und Nachweisschnitte

Der kritische Rundschnitt wird im Abstand $1,5\,d$ vom Stützenrand angesetzt, s. Bild 5.23. Im Grundriss folgt er der Stützengeometrie, s. Bild 5.24.

Bei Stützen mit einem Seitenverhältnis $a > 2b$, und insbesondere bei Wänden, konzentrieren sich die Querkräfte in den Ecken. Als kritischer Rundschnitt sind dann die in Bild 5.24d angegebenen Abschnitte maßgebend.

Der kritische Rundschnitt von Rund- und Eckstützen läuft senkrecht auf den freien Rand zu, s. Bild 5.24b.

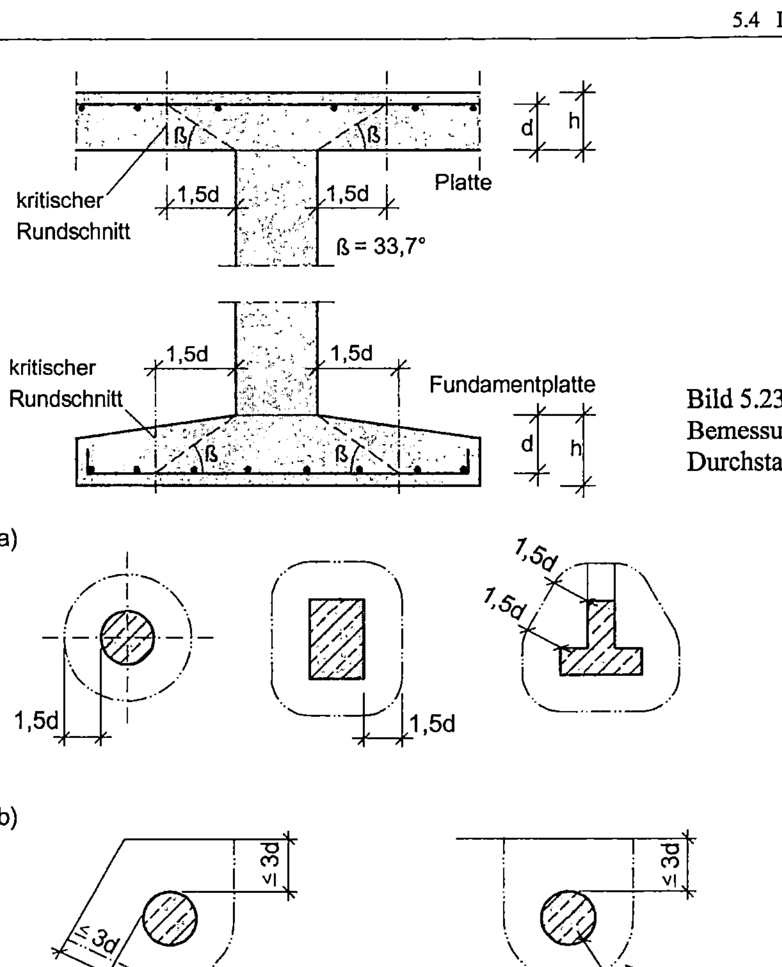

Bild 5.23
Bemessungsmodell
Durchstanzen

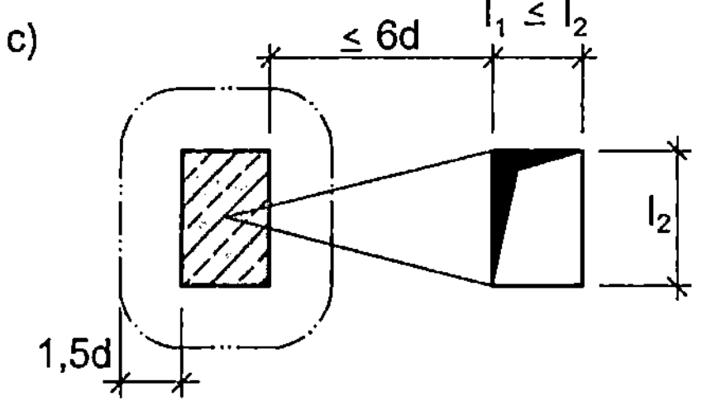

Bild 5.24 Kritischer Rundschnitt
    a) allgemein
    b) in der Nähe von freien Rändern
    c) in der Nähe der Öffnungen   d) bei ausgedehnten Auflagerflächen

$$a_1 \le \begin{cases} a \\ 2b \\ 5{,}6\,d - b_1 \end{cases} \qquad b_1 \le \begin{cases} b \\ 2{,}8\,d \end{cases}$$

Infolge von Öffnungen in Stützennähe wird ein Teil des maßgebenden Rundschnitts unwirksam, s. Bild 5.24c.

Bei Stützen mit Stützenkopfverstärkung ist der kritische Rundschnitt gemäß DIN 1045-1, Bild 42 oder Bild 43 anzusetzen.

5.4.3 Nachweisverfahren

Das Bemessungsverfahren legt ein räumliches Fachwerkmodell zugrunde. Analog zu Abschnitt 5.2.1 wird die Querkrafttragfähigkeit längs der verschiedenen Nachweisschnitte nach Bild 5.25 durch die folgenden Bemessungswerte [kN/m] beschrieben:

$v_{Rd,ct}$ Querkrafttragfähigkeit längs des kritischen Rundschnitts ohne Durchstanzbewehrung

$v_{Rd,ct,a}$ Querkrafttragfähigkeit längs des äußeren Rundschnitts außerhalb des durchstanzbewehrten Bereichs

$v_{Rd,sy}$ Querkrafttragfähigkeit mit Durchstanzbewehrung längs innerer Nachweisschnitte

$v_{Rd,max}$ maximale Querkrafttragfähigkeit längs des kritischen Rundschnitts

Die aufzunehmende Querkraft im betrachteten Nachweisschnitt v_{Ed} [kN/m] beträgt

$$v_{Ed} = \frac{\beta \cdot V_{Ed}}{u} \tag{5.40}$$

mit: V_{Ed} Bemessungswert der gesamten aufzunehmenden Querkraft

u Umfang des betrachteten Rundschnitts nach Bild 5.25

β Beiwert zur Berücksichtigung der nichtrotationssymmetrischen Querkraftverteilung. Sofern kein genauerer Nachweis geführt wird, dürfen für unverschiebliche Systeme folgende Werte angenommen werden

$\beta = 1{,}05$ Innenstützen – unregelmäßige Systeme –
$\beta = 1{,}40$ Randstütze
$\beta = 1{,}50$ Eckstütze

Die o.g. Beiwerte gelten für Systeme mit Stützweitenunterschieden bis zu 25 %. Für größere Stützweitenunterschiede kann der Beiwert β in Abhängigkeit von der bezogenen Normalkraftausmitte der Stütze im Bereich des Rahmenknotens berechnet werden [10].

Die Querkraft aus auflagernahen Lasten darf nicht reduziert werden.

Bei Fundamentplatten darf die Querkraft V_{Ed} um die günstige Wirkung der Bodenpressung abgemindert werden. Dafür ist jedoch eine steilere Stanzkegelneigung ($\approx 45°$) maßgebend. Näherungsweise darf der Abzugswert aus der Bodenpressung mit Hilfe der kritischen Fläche A_{crit} für den flacheren Stanzkegel ($33{,}7°$) ermittelt werden, indem nur 50 % in Ansatz gebracht werden [DIN 1045-1, 10.5.3 (4)].

Es ist keine Durchstanzbewehrung erforderlich für:

$$v_{Ed} \;\leq\; v_{Rd,ct} \tag{5.41}$$

Bei Platten mit Durchstanzbewehrung sind folgende Nachweise zu führen:

Die aufzunehmende Querkraft v_{Ed} nach Gleichung (5.40) längs des kritischen Rundschnitts – Abstand $1{,}5\,d$ vom Stützenrand – darf die maximale Querkrafttragfähigkeit nicht überschreiten:

$$v_{Ed} \;\leq\; v_{Rd,max} \tag{5.42}$$

In jedem inneren Rundschnitt nach Bild 5.25 ist die Querkrafttragfähigkeit mit Durchstanzbewehrung nachzuweisen:

$$v_{Ed} \;\leq\; v_{Rd,sy} \tag{5.43}$$

Zur Vermeidung eines Versagens außerhalb des durchstanzbewehrten Bereiches ist längs des äußeren Rundschnitts – Abstand $1{,}5\,d$ von der letzten Bewehrungsreihe – die Querkrafttragfähigkeit ohne Durchstanzbewehrung nachzuweisen:

$$v_{Ed} \;\leq\; v_{Rd,ct,a} \tag{5.44}$$

5.4.4 Bauteile ohne Durchstanzbewehrung

Die Querkrafttragfähigkeit $v_{Rd,ct}$ längs des kritischen Rundschnitts ergibt sich aus:

$$v_{Rd,ct} \;=\; \left(0{,}14 \cdot \kappa \cdot \left(100\,\rho_l \cdot f_{ck}\right)^{1/3} - 0{,}12\,\sigma_{cd}\right)\!\cdot d \tag{5.45a}$$

$$\text{mit:} \quad \kappa = 1 + \sqrt{\frac{200}{d}} \leq 2{,}0 \tag{5.46}$$

$$d = \frac{d_x + d_y}{2} \qquad \text{mittlere Nutzhöhe in mm}$$

$$\rho_l = \sqrt{\rho_{lx} \cdot \rho_{ly}} \begin{cases} \leq 0{,}40 \, f_{cd} / f_{yd} \\ \leq 0{,}02 \end{cases}$$

mittlerer Längsbewehrungsgrad innerhalb des betrachteten Rundschnitts

ρ_{lx} und ρ_{ly} beziehen sich jeweils auf die Zugbewehrung in x- und y-Richtung

für f_{cd} darf der Dauerstandsbeiwert $\alpha = 0{,}85$ unberücksichtigt bleiben, d.h. $f_{cd} = f_{ck} / 1{,}5$ [10]

$$\sigma_{cd} = \frac{\sigma_{cd,x} + \sigma_{cd,y}}{2}$$

Bemessungswert der Betonnormalspannung innerhalb des betrachteten Rundschnitts in N/mm²

Für Platten und Fundamente aus Normalbeton, auf die keine Längskräfte einwirken, reduziert sich die Gleichung:

$$v_{Rd,ct} = 0{,}14 \kappa \cdot \left(100 \rho_l \cdot f_{ck} \right)^{1/3} \cdot d \tag{5.45b}$$

Diese Gleichung ist genauso aufgebaut wie Gleichung (5.14b) für liniengelagerte Platten. Die höhere Querkrafttragfähigkeit infolge des räumlichen Spannungszustands im unmittelbaren Bereich um die Stütze wird durch den Vorfaktor 0,14 – anstatt 0,10 bei liniengestützten Platten – erfasst.

5.4.5 Bauteile mit Durchstanzbewehrung

Maßgebend für den Maximalwert der aufnehmbaren Querkraft $v_{Rd,max}$ ist die Tragfähigkeit der geneigten Druckstreben.

$$v_{Rd,max} = 1{,}5 \, v_{Rd,ct} \tag{5.47}$$

Die mögliche Laststeigerung mit Durchstanzbewehrung beträgt nur 50 % und ist damit deutlich geringer als bei liniengestützten Platten.

Die Querkrafttragfähigkeit setzt sich aus einem Anteil des Betons und der Durchstanzbewehrung zusammen. Die Durchstanzbewehrung ist für die einzelnen Bewehrungsreihen nach Bild 5.25 zu ermitteln und auf den betrachteten Umfang gleichmäßig zu verteilen. Es sind so viele Bewehrungsreihen anzuordnen bis nachgewiesen ist, dass im Abstand $1,5\,d$ von der letzten Bewehrungsreihe – äußerer Rundschnitt – keine Durchstanzbewehrung mehr erforderlich ist. Damit wird der Übergang der Querkrafttragfähigkeit mit Durchstanzbewehrung zur Querkrafttragfähigkeit ohne Durchstanzbewehrung erfasst.

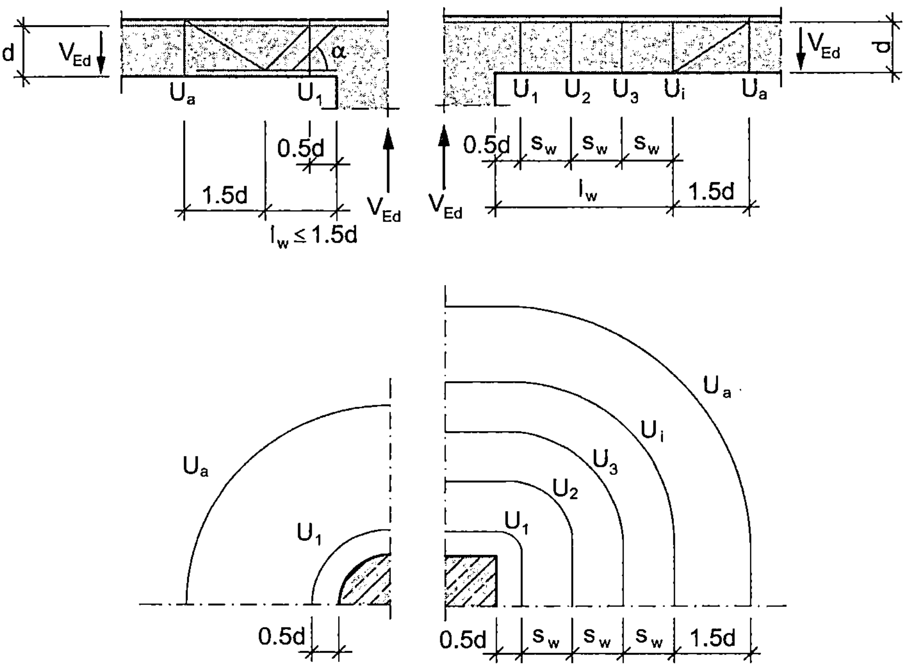

Bild 5.25 Nachweisschnitte der Durchstanzbewehrung

Bei lotrechter Durchstanzbewehrung gilt für die erste Bewehrungsreihe im Abstand $0,5\,d$ vom Stützenrand:

$$v_{Rd,sy} = v_{Rd,c} + \frac{\kappa_s \cdot A_{sw} \cdot f_{yd}}{u} \tag{5.48}$$

Für die weiteren Bewehrungsreihen im Abstand $s_w \le 0,75\,d$ untereinander gilt:

$$v_{Rd,sy} = v_{Rd,c} + \frac{\kappa_s \cdot A_{sw} \cdot f_{yd} \cdot d}{u \cdot s_w} \tag{5.49}$$

mit: $v_{Rd,c} = v_{Rd,ct}$ Betontraganteil nach Gleichung (5.45)

$\kappa_s \cdot A_{sw} \cdot f_{yd}$ Bemessungskraft der Durchstanzbewehrung für jede Bewehrungsreihe

u Umfang des Nachweisschnittes

s_w wirksame Breite einer Bewehrungsreihe nach Bild 5.25 mit

$$s_w \leq 0,75\,d$$

$$\kappa_s = 0,7 + 0,3\,\frac{d-400}{400} \begin{cases} \geq 0,7 \\ \leq 1,0 \end{cases} \text{ mit } d \text{ in mm} \qquad (5.50)$$

Beiwert zur Berücksichtigung des Einflusses der Bauteilhöhe auf die Wirksamkeit der Bewehrung

Im ersten Rundschnitt – Gleichung (5.48) – wird die Kraft $(V_{Ed} - u_1 \cdot v_{Rd,c})$ durch Bewehrung „hochgehängt". Bei den weiteren Rundschnitten – Gleichung (5.49) – wird die Kraft $(V_{Ed} - u_i \cdot v_{Rd,c})$ innerhalb der Breite $s_w \leq 0,75\,d$ durch die Bügel aufgenommen. Anders ausgedrückt, liegt der ersten Bewehrungsreihe – Gleichung (5.48) – eine wirksame Breite $s_w = d$ zugrunde, während Gleichung (5.49) für die übrigen Bewehrungsreihen $s_w \leq 0,75\,d$ berücksichtigt.

Aus $v_{Rd,sy} = v_{Ed}$ folgt die erforderliche Durchstanzbewehrung:

für die erste Bewehrungsreihe

$$A_{sw} = \frac{v_{Ed} - v_{Rd,ct}}{\kappa_s \cdot f_{yd}}\,u_1 \qquad (5.51)$$

für die weiteren Bewehrungsreihen

$$A_{sw} = \frac{v_{Ed} - v_{Rd,ct}}{\kappa_s \cdot f_{yd} \cdot d}\,s_w \cdot u_i \qquad (5.52)$$

Alternativ können auch Schrägstäbe als Durchstanzbewehrung gewählt werden, wobei die Neigung gegen die Plattenebene $45 \leq \alpha \leq 60°$ betragen muß. Werden ausschließlich Schrägstäbe eingesetzt, so dürfen diese nur im Bereich von $1,5\,d$ um die Stütze angeordnet werden. Die erforderliche Bewehrung ist im Schnitt im Abstand $0,5\,d$ vom Stützenrand nachzuweisen:

$$v_{Rd,sy} = v_{Rd,c} + \frac{1,3\,A_s \cdot \sin\alpha \cdot f_{yd}}{u} \qquad (5.53)$$

mit: $1,3\,A_s \cdot \sin\alpha \cdot f_{yd}$ Bemessungskraft der Durchstanzbewehrung in Richtung der aufzunehmenden Querkraft

Die erforderliche Schrägbewehrung beträgt:

$$A_s = \frac{v_{Ed} - v_{Rd,ct}}{1,3 \sin \alpha \cdot f_{yd}} \, u \qquad (5.54)$$

wobei u der Umfang im Abstand 0,5 d vom Stützenrand ist.

Im äußeren Rundschnitt wird nachgewiesen, dass keine Querkraftbewehrung erforderlich ist. Mit zunehmendem Abstand von der Stütze reduziert sich der Einfluss des räumlichen Spannungszustands, so dass im Abstand 3,5 d vom Stützenrand die Querkrafttragfähigkeit wie bei liniengestützten Platten – einaxialer Spannungszustand – vorliegt. Schließlich unterscheidet sich die Querkrafttragfähigkeit nach Gleichung (5.45b) – Durchstanzen – und Gleichung (5.14b) – liniengestützte Platten– im Faktor 0,14 bzw. 0,10. Dieser Übergang wird mit dem Beiwert κ_a in Gleichung (5.56) erfasst.

Der äußere Rundschnitt liegt im Abstand 1,5 d von der letzten Bewehrungsreihe. Für die Querkrafttragfähigkeit gilt:

$$v_{Rd,ct,a} = \kappa_a \cdot v_{Rd,ct} \qquad (5.55)$$

mit: $\quad v_{Rd,ct}$ Tragfähigkeit ohne Durchstanzbewehrung nach Gleichung (5.45). Dabei ist der Längsbewehrungsgrad ρ_l im äußeren Rundschnitt anzusetzen.

$$\kappa_a = 1 - \frac{0,29\, l_w}{3,5\, d} \geq 0,71 \qquad (5.56)$$

Beiwert zur Berücksichtigung des Übergangs zum Plattenbereich mit der Tragfähigkeit nach Gleichung (5.14)

$\quad l_w \qquad$ Breite des Bereiches mit Durchstanzbewehrung, s. Bild 5.25

Die Durchstanzbewehrung darf in keinem inneren Rundschnitt den Mindestbewehrungsgrad unterschreiten [DIN 1045-1, 10.5.5 (5) und 13.2.3 (5)]:

$$\rho_w = \frac{A_{sw}}{s_w \cdot u} \geq \min \rho_w \quad \text{lotrechte Durchstanzbewehrung} \qquad (5.57)$$

$$\rho_w = \frac{A_s \cdot \sin \alpha}{s_w \cdot u} \geq \min \rho_w \quad \text{geneigte Durchstanzbewehrung, } s_w = d \qquad (5.58)$$

$\min \rho_w \qquad$ s. Tabelle 9.1

Darüber hinaus können die Regeln zur baulichen Durchbildung – maximaler Abstand der Bügelschenkel – zu einer Erhöhung der Durchstanzbewehrung ab dem 3. Rundschnitt führen, s. Abschnitt 9.3.2.

Alternativ zu Bügeln oder Schrägstäben können spezielle Bewehrungselemente verwendet werden. Deren Bemessung ist in einer allgemeinen bauaufsichtlichen Zulassung geregelt.

5.4.6 Mindestmomente

Die Querkrafttragfähigkeit in der vorgenannten Größe setzt eine entsprechende Biegebewehrung voraus. In beiden Richtungen sind Mindestmomente $m_{Ed,x}$ bzw. $m_{Ed,y}$ einzuhalten [DIN 1045-1, 10.5.6].

$$m_{Ed,x} \text{ (oder } m_{Ed,y}) \geq \eta \cdot V_{Ed} \text{ [kNm/m]} \tag{5.59}$$

V_{Ed} aufzunehmende Querkraft

η Momentenbeiwert nach Tabelle 5.11

Bild 5.26 zeigt, über welche Breite die Mindestmomente anzusetzen sind und wie die Ränder definiert sind. Bei Einzelfundamenten ist für die Verteilungsbreite mindestens die Breite des kritischen Rundschnitts anzusetzen [11].

Tabelle 5.11   Momentenbeiwerte und Verteilungsbreiten der Momente

Lage der Stütze	η_x		anzusetzende Breite	η_y		anzusetzende Breite
	Zug an der Platten-oberseite	Zug an der Platten-unterseite		Zug an der Platten-oberseite	Zug an der Platten-unterseite	
Innenstütze	0,125	0	$0,3\, l_y$	0,125	0	$0,3\, l_x$
Randstütze, Rand „x"	0,25	0	$0,15\, l_y$	0,125	0,125	(je m Platten-breite)
Randstütze, Rand „y"	0,125	0,125	(je m Platten-breite)	0,25	0	$0,15\, l_x$
Eckstütze	0,5	0,5	(je m Platten-breite)	0,5	0,5	(je m Platten-breite)

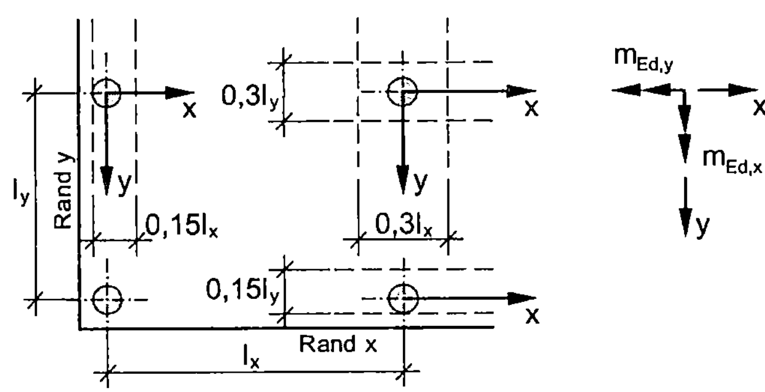

Bild 5.26   Bereiche für den Ansatz der Mindestmomente

5.4.7 Beispiel Flachdecke

Für die Flachdecke, Pos 3, wird die Sicherheit gegen Durchstanzen bei der Stütze G6 nachgewiesen.

System, Biegebemessung

Die Biegemomente werden mit Hilfe des Näherungsverfahrens nach Heft 240 DAfStb [17] berechnet. Die gewählte Bewehrung für das Stützmoment in Achse 6 (x-Richtung) und in Achse G (y-Richtung) ist in Tabelle 5.12 angegeben.

Die Lasteinzugsfläche für die Berechnung der Querkraft wird durch die Querkraftnullpunkte in x- und y-Richtung definiert. Für die y-Richtung wird das in Bild 5.27 dargestellte System zugrunde gelegt; der x-Richtung liegt ein Durchlaufträger über 5 Felder mit Einspannung in die Wand in Achse I zugrunde. Gemäß Abschnitt 4.2.3 darf zur Ermittlung der Querkraft für alle Felder Vollbelastung angesetzt werden.

Beton   C30/37
Betonstahl   BSt 500 S

Biegebewehrung s. Tabelle 5.12

Tabelle 5.12   Pos 3 – Flachdecke – obere Biegebewehrung

	gewählt	a_{sl}	d	ρ_l
		cm²/m	cm	-
x	∅16-10	20,1	26,7	0,0075
y	∅16-12,5	16,1	25,1	0,0064

Kritischer Rundschnitt

$$d = (0{,}267+0{,}251)/2 = 0{,}259 \text{ m}$$

$$u_{crit} = 4\cdot 0{,}3+2\pi\cdot(1{,}5\cdot 0{,}259) = 3{,}64 \text{ m}$$

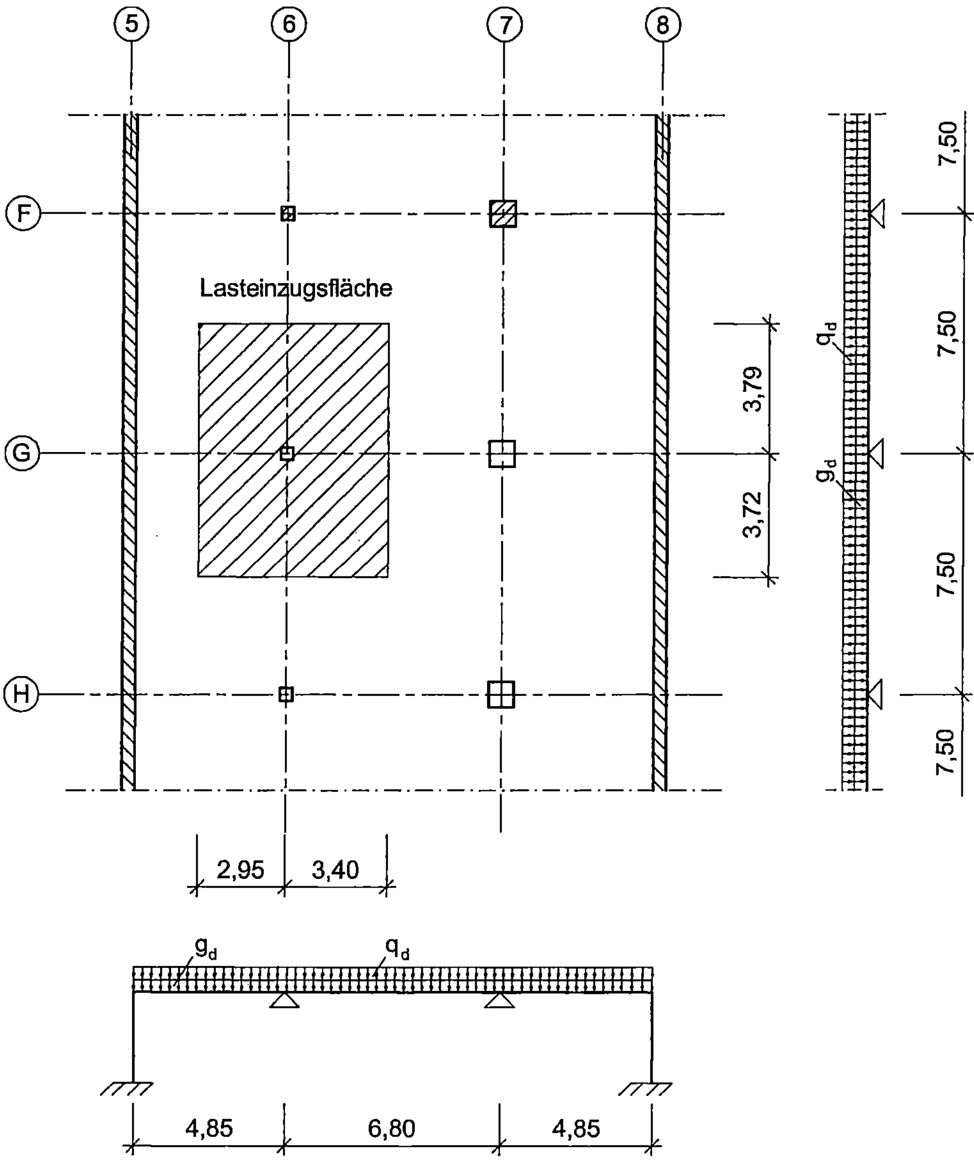

Bild 5.27   Pos 3 – Flachdecke – System und Lasten

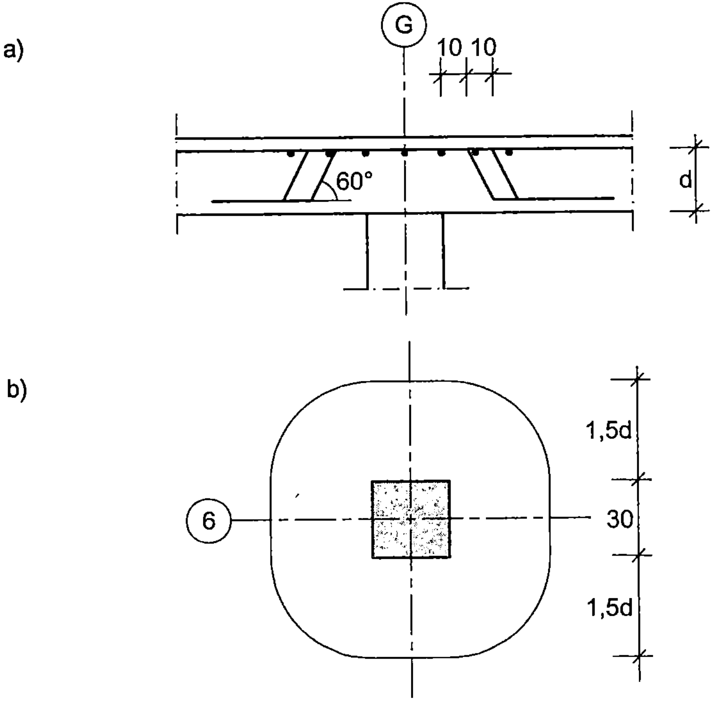

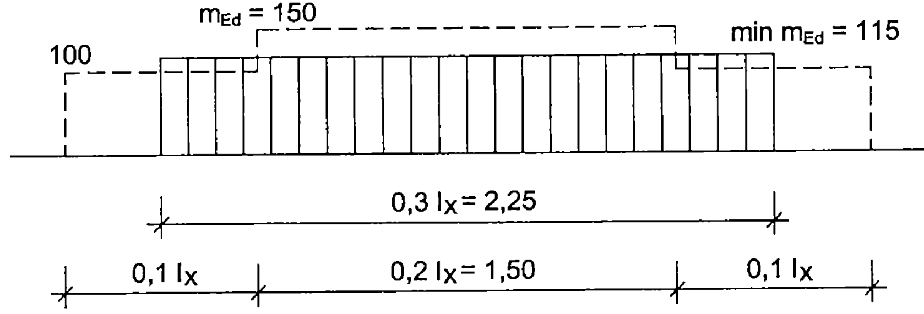

Bild 5.28   Pos 3 – Flachdecke – Angaben zum Durchstanznachweis
a) Plattenquerschnitt, Durchstanzbewehrung
b) Kritischer Rundschnitt
c) Bemessungsmomente, Mindestmomente

Aufzunehmende Querkraft

$$G_d + Q_d = 1{,}35 \cdot (7{,}5 + 1{,}2) + 1{,}5 \cdot 5{,}0 = 19{,}3 \text{ kN/m}^2$$

bezogen auf die Lasteinzugsfläche nach Bild 5.28

$$V_{Ed} = 19{,}3 \cdot (2{,}95 + 3{,}40) \cdot (3{,}72 + 3{,}79) = 920 \text{ kN}$$

Wegen des unregelmäßigen Stützenrasters ist die Querkraftverteilung im Rundschnitt nicht rotationssymmetrisch. Die Stützweiten in Gebäudequerrichtung unterscheiden sich um mehr als 25 %. Demzufolge ist der Beiwert β gemäß Heft 525 DAfStb [10] zu überprüfen.

Im Rahmenknoten wirken

M_{col} = 12 kNm, Moment, das im Knoten von der Stütze an die Platte abgegeben wird

N_{col} = 920 kN, resultierende Deckenauflagerkraft V_{Ed}

l_{col} = 0,30 m, Seitenlänge der Stütze

$$\beta = 1 + \frac{M_{col}/N_{col}}{l_{col}} = 1 + \frac{12/920}{0{,}30} = 1{,}04$$

Aufgrund der geringen Drehfedersteifigkeit – Stütze nur im Kellergeschoss, Querschnitt 30 x 30 cm – ist die bezogene Lastausmitte so gering, dass sich mit der o.g. Gleichung $\beta < 1{,}05$ ergibt.

Angesetzt wird der Pauschalwert $\beta = 1{,}05$ [DIN 1045-1, 10.5.3 (2)].

$$v_{Ed} = V_{Ed} \cdot \beta / u_{crit} = 920 \cdot 1{,}05 / 3{,}64 = 265 \text{ kN/m}$$

Querkrafttragfähigkeit ohne Durchstanzbewehrung

$$v_{Rd,ct} = 0{,}14\kappa \cdot (100\,\rho_l \cdot f_{ck})^{1/3} \cdot d$$

$$\kappa = 1 + \sqrt{200/d} = 1 + \sqrt{200/259} = 1{,}88 < 2$$

$$\rho_l = \sqrt{\rho_{lx} \cdot \rho_{ly}} = \sqrt{0{,}0075 \cdot 0{,}0064} = 0{,}0070 < 0{,}4\frac{20}{435} = 0{,}018$$

$$< 0{,}02$$

$$v_{Rd,ct} = 0{,}14 \cdot 1{,}88 \cdot (100 \cdot 0{,}0070 \cdot 30)^{1/3} \cdot 0{,}259 \cdot 10^3 = 188 \text{ kN/m}$$

$$< v_{Ed} = 265 \text{ kN/m}$$

Es ist Durchstanzbewehrung erforderlich.

Die maximale Querkrafttragfähigkeit beträgt

$$v_{Rd,max} = 1{,}5\,v_{Rd,ct} = 1{,}5 \cdot 188 = 282 \text{ kN/m}$$

$$> v_{Ed} = 265 \text{ kN/m}$$

Durchstanzbewehrung: Lotrechte Bügel

Tabelle 5.13   Pos 3 – Flachdecke – Durchstanzbewehrung: lotrechte Bügel

Reihe	Abstand	s_w	u	v_{Ed}	A_{sw}
-	m	m	m	kN	cm²
1	$0{,}5\,d$	-	2,01	481	19,3
2	$1{,}25\,d$	$0{,}75\,d$	3,24	298	8,8
3	$2{,}00\,d$	$0{,}75\,d$	4,46	217	3,2

Einzelschritte 1. Bewehrungsreihe, Abstand 0,5 d
wirksame Breite der Bewehrungsreihe d

$$u_1 = 4 \cdot 0{,}30 + 2\pi \cdot 0{,}5 \cdot 0{,}259 = 2{,}01 \text{ m}$$

$$v_{Ed,1} = 920 \cdot 1{,}05 / 2{,}01 = 481 \text{ kN/m}$$

$$\kappa_s = 0{,}7 + 0{,}3\,\frac{d-400}{400} = 0{,}7 + 0{,}3\,\frac{259-400}{400} \geq 0{,}7 \quad \text{maßgebend}$$

$$A_{sw,1} = \frac{v_{Ed,1} - v_{Rd,ct}}{\kappa_s \cdot f_{yd}}\,u_1 = \frac{481-188}{0{,}7 \cdot 435}\,2{,}01 \cdot 10 = 19{,}3 \text{ cm}^2$$

Einzelschritte 2. Bewehrungsreihe, Abstand 1,25 d
wirksame Breite der Bewehrungsreihe $s_w = 0{,}75\,d$

$$u_2 = 4 \cdot 0{,}30 + 2 \cdot \pi \cdot 1{,}25 \cdot 0{,}259 = 3{,}24 \text{ m}$$

$$v_{Ed,2} = 920 \cdot 1{,}05 / 3{,}24 = 298 \text{ kN/m}$$

$$A_{sw,2} = \frac{v_{Ed,2} - v_{Rd,ct}}{\kappa_s \cdot f_{yd} \cdot d}\,s_w \cdot u_2 = \frac{298-188}{0{,}7 \cdot 435 \cdot 0{,}259}\,0{,}75 \cdot 0{,}259 \cdot 3{,}24 \cdot 10$$

$$= 8{,}8 \text{ cm}^2$$

Einzelschritte äußerer Rundschnitt
Abstand 1,5 d von der 3. Bewehrungsreihe
Breite des Bereichs mit Durchstanzbewehrung $l_w = 2,00\ d$

$$u_{3,a} = 4\cdot0,30+2\cdot\pi\cdot(2,00+1,50)\cdot0,259 = 6,90 \text{ m}$$

$$v_{Ed,3a} = 920\cdot1,05/6,90 = 140 \text{ kN/m}$$

$$\kappa_a = 1-\frac{0,29\cdot l_w}{3,5\cdot d} = 1-\frac{0,29\cdot2,00\cdot0,259}{3,5\cdot0,259} = 0,83$$

$v_{Rd,ct} = 188$ kN/m, Annahme: gleicher Längsbewehrungsgrad ρ_l wie im kritischen Rundschnitt

$$\kappa_a\cdot v_{Rd,ct} = 0,83\cdot188 = 156 \text{ kN/m}$$

$$> v_{Ed,3a} = 140 \text{ kN/m}$$

Alternativ werden Schrägstäbe unter 60° als Durchstanzbewehrung gewählt.

Die erforderliche Bewehrung ist im Abstand 0,5 d vom Stützenrand nachzuweisen:

$$u = 4\cdot0,30+2\cdot\pi\cdot0,5\cdot0,259 = 2,01 \text{ m}$$

$$v_{Ed} = 920\cdot1,05/2,01 = 481 \text{ kN/m}$$

$$A_s = \frac{v_{Ed}-v_{Rd,ct}}{1,3\sin\alpha\cdot f_{yd}}u = \frac{481-188}{1,3\cdot0,866\cdot435}2,01\cdot10 = 12,0 \text{ cm}^2$$

gewählt: $4\cdot3 = 12$ Aufbiegungen $\varnothing12$: 13,6 cm², s. Bild 5.28

Größere Stabdurchmesser sind aufgrund der Konstruktionsregel $d_s \le 0,05\ d$, s. Abschnitt 9.3.2, nicht zulässig.

Nachweis des äußeren Rundschnitts
Schrägstäbe um 10 cm gegeneinander versetzt
Abstand der oberen und unteren Abbiegung, s. Bild 5.28

$$[h-2(h-d)]\tan30° = [30-2(30-25,9)]\tan30° = 12,6 \text{ cm}$$

$$l_w = 10+10+12,6 = 32,6 \text{ cm} < 1,5d\,, \text{ s. Bild 5.25}$$

$$u_a = 4\cdot0,30+2\cdot\pi\cdot(0,326+1,5\cdot0,259) = 5,69 \text{ m}$$

$$v_{Ed,a} = 920\cdot1,05/5,69 = 169 \text{ kN/m}$$

$$\kappa_a = 1 - \frac{0,29 \cdot 0,326}{3,5 \cdot 0,259} = 0,90$$

$$\kappa_a \cdot v_{Rd,ct} = 0,90 \cdot 188 = 169 \text{ kN/m}$$

$$= v_{Ed,a} = 169 \text{ kN/m}$$

Mindestbewehrung

$$\rho_w = \frac{A_s \cdot \sin \alpha}{s_w \cdot u} \quad \text{mit} \quad s_w = d$$

$$= \frac{13,6 \cdot 0,866}{25,9 \cdot 201} = 2,26 \text{ \textperthousand}$$

$$> \min \rho = 0,93 \text{ \textperthousand}$$

Dieses Beispiel zeigt, dass die Möglichkeit, Schrägstäbe als Durchstanzbewehrung einzusetzen, begrenzt ist, weil der äußere Rundschnitt näher an der Stütze liegt als bei Bügeln und damit die Querkrafttragfähigkeit nach Gleichung (5.55) kleiner ist.

Die tatsächlich erforderliche Durchstanzbewehrung wird durch die Konstruktionsregeln maßgeblich beeinflusst. Entscheidendes Kriterium ist der Abstand der Bügelschenkel, s. Bild 9.8, der in keiner Bewehrungsreihe 1,5 d überschreiten darf. In Abschnitt 9.3.2 werden für dieses Beispiel der Querschnitt der Durchstanzbewehrung und die Anzahl der Bügelschenkel gemäß der Bemessung und den Konstruktionsregeln gegenübergestellt. Außerdem ist die Anordnung der Bügel auf die Lage der Biegebewehrung abzustimmen, so dass durchaus mehr Bügel als rechnerisch erforderlich sein können. Schrägstäbe dürfen rechtwinklig zueinander angeordnet werden, s. Bild 9.8, was deren Einbau erleichtert.

Mindestmomente

In Bild 5.28 sind die Mindestmomente und die Momente in Querrichtung eingetragen, wie sie sich nach der Streifenmethode [17] ergeben. Bei FEM-Berechnungen kann der Abbau der Momente senkrecht zur Tragrichtung noch ausgeprägter sein, so dass in der Regel die Mindestmomente außerhalb des inneren Gurtstreifens maßgebend sind.

$$m_{Ed,x} = m_{Ed,y} = \eta \cdot V_{Ed} = -0,125 \cdot 920 = -115 \text{ kNm/m}$$

$$\text{auf der Breite } 0,3 l_y \text{ bzw. } 0,3 l_x$$

In den Bemessungsmodellen für den Nachweis gegen Durchstanzen nach DIN 1045-1 und DIN 1045 (7/88) wirken sich die maßgebenden Einflussgrößen ganz unterschiedlich aus, wie aus Tabelle 5.14 zu erkennen ist.

Tabelle 5.14   Einflussgrößen   Nachweis gegen Durchstanzen

		DIN 1045-1	DIN 1045 (7/88)
Abstand kritischer Rundschnitt		$1{,}5\,d$ (d = Nutzhöhe)	$0{,}5\,h$ (h = Nutzhöhe)
Bereich mit Durchstanzbewehrung		$1{,}5\,d \leq 3{,}5\,d$	$1{,}5\,h_m$
Querkrafttragfähigkeit abhängig von Betonfestigkeitsklasse Bewehrungsgrad		$f_{ck}^{1/3}$ $\rho_l^{1/3}$	τ_{01} bzw. τ_{02} $\sqrt{\mu}$
Wirksamkeit der Durchstanzbewehrung Bügel	Faktor	$\kappa_s \geq 0{,}7$	$1{,}0$
Schrägstäbe	Faktor	$1{,}3\,\sin\alpha$	$1{,}0$

Aufgrund der unterschiedlichen Bemessungsmodelle ergeben sich große Abweichungen bei Flachdecken mit dicken Stützen, z.B. Seitenlänge der Stütze = doppelte Plattendicke. Der kritische Rundschnitt ist nach DIN 1045-1 weitaus geringer von der Seitenlänge der Stütze abhängig als nach DIN 1045 (7/88) – Abstand von Stützenrand $1{,}5\,d$ gegenüber $0{,}5\,d$. Demzufolge vergrößert sich die Querkrafttragfähigkeit bei Flachdecken mit dicken Stützen nach DIN 1045-1 weniger als nach DIN 1045 (7/88).

5.4.8 Beispiel Fundament

Für das Fundament Pos 6 wird die Sicherheit gegen Durchstanzen nachgewiesen.

Die Stützenlast in Achse G7 beträgt 6768 kN; davon entfallen auf

ständige Last   3658 kN

veränderliche Last   3110 kN

Vorab ein Hinweis zum Nachweis der Bodenpressungen, sofern er noch nach DIN 1054 (11/76) erfolgt. Für den Übergang auf DIN-Normen mit globalem Sicherheitsfaktor sind die Gebrauchslasten anzusetzen.

$$3658/1{,}35 + 3110/1{,}5 = 4783 \text{ kN}$$

Im Vergleich dazu ergibt sich mit dem pauschalen Teilsicherheitsbeiwert $\gamma_F = 1{,}4$

$$6768/1{,}4 \;=\; 4834 \text{ kN}$$

Im vorliegenden Fall steht nichtbindiger Baugrund an; für $\sigma_{zul} = 260 \text{ kN/m}^2$ werden die in Bild 5.29 angegebenen Fundamentabmessungen gewählt.

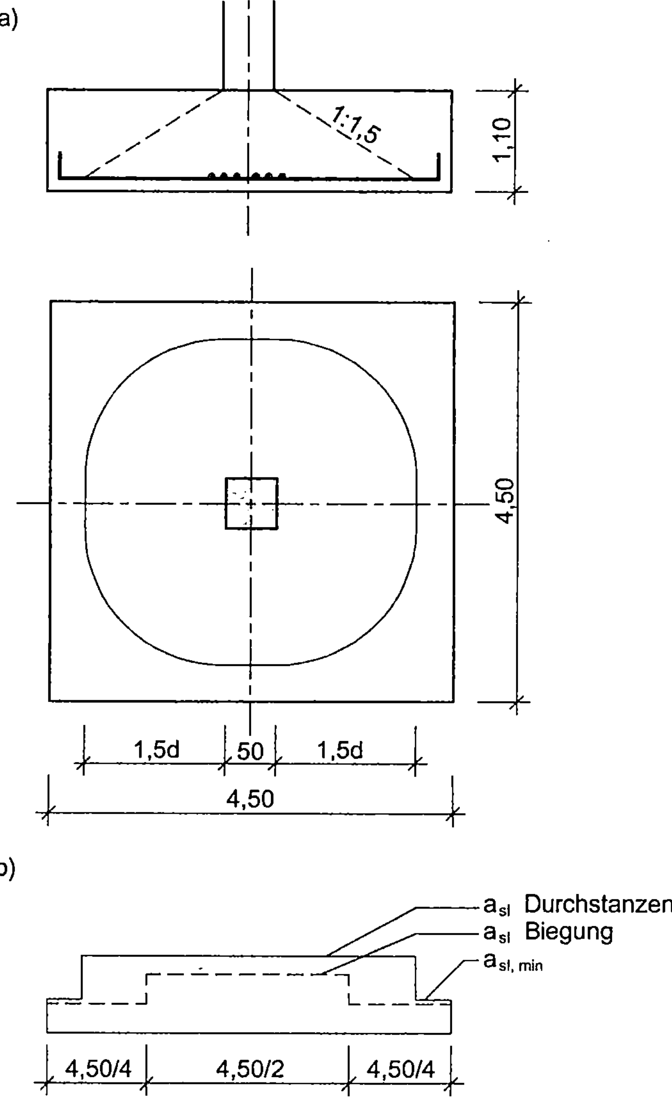

Bild 5.29   Pos 6 – Fundament
        a) Kritischer Rundschnitt
        b) Größe und Verteilung der Längsbewehrung

Betondeckung

Gründungsbauteile werden in die Expositionsklasse XC2 eingestuft, s. Tab. 3.4, die Mindestbetonfestigkeitsklasse beträgt C16/20. Der gewählte Beton C30/37 liegt mehr als 2 Festigkeitsklassen darüber, so dass die Mindestbetondeckung zum Schutz gegen Korrosion – $c_{min} = 20$ mm, s. Tab. 3.5 – um 5 mm vermindert werden kann. Als Bewehrung sind Ø20 vorgesehen, für die zur Sicherung des Verbundes $c_{min} = d_s = 20$ mm einzuhalten sind.

Das Vorhaltemaß beträgt gemäß Tabelle 3.5 $\Delta c = 15$ mm. Für Verbund kann $\Delta c = 10$ mm angesetzt werden, darauf wird in diesem Beispiel verzichtet. Um Unebenheiten des Unterbetons zu berücksichtigen wird das Vorhaltemaß um weitere 20 mm erhöht.

$$\Delta c = 15 + 20 = 35 \text{ mm}$$

$$c_{nom} = c_v = 20 + 35 = 55 \text{ mm}$$

Kritischer Rundschnitt

$$d = 1{,}10 - 0{,}055 - 0{,}02 = 1{,}025 \text{ m} \qquad \text{mittlere Nutzhöhe}$$

$$u = 4 \cdot 0{,}5 + 2\pi \cdot (1{,}5 \cdot 1{,}025) = 11{,}66 \text{ m}$$

$$A_{crit} = 0{,}5^2 + 4 \cdot 0{,}5 \cdot (1{,}5 \cdot 1{,}025) + \pi \cdot (1{,}5 \cdot 1{,}025)^2 = 10{,}75 \text{ m}^2$$

Aufzunehmende Querkraft

Es dürfen nur 50 % der kritischen Fläche für die Berechnung der entlastenden Resultierenden der Bodenpressungen angesetzt werden

$$V_{Ed,red} = 6768 - \frac{6768}{4{,}50^2} \frac{10{,}75}{2} = 4973 \text{ kN}$$

$$\doteq 0{,}74 V_{Ed}, \text{ d.h. } 26 \text{ % Abzug}$$

Bei quadratischen Fundamenten liegt rotationssymmetrische Querkraftverteilung vor: $\beta = 1{,}0$

$$v_{Ed,red} = 4973 / 11{,}66 = 426 \text{ kN/m}$$

Querkrafttragfähigkeit ohne Durchstanzbewehrung

$$\kappa = 1 + \sqrt{\frac{200}{1025}} = 1{,}44$$

$$\rho_l = \frac{31,4}{100 \cdot 102,5} = 0,0031 \qquad\qquad a_{sx} = a_{sy}: \varnothing 20 - 10$$

$$v_{Rd,ct} = 0,14 \cdot 1,44 (100 \cdot 0,0031 \cdot 30)^{1/3} \cdot 1,025 \cdot 10^3 = 435 \text{ kN/m}$$

$$> v_{Ed,red} = 426 \text{ kN/m}$$

Der Nachweis ist erfüllt, so dass keine Durchstanzbewehrung erforderlich ist.

Einzelfundamente haben in der Regel nur eine untere Bewehrung. Eine Durchstanzbewehrung würde zur Lagesicherung eine obere Bewehrung erforderlich machen, was aufwendig ist. Insofern ist es zweckmäßig, die Querkrafttragfähigkeit durch eine vergrößerte Dicke, eine höhere Betonfestigkeitsklasse oder durch mehr Biegebewehrung zu sichern. Eine Erhöhung der Bewehrung wirkt sich allerdings weniger auf die Querkrafttragfähigkeit aus als nach DIN 1045 (7/88), weil nach DIN 1045-1 der Bewehrungsgrad in der dritten Wurzel eingeht.

Im Folgenden wird dargestellt, wie die Größe und Verteilung der Längsbewehrung von den Tragfähigkeitsnachweisen für Biegung und Durchstanzen abhängen. Die Verteilung der Biegebewehrung über die Fundamentbreite wird gegenüber den Angaben in Heft 240 DAfStb [17] weiter vereinfacht, indem 2/3 der erforderlichen Bewehrung in der Mitte über die halbe Fundamentbreite verteilt wird und das restliche Drittel in den beiden Randbereichen – jeweils b/4 – angeordnet wird.

$$M_{Ed,x} = M_{Ed,y} = N_{St} \frac{b_x - c_x}{8} = 6768 \frac{4,50 - 0,50}{8} = 3384 \text{ kNm}$$

$$m_{Ed,x} = 1,33 \frac{M_{Ed,x}}{b_y} = 1,33 \frac{3384}{4,50} = 1000 \text{ kNm/m}$$

Das Mindestmoment ist eingehalten:

$$m_{Ed,x} = m_{Ed,y} = 0,125 \cdot 6768 = 846 \text{ kNm/m}$$

Für die ungünstigere Bewehrungslage $d_x = 1,015$ m ergibt sich

$$a_{sx} = 22,4 \text{ cm}^2/\text{m} \qquad\qquad \text{mittlere Fundamenthälfte}$$

$$a_{sx} = 11,2 \text{ cm}^2/\text{m} \qquad\qquad \text{Abstufung zum Rand}$$

Das entspricht ungefähr der Mindestbewehrung zur Sicherstellung des duktilen Bauteilverhaltens, s. Konstruktionsregeln, Abschnitt 9.2.1:

$$a_{s,min} = 0,0004 \, f_{ctm} \cdot d \cdot 100 = 0,0004 \cdot 2,9 \cdot 103,5 \cdot 100 = 12,0 \text{ cm}^2/\text{m}$$

Es wird mehr Bewehrung eingelegt: ∅20-10

$$a_{sx} = a_{sy} = 31,4 \ cm^2/m \qquad \text{Durchstanzen}$$

Erforderlich ist diese Bewehrung über die Breite des kritischen Rundschnitts. Damit verbleiben außerhalb des kritischen Rundschnitts nur relativ schmale Bereiche, s. Bild 5.29, so dass sich eine Abstufung der Biegebewehrung nicht lohnt. In der Regel wird eine Abstufung der Biegebewehrung nur in den Fällen möglich sein, wo der Durchstanznachweis unkritisch ist.

Hinsichtlich der Verminderung der Querkraft um die günstige Wirkung der Bodenpressung ist anzumerken, dass sich nach DIN 1045-1 im Allgemeinen ein vergleichbares Ergebnis wie nach DIN 1045 (7/88) – im Beispiel 26 % bzw. 27 % – ergibt. Schließlich ist die vom kritischen Rundschnitt – 1,5 d vom Auflagerrand – eingeschlossene Fläche nahezu doppelt so groß wie die bisher zugrunde gelegte Fläche bei 45° Lastausbreitung.

5.4.9 Gedrungene Fundamente

Bei gedrungenen Fundamenten liegt der Rundschnitt im Abstand 1,5 d vom Stützenrand teilweise außerhalb des Fundaments. Dann darf der kritische Nachweisschnitt im Abstand 1,0 d vom Stützenrand angenommen werden [10]. Die Entlastung infolge der Bodenpressungen kann für diesen kleineren Schnitt zu 100 % berücksichtigt werden. Für den Schnitt 1,0 d ist der mehraxiale Spannungszustand ausgeprägter als für den Schnitt 1,5 d, so dass sich der Durchstanzwiderstand erhöht. Der Durchstanzwiderstand nach Gleichung (5.45b) wird im Verhältnis des Umfangs im Schnitt 1,5 d zum Umfang im Schnitt 1,0 d erhöht.

$$v_{Rd,ct,r=1,0d} = k\left(0,14\kappa\cdot(100\,\rho_l\cdot f_{ck})^{1/3}\right)\cdot d \tag{5.60}$$

$$\text{mit:} \quad k = \frac{u_{krit,r=1,5d}}{u_{krit,r=1,0d}} \geq 1,2 \tag{5.61}$$

$$v_{Rd,max,r=1,0d} = 1,5\,v_{Rd,ct,r=1,0d} \tag{5.62}$$

Beispiel

Für das in Bild 5.30 dargestellte Fundament wird die Sicherheit gegen Durchstanzen nachgewiesen.

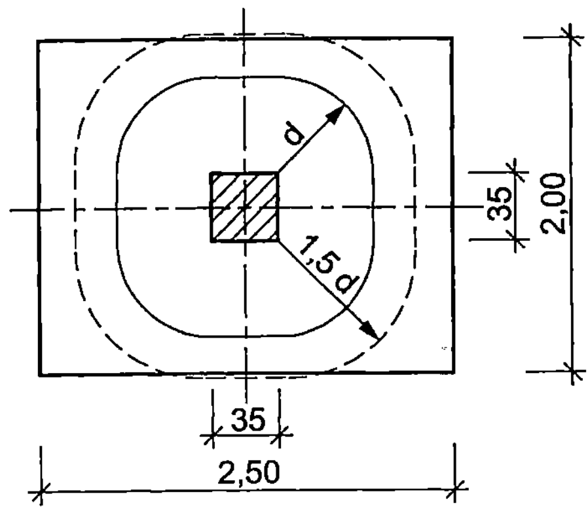

Bild 5.30 Gedrungenes Fundament

Stützenlast	$N_{Ed} = 2400$ kN
Beton	C20/25
Bewehrung	$\varnothing 20 - 15$ bzw. $\varnothing 20 - 25$
Betondeckung	$c_{nom} = 55$ mm s. Beispiel 5.4.8
mittlere Nutzhöhe	$d = 0{,}65 - 0{,}055 - 0{,}02 = 0{,}575$ m

Kritischer Rundschnitt

Abstand 1,5 d vom Stützenrand

$$u_{r=1,5d} = 4 \cdot 0{,}35 + 2\pi \cdot (1{,}5 \cdot 0{,}575) = 6{,}82 \text{ m}$$

Der kritische Rundschnitt liegt teilweise außerhalb des Fundaments.

Abstand 1,0 d vom Stützenrand

$$u_{r=1,0d} = 4 \cdot 0{,}35 + 2\pi \cdot 0{,}575 = 5{,}01 \text{ m}$$

$$A_{crit,r=1,0d} = 0{,}35^2 + 4 \cdot 0{,}35 \cdot 0{,}575 + \pi \cdot 0{,}575^2 = 1{,}97 \text{ m}^2$$

Abzug der Bodenpressung innerhalb der Fläche $A_{crit,r=1,0d}$

$$V_{Ed,red} = 2400 - \frac{2400}{2{,}00 \cdot 2{,}50} 1{,}97 = 1455 \text{ kN}$$

$$\hateq 0{,}61 V_{Ed} \text{, d.h. 39 \% Abzug}$$

$$v_{Ed,red,r=1,0d} = \frac{1,05 \cdot 1455}{5,01} = 305 \text{ kN/m}$$

Der Faktor $\beta = 1,05$ berücksichtigt die nicht rotationssymmetrische Querkraftverteilung – das Fundament ist nicht quadratisch.

Querkrafttragfähigkeit ohne Durchstanzbewehrung

$$\kappa = 1 + \sqrt{\frac{200}{575}} = 1,59$$

$$\rho_{lx} = \frac{20,9}{58,5 \cdot 100} = 0,00357$$

$$\rho_{ly} = \frac{12,6}{56,5 \cdot 100} = 0,00223$$

$$\rho_l = \sqrt{0,00357 \cdot 0,00223} = 0,00282$$

Erhöhungsfaktor für den Rundschnitt im Abstand 1,0 d

$$k = \frac{6,82}{5,01} = 1,36 > 1,2$$

$$v_{Rd,ct,r=1,0d} = 1,36 \cdot 0,14 \cdot 1,59 \left(100 \cdot 0,00282 \cdot 20\right)^{1/3} \cdot 0,575 \cdot 10^3 = 310 \text{ kN/m}$$

$$> v_{Ed,red,r=1,0d} = 305 \text{ kN/m}$$

Es ist keine Durchstanzbewehrung erforderlich.

6 Nachweise der Gebrauchstauglichkeit

6.1 Spannungsbegrenzungen

Hohe Betondruckspannungen können Längsrisse im Beton verursachen; außerdem ist dann mit überproportionalen Kriechverformungen zu rechnen. Auf der Zugseite können nichtelastische Verformungen des Betonstahls zu großen und ständig offenen Rissen führen. Deshalb sind die Betondruckspannungen und die Stahlspannungen zu begrenzen [DIN 1045-1, 11.1].

Tabelle 6.1   Spannungsgrenzen

Einwirkungskombination	Betonspannung	Stahlspannung
selten $G_k + Q_{k,1} + \sum_{i>1}\psi_{0,i}\cdot Q_{k,i}$	Expositionsklasse XD1 bis XD3 XF1 bis XF4 XS1 bis XS3 $\leq 0{,}6\,f_{ck}$ Vermeidung Längsrisse	$\leq 0{,}8\,f_{yk}$ $\leq f_{yk}$ bei Zwang Vermeidung nichtelastischer Verformungen
quasi - ständig $G_k + \sum_{i}\psi_{2,i}\cdot Q_{k,i}$	$\leq 0{,}45\,f_{ck}$ Vermeidung zu großer Kriechverformungen	

Die o.g. Spannungsnachweise dürfen für Stahlbetontragwerke des üblichen Hochbaus im Allgemeinen entfallen, wenn

- die Schnittgrößen nach der Elastizitätstheorie ermittelt und im Grenzzustand der Tragfähigkeit um nicht mehr als 15 % umgelagert wurden und

- die bauliche Durchbildung nach Abschnitt 9 durchgeführt wird und die Festlegungen für die Mindestbewehrung nach 6.2.2 eingehalten sind.

Damit sind im Stahlbetonbau die Spannungen praktisch nur für Bauteile nachzuweisen, die nicht dem üblichen Hochbau zuzuordnen sind oder deren Schnittgrößen spürbar von der linear-elastischen Rechnung abweichen.

6.2 Begrenzung der Rissbreite

6.2.1 Allgemeines

In Stahlbetonbauteilen sind Risse bei direkter Beanspruchung, z.B. Biegung infolge Lasten, oder indirekter Beanspruchung, z.B. Zug infolge Zwang, aufgrund der geringen Zugfestigkeit des Betons nahezu unvermeidbar. Entscheidend ist, die Rissbildung so zu begrenzen, dass die ordnungsgemäße Nutzung des Tragwerks, sein Erscheinungsbild und die Dauerhaftigkeit nicht beeinträchtigt werden.

Wenn keine besonderen Anforderungen gestellt werden, z.B. Wasserundurchlässigkeit, gilt für Stahlbetonbauteile [DIN 1045-1, Tab. 18 und 19]:

- quasi-ständige Einwirkungskombination

- Rissbreite $\leq$ 0,3 mm für Expositionsklasse XC2 bis XC4, XD1 bis XD3, XS1 bis XS3

- Rissbreite $\leq$ 0,4 mm für Expositionsklasse XC1

Bei den o.g. Rissbreiten handelt es sich um Rechenwerte in der Nähe der Bewehrung. Die Breite eines Risses ist bei biegebeanspruchten Bauteilen nicht über die gesamte Risstiefe konstant. Der Riss ist keilförmig, so dass er an der Oberfläche des Bauteils größer ist als in Höhe der Bewehrung.

Für die Expositionsklasse XC1 hat die Rissbreite keinen Einfluss auf die Dauerhaftigkeit, so dass deren Begrenzung großzügiger gehandhabt werden kann.

Bei Platten in der Expositionsklasse XC1, die durch Biegung ohne wesentlichen zentrischen Zug beansprucht werden, sind keine Nachweise zur Begrenzung der Rissbreite notwendig, wenn deren Gesamtdicke 200 mm nicht übersteigt und die Konstruktionsregeln nach Abschnitt 9 eingehalten sind [DIN 1045-1, 11.2.1(12)].

Zur Begrenzung der Rissbreite sind folgende Maßnahmen erforderlich:

- Anordnung einer Mindestbewehrung bei wesentlicher Zwangbeanspruchung

- Begrenzung des Durchmessers oder der Abstände der Bewehrungsstäbe

Die Berechnung der Rissbreite ist nur in Sonderfällen erforderlich, Angaben hierzu enthält DIN 1045-1, Abschnitt 11.2.4.

Für die Rissebeschränkung bei Lastbeanspruchung gibt es Konstruktionsregeln, die den maximalen Stabdurchmesser und die maximalen Stababstände in Abhängigkeit von der Stahlspannung angeben, s. Tabelle 6.2 und 6.3. Zur Berechnung der Mindestbewehrung dient Tabelle 6.2.

6.2.2 Mindestbewehrung

In Bauteilen, die durch Zwang beansprucht werden, soll die Mindestbewehrung die Rissbildung steuern und die Rissbreite auf $w_k = 0{,}3$ mm bzw. $w_k = 0{,}4$ mm begrenzen. Die Mindestbewehrung muss in der Lage sein, die Zugkraft aufzunehmen, die beim Aufreißen des Querschnitts – Primärrisse – frei wird. Dabei darf die Streckgrenze der Bewehrung nicht überschritten werden, um die weitere Rissbildung – Sekundärrisse – zu ermöglichen, d.h. die aufgezwungene Verformung auf mehrere Risse zu verteilen.

Bei der Berechnung ist die Ursache der Zwangbeanspruchung zu berücksichtigen:

- Zwang wird im Bauteil selbst hervorgerufen, z.B. Eigenspannungen infolge Abfließen der Hydratationswärme

- Zwang wird außerhalb des Bauteils hervorgerufen, z.B. Stützensenkung

Außerdem ist nach der Beanspruchungsart zu unterscheiden:

- Biegung:
  dreieckförmiger Verlauf der Zugspannungen in einem Teil des Querschnitts

- Zug:
  konstante Zugspannungen im ganzen Querschnitt

Die Mindestbewehrung kann nach folgender Gleichung ermittelt werden [DIN 1045-1, 11.2.2(5)]:

$$A_s = k_c \cdot k \cdot f_{ct,eff} \cdot A_{ct} / \sigma_s \qquad (6.1)$$

mit: A_s Querschnittsfläche der Zugbewehrung

A_{ct} Querschnittsfläche der Betonzugzone, d.h. der Teil des Querschnitts, der rechnerisch vor der Erstrissbildung unter Zugspannungen steht

σ_s zulässige Stahlspannung, abhängig vom Grenzdurchmesser d_s^*, s. Tabelle 6.2

$f_{ct,eff}$ wirksame Zugfestigkeit des Betons zum betrachteten Zeitpunkt Einzusetzen ist der Mittelwert der Zugfestigkeit f_{ctm} für die Festigkeitsklasse, die beim Auftreten der Risse zu erwarten ist. Bei Zwang aus dem Abfließen der Hydratationswärme darf $f_{ct,eff} = 0{,}5\,f_{ctm}$, d.h. 50 % der Zugfestigkeit nach 28 Tagen, gesetzt werden.

k_c berücksichtigt die Spannungsverteilung innerhalb der Zugzone A_{ct} vor der Erstrissbildung, sowie die Änderung des inneren Hebelarms beim Übergang in den Zustand II:

$$k_c = 1{,}0 \quad \text{reiner Zug (Zugspannung erreicht Zugfestigkeit)}$$

$$k_c = 0{,}4 \quad \text{reine Biegung}$$

Bei Kombination von Zug-/Druckkraft und Biegung errechnet sich k_c nach DIN 1045, Gl. (128)

k berücksichtigt nichtlinear verteilte Eigenspannungen:

a) Zugspannungen infolge im Bauteil selbst hervorgerufenen Zwangs, z.B. Abfluss der Hydratationswärme

$$k = 0{,}8 \qquad h \leq 300 \text{ mm}$$

$$k = 0{,}5 \qquad h \geq 800 \text{ mm}$$

Zwischenwerte dürfen linear interpoliert werden. Dabei ist für h der kleinere Wert von Höhe oder Breite des Querschnitts zu setzen.

b) Zugspannungen infolge außerhalb des Bauteils hervorgerufenen Zwangs, z.B. Stützensenkung

$$k = 1{,}0$$

Die Begrenzung der Rissbreite darf dabei durch eine Begrenzung des Stabdurchmessers nachgewiesen werden:

$$d_s = d_s^* \cdot \frac{k_c \cdot k \cdot h_t}{4(h-d)} \cdot \frac{f_{ct,eff}}{f_{ct,0}} \geq d_s^* \cdot \frac{f_{ct,eff}}{f_{ct,0}} \tag{6.2}$$

mit: d_s^* Grenzdurchmesser für die gewählte Spannung σ_s nach Tabelle 6.2

h Bauteilhöhe

d statische Nutzhöhe

h_t Höhe der Zugzone im Querschnitt bzw. Teilquerschnitt vor Beginn der Erstrissbildung
für zentrisch beanspruchte Bauteile ist $h_t = h/2$

$f_{ct,0}$ die Zugfestigkeit des Betons, auf die die Werte der Tabelle 6.2 bezogen sind: $f_{ct,0} = 3{,}0$ N/mm²

Der erste Teil der Gleichung 6.2 wird in der Regel erst bei dickeren Bauteilen maßgebend, s. Beispiel Abschnitt 6.2.4.

Wenn die Zwangschnittgröße kleiner als die Rissschnittgröße ist, d.h. $\sigma_c < f_{ct,eff}$, ist die Mindestbewehrung nur für die maßgebende Zwangschnittgröße anzuordnen. Ein Beispiel dafür sind Sohlplatten, bei denen die Verkürzung infolge Abfluss der Hydratationswärme durch Bodenreibung behindert ist. Es ist möglich, dass die daraus resultierenden Normalkräfte kleiner sind als die Rissschnittgröße, s. Beispiel [16].

Die Annahmen für Gleichung (6.2) zur Modifizierung des Grenzdurchmessers liegen auf der sicheren Seite. Es kann zweckmäßig sein, unabhängig von der in DIN 1045-1 angegebenen Tabelle für den Grenzdurchmesser d_s^* die Mindestbewehrung und die Begrenzung der Rissbreite direkt nachzuweisen.

Im Folgenden werden die Grundlagen und die maßgebenden Gleichungen zur Berechnung des Grenzdurchmessers und der Mindestbewehrung angegeben. Bei zentrischem Zwang muss die Bewehrung die Kraft F_s aufnehmen, die sich einstellt, wenn in der gesamten Betonzugzone A_{ct} die Zugfestigkeit $f_{ct,eff}$ wirksam ist.

$$F_s = k_c \cdot k \cdot f_{ct,eff} \cdot A_{ct} \tag{6.3}$$

Es ergeben sich Einzelrisse, die als Primärrisse bezeichnet werden. Bei dickeren Bauteilen entstehen weitere Risse – Sekundärrisse. Dabei beteiligt sich nur ein Teil des Betonquerschnitts – die wirksame Betonzugzone, Bild 6.1 – am Rissbildungsprozess. Die wirksame Betonzugzone reicht bis zum 2,5fachen Abstand der Bewehrung von der Bauteilaußenkante. Die Kraft für das Entstehen von Sekundärrissen beträgt

$$F_{cr} = A_{c,eff} \cdot f_{ct,eff} \tag{6.4}$$

mit: $A_{c,eff} = 2{,}5\,d_1 \cdot b$

         $\leq h \cdot b/2$ bei zentrischem Zwang

Bei abgeschlossenem Rissbild ist die anfangs von der Bewehrung aufzunehmende Kraft F_s größer als die Risskraft der effektiven Zugzone F_{cr}.

a)

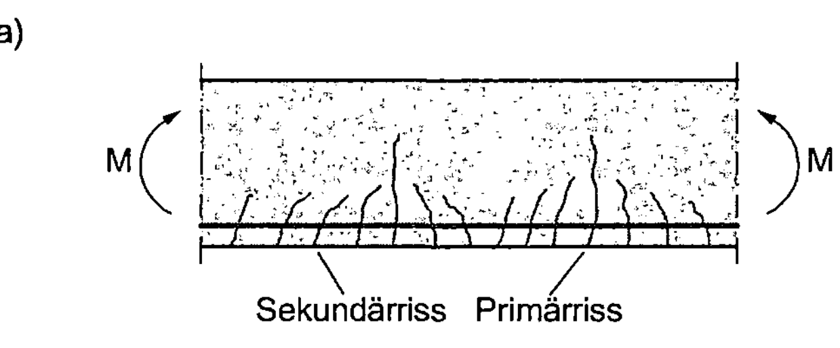

b)

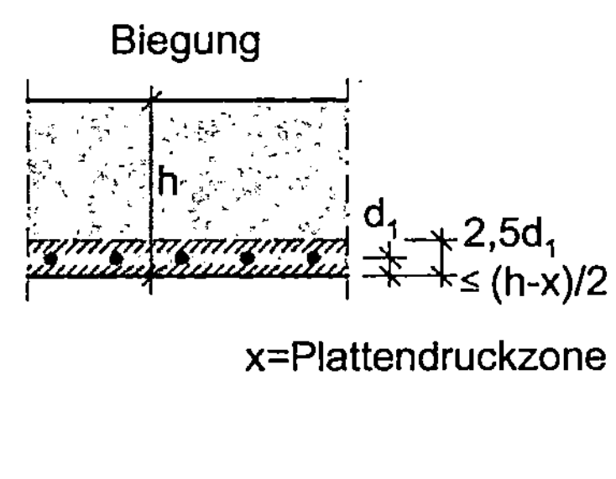

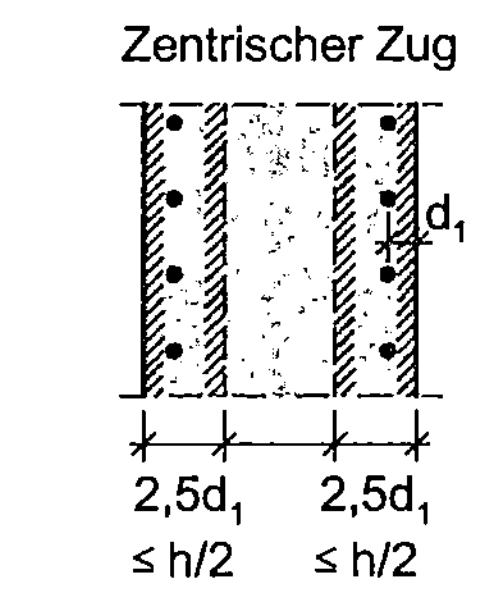

Bild 6.1   Rissbildung
a) Primär- und Sekundärrisse
b) Wirkungsbereich $A_{c,eff}$ der Bewehrung

Für eine vorgegebene Rissbreite kann der Durchmesser mit den in [24] abgeleiteten Gleichungen wie folgt berechnet werden:

$$d_s = \frac{3,6\,w_k \cdot E_s \cdot f_{ct,eff} \cdot A_s^{\,2}}{F_{cr} \cdot (F_s - 0,4\,F_{cr})} = \frac{3,6\,w_k \cdot E_s \cdot A_s^{\,2}}{A_{c,eff}\,(F_s - 0,4\,F_{cr})} \qquad (6.5)$$

Daraus ergibt sich die Mindestbewehrung je Seite für zentrischen Zwang:

$$A_s = \sqrt{\frac{d_s \cdot A_{c,eff}}{3,6 \cdot w_k \cdot E_s}\,(F_s - 0,4\,F_{cr})} \qquad (6.6)$$

Bei Lastbeanspruchung ist in Gleichung (6.5)

$$F_s = \frac{M_{Ek}}{z} \qquad (6.7)$$

mit: $M_{Ek} = M_{Gk} + \psi_2\,M_{Qk}$

einzusetzen.

6.2.3 Begrenzung der Rissbreite ohne direkte Berechnung

Im Allgemeinen wird die Rissbreite die zulässigen Werte nicht überschreiten, wenn bei Lastbeanspruchung der Durchmesser der Bewehrungsstäbe, Tabelle 6.2, oder deren Abstände, Tabelle 6.3, begrenzt werden; bei Zwangbeanspruchung gilt ausschließlich die Durchmesserbegrenzung nach Tabelle 6.2. Maßgebend ist die Stahlspannung im Zustand II für die quasi-ständige Einwirkungskombination oder bei überwiegendem Zwang die Stahlspannung unmittelbar nach der Rissbildung gemäß Gleichung (6.1).

Tabelle 6.2 Grenzdurchmesser d_s^* bei Betonstählen

Stahlspannung σ_s N/mm²	Grenzdurchmesser der Stäbe in mm in Abhängigkeit vom Rechenwert der Rissbreite w_k		
	$w_k = 0{,}4$ mm	$w_k = 0{,}3$ mm	$w_k = 0{,}2$ mm
160	56	42	28
200	36	27	18
240	25	19	13
280	18	14	9
320	14	11	7
360	11	8	6
400	9	7	5
450	7	5	4

Tabelle 6.3 Höchstwerte der Stababstände von Betonstählen

Stahlspannung σ_s N/mm²	Höchstwerte der Stababstände in mm in Abhängigkeit vom Rechenwert der Rissbreite w_k		
	$w_k = 0{,}4$ mm	$w_k = 0{,}3$ mm	$w_k = 0{,}2$ mm
160	300	300	200
200	300	250	150
240	250	200	100
280	200	150	50
320	150	100	-
360	100	50	-

Bei Stahlbetonbauteilen gelten die Rissbreiten 0,4 mm für die Expositionsklasse XC1 und 0,3 mm für die übrigen Expositionsklassen. Die Rissbreite 0,2 mm ist bei Spannbetonbauteilen zugrunde zu legen oder bei Stahlbetonbauteilen mit weitergehenden Anforderungen wie Wasserundurchlässigkeit. In [12] ist die Tabelle für $w_k = 0{,}15$ bzw. $0{,}10$ mm erweitert.

Der Grenzdurchmesser darf modifiziert werden, womit berücksichtigt wird, dass sich bei dicken Bauteilen nur ein Teil des Betonquerschnitts, die effektive Zugzone, an der weiteren Rissbildung beteiligt. Der erste Teil der Gleichung 6.3 berücksichtigt, dass der Grenzdurchmesser vom Verhältnis der vom Stahl aufzunehmenden Kraft und der Risskraft der effektiven Zugzone abhängt. Die Zusammenhänge sind in [24] im Einzelnen erläutert.

Tabelle 6.2 ist für eine Betonzugfestigkeit $f_{ct,0} = 3{,}0$ N/mm² aufgestellt. Deshalb muss der Grenzdurchmesser immer bei abweichender Zugfestigkeit modifiziert werden. Demzufolge ergibt sich ein kleinerer Grenzdurchmesser für alle Festigkeitsklassen bis C30/37.

$$d_s = d_s{}^* \cdot \frac{\sigma_s \cdot A_s}{4(h-d)\cdot b \cdot f_{ct,0}} \geq d_s{}^* \cdot \frac{f_{ct,eff}}{f_{ct,0}} \tag{6.8}$$

mit: d_s modifizierter Grenzdurchmesser

      $d_s{}^*$ Grenzdurchmesser nach Tabelle 6.2

      σ_s Betonstahlspannung im Zustand II

      A_s Querschnittsfläche der Betonstahlbewehrung

      h Bauteilhöhe

      d statische Nutzhöhe

      b Breite der Zugzone

      $f_{ct,0}$ Zugfestigkeit des Betons, auf die die Werte nach Tabelle 6.2 bezogen sind: $f_{ct,0} = 3{,}0$ N/mm²

      $f_{ct,eff}$ wirksame Betonzugfestigkeit

Werden in einem Querschnitt Stäbe mit unterschiedlichen Durchmessern verwendet, darf ein mittlerer Stabdurchmesser $d_{sm} = \Sigma d_{s,i}^2 \,/\, \Sigma d_{s,i}$ angesetzt werden. Bei Stabbündeln ist der Vergleichsdurchmesser $d_{sV} = d_s \sqrt{n}$ anzusetzen.

Bei Betonstahlmatten mit Doppelstäben darf der Durchmesser eines Einzelstabes angesetzt werden [DIN 1045-1, 11.2.3 (8)], weil der geringere Verbund der Doppelstäbe durch die angeschweißten Querstäbe kompensiert wird.

Bei gleichzeitiger Wirkung von Last und Zwang ist eine Überlagerung der Beanspruchungen nur dann erforderlich, wenn die Zwangdehnung größer als 0,8 ‰ ist [DIN 1045-1, 11.2.4 (7)]. Für Zwangbeanspruchungen infolge Abfluss der Hydratationswärme oder Schwinden ist keine Überlagerung erforderlich, weil die damit verbundene Dehnung deutlich unterhalb des o.g. Wertes liegt. Es ist ausreichend, die Rissbreite für den größeren Wert der Spannung aus Zwang- oder Lastbeanspruchung zu ermitteln.

6.2.4 Beispiel Mindestbewehrung Wand

Durch Abfluss der Hydratationswärme tritt in den Kelleraußenwänden zentrischer Zwang auf, weil die Verformung durch das vorab betonierte Streifenfundament behindert ist. Im Folgenden wird die Mindestbewehrung zur Begrenzung der Rissbreite bei Zwang infolge Abfließen der Hydratationswärme ermittelt.

$$A_s = k_c \cdot k \cdot f_{ct,eff} \cdot A_{ct} / \sigma_s$$

$k_c = 1{,}0$ Beiwert zentrischer Zug

$k = 0{,}8$ Beiwert Eigenspannungen für $h \leq 300$ mm

$f_{ct,eff} = 1{,}45$ N/mm²   wirksame Zugfestigkeit, gewählt 50 % der mittleren Zugfestigkeit $f_{ctm} = 2{,}9$ N/mm², Tab. 3.1

$A_{ct} = 0{,}3$ m²   1 m breiter Wandstreifen

$\sigma_s = 230$ N/mm²   Tabelle 6.2: gewählt $d_s^* = 21$ mm

$$a_s = \left(0{,}8 \cdot 1{,}0 \cdot 1{,}45 \cdot 0{,}3 / 230\right) \cdot 10^4 = 15{,}2 \text{ cm}^2/\text{m}$$

je Seite $a_s = 7{,}6$ cm²/m : $\varnothing 10 - 10$

Nachweis des gewählten Durchmessers

$$d_s = d_s^* \cdot \frac{k_c \cdot k \cdot h_t}{4\left(h-d\right)} \cdot \frac{f_{ct,eff}}{f_{ct,0}} \geq d_s^* \cdot \frac{f_{ct,eff}}{f_{ct,0}}$$

$$d_s^* = 21 \text{ mm für } \sigma_s = 230 \text{ N/mm}^2 \text{ und}$$
$$w_k = 0{,}3 \text{ mm}$$

$$h_t = \frac{h}{2} = 15 \text{ cm}$$

$$d = h - c_v - d_s/2 = 30 - 3{,}0 - 1{,}0/2 = 26{,}5 \text{ cm}$$

$$min\,c = 20 - 5 = 15 \text{ mm} \geq d_s = 10 \text{ mm}$$

Expositionsklasse XC3 bzw. XC2, s. Tabelle 3.5
5 mm Abzug, weil C30/37 um 2 Festigkeitsklassen größer
ist als Mindestfestigkeitsklasse C20/25

$$\Delta c = 15 \text{ mm}$$

$$c_v = 15 + 15 = 30 \text{ mm}$$

$$d_s = 21\frac{1{,}0 \cdot 0{,}8 \cdot 15}{4(30 - 26{,}5)}\frac{1{,}45}{3{,}0} = 8{,}7 \text{ mm}$$

$$< 21\frac{1{,}45}{3{,}0} = 10{,}2 \text{ mm} \qquad \text{maßgebend}$$

Mit dem gewählten Durchmesser $d_s = 10$ mm ist die Begrenzung der Rissbreite nachgewiesen. Es kann zweckmäßig sein, die Reihenfolge der Nachweise zu vertauschen: Für einen gewählten Durchmesser d_s wird mit Gleichung (6.2) der modifizierte Grenzdurchmesser $d_s^{\,*}$ berechnet:

$$d_s^{\,*} = d_s \cdot \frac{4(h-d)}{k_c \cdot k \cdot h_t} \cdot \frac{f_{ct,0}}{f_{ct,eff}} \leq d_s \cdot \frac{f_{ct,0}}{f_{ct,eff}}$$

Mit der zugehörigen Stahlspannung nach Tabelle 6.2 lässt sich dann der Querschnitt der Mindestbewehrung berechnen.

Vergleichsweise wird die Mindestbewehrung für Stäbe $d_s = 10$ mm und eine Rissbreite $w_k = 0{,}3$ mm mit Gleichung (6.6) direkt berechnet.

$$A_s = \sqrt{\frac{d_s \cdot A_{c,eff}}{3{,}6 \cdot w_k \cdot E_s}(F_s - 0{,}4\,F_{cr})}$$

$$w_k = 0{,}3 \text{ mm}$$

$$d_s = 10 \text{ mm}$$

$$f_{ct,eff} = 1{,}45 \text{ N/mm}^2$$

$$A_{ct} = h \cdot b/2 = 300 \cdot 10^3/2 = 150 \cdot 10^3 \text{ mm}^2/\text{m}$$

$$F_s = k_c \cdot k \cdot f_{ct,eff} \cdot A_{ct} = 1{,}0 \cdot 0{,}8 \cdot 1{,}45 \cdot 150 \cdot 10^3 = 174 \cdot 10^3 \text{ N/m}$$

$$A_{c,eff} = 2{,}5 d_1 \cdot b = 2{,}5 \cdot 35 \cdot 10^3 = 87{,}5 \cdot 10^3 \text{ mm}^2$$

$$F_{cr} = A_{c,eff} \cdot f_{ct} = 87{,}5 \cdot 10^3 \cdot 1{,}45 = 127 \cdot 10^3 \text{ N}$$

$$A_s = \sqrt{\frac{10 \cdot 87{,}5 \cdot 10^3}{3{,}6 \cdot 0{,}3 \cdot 200 \cdot 10^3} (174 - 0{,}4 \cdot 127) \cdot 10^3} = 706 \text{ mm}^2/\text{m}$$

$$= 7{,}1 \text{ cm}^2/\text{m}$$

Das Ergebnis ist geringfügig günstiger – 7,1 cm²/m < 15,2 / 2 cm²/m – als beim Nachweis mit den Gleichungen der DIN 1045-1.

Die Bewehrung wird über die Wandhöhe gemäß Heft 400, DAfStb [22] gestaffelt. Im unteren Wandviertel genügt zur Begrenzung der Rissbildung die Hälfte des berechneten Querschnitts. Darüber wird die volle Bewehrung angeordnet.

6.2.5 Beispiel Rissbreitenbegrenzung Flachdecke

Im Folgenden wird die Rissbreitenbegrenzung für Lastbeanspruchung der Flachdecke nachgewiesen. Bei einer Plattenbewehrung mit Stäben $\varnothing 10$ im Abstand von 10 cm ist die Rissbreite $w_k = 0{,}3$ mm allemal eingehalten. Der Nachweis dient ausschließlich dazu, den Rechengang zu beschreiben.

System und Lasten s. Abschnitt 5.4.7

Für quasi-ständige Lasten

$$g_k + \psi_2 \cdot q_k = (7{,}5 + 1{,}2) + 0{,}3 \cdot 5{,}0 = 10{,}2 \text{ kN/m}^2$$

$$\psi_2 = 0{,}3 \qquad\qquad \text{Tabelle 2.3, Büro}$$

ergibt sich nach dem Näherungsverfahren [17] im Gurtstreifen – Längsrichtung –

$$m = 37{,}2 \text{ kNm/m}$$

Vorhandene Bewehrung $\varnothing 10 - 10$

$$a_{s,vorh} = 7{,}85 \text{ cm}^2/\text{m}$$

Innerer Hebelarm vereinfacht

$$z = 0{,}9 d = 0{,}9 \cdot 0{,}265 \text{ m}$$

$$\sigma_s = \frac{M}{z \cdot a_{s,vorh}} = \frac{37{,}2}{0{,}9 \cdot 0{,}265 \cdot 7{,}85} \cdot 10 = 199 \text{ N/mm}^2$$

Nach Tabelle 6.2 ergibt sich für $\sigma_s = 200$ N/mm² und $w_k = 0{,}3$ mm der Grenzdurchmesser $d_s^* = 28$ mm.

Der Grenzdurchmesser darf in Abhängigkeit von der Bauteilhöhe – 1. Teil der Gleichung – und muss in Abhängigkeit von der wirksamen Betonzugfestigkeit $f_{ct,eff}$ modifiziert werden – 2. Teil der Gleichung:

$$d_s = d_s^* \cdot \frac{\sigma_s \cdot A_s}{4(h-d) \cdot b \cdot f_{ct,0}} \geq d_s^* \cdot \frac{f_{ct,eff}}{f_{ct,0}}$$

$$= 28 \frac{199 \cdot 7{,}85}{4(30-26{,}5) \cdot 100 \cdot 3{,}0} = 10{,}4 \text{ mm}$$

$$< 28 \cdot \frac{2{,}9}{3{,}0} = 27 \text{ mm}$$

Maßgebend ist der modifizierte Grenzdurchmesser $d_s = 27$ mm.

Die Stahlspannung σ_s unter quasi-ständigen Lasten kann in grober Näherung auch durch Umrechnung des Bemessungszustands ermittelt werden.

$g_d + q_d$: Bemessung ergibt $a_{s,erf}$ für f_{yd} bzw. $f_{tk,cal} / \gamma_s$

$\cdot$ $g_k + \psi_2 \cdot q_k$: σ_s berechnen für $a_{s,vorh}$

$$\sigma_s \approx \frac{g_k + \psi_2 \cdot q_k}{g_d + q_d} \cdot \frac{a_{s,erf}}{a_{s,vorh}} \cdot f_{yd}$$

Die Rissbreitenbegrenzung ist auch nachgewiesen, wenn der Stababstand s_{max} nach Tabelle 6.3 nicht überschritten wird:

$$\left. \begin{array}{l} \sigma_s = 200 \text{ N/mm}^2 \\[2mm] w_k = 0{,}3 \text{ mm} \end{array} \right\} \; s_{max} = 250 \text{ mm}$$

Der Nachweis ist erfüllt, wenn eins der beiden Kriterien eingehalten wird, was bei der gewählten Bewehrung $\varnothing 10 - 10$ so oder so der Fall ist.

Vergleichsweise wird der Grenzdurchmesser mit Gleichung (6.5) direkt nachgewiesen.

$$d_s = \frac{3,6\,w_k \cdot E_s \cdot f_{ct,eff} \cdot A_s^{\,2}}{F_{cr} \cdot (F_s - 0,4\,F_{cr})} = \frac{3,6\,w_k \cdot E_s \cdot A_s^{\,2}}{A_{c,eff}\,(F_s - 0,4\,F_{cr})}$$

$$w_k = 0,3 \ \text{mm}$$

$$f_{ct} = 2,9 \ \text{N/mm}^2$$

$$A_s = 785 \ \text{mm}^2/\text{m} \qquad\qquad \varnothing 10 - 10$$

Unter $g_k + \psi_2 \cdot q_k$ ergibt sich im Gurtstreifen $m = 37{,}2$ kNm/m. Vereinfachend wird als innerer Hebelarm $z = 0,9\,d = 0,9 \cdot 0,265$ m gewählt.

$$F_s = \frac{m}{z} = \frac{37,2}{0,9 \cdot 0,265} = 156 \ \text{kN/m} = 156 \cdot 10^3 \ \text{N/m}$$

$$A_{c,eff} = 2,5\,d_1 \cdot b = 2,5 \cdot 35 \cdot 10^3 = 87,5 \cdot 10^3 \ \text{mm}^2$$

$$F_{cr} = A_{c,eff} \cdot f_{ct} = 87,5 \cdot 10^3 \cdot 2,9 = 254 \cdot 10^3 \ \text{N/mm}^2$$

$$d_s = \frac{3,6 \cdot 0,3 \cdot 200 \cdot 10^3 \cdot 785^2}{87,5 \cdot 10^3 \cdot (156 - 0,4 \cdot 254)10^3} = 28 \ \text{mm}$$

Das Ergebnis ist geringfügig günstiger – 28 mm > 27 mm – als bei Anwendung der Grenzdurchmesser-Tabelle und anschließender Modifikation.

6.3 Begrenzung der Verformungen

6.3.1 Allgemeines

Biegebeanspruchte Bauteile wie Platten und Balken verformen sich senkrecht zur Systemlinie. Das Auge nimmt den Durchhang, d.h. die vertikale Verformung bezogen auf die geradlinige Verbindung der Unterstützungspunkte wahr. Dagegen wird die Durchbiegung vom Ursprungszustand der Systemlinie gemessen, s. Bild 6.1. Es besteht ein Unterschied zwischen Durchhang und Durchbiegung, wenn das Bauteil überhöht hergestellt wird.

Die Verformungen eines Bauteils oder des Tragwerks dürfen weder die ordnungsgemäße Funktion noch das Erscheinungsbild des Bauteils selbst oder angrenzender Bauteile, z.B. Trennwände, Verglasungen oder Außenwandverkleidungen, beeinträchtigen.

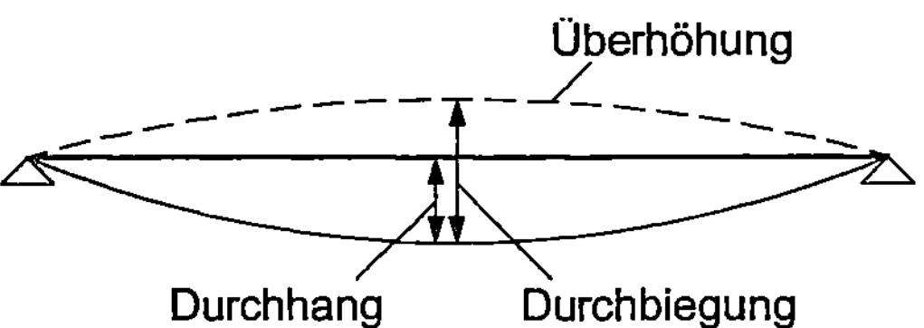

Bild 6.2   Unterscheidung Durchhang und Durchbiegung

Die Durchbiegung von Stahlbetonbauteilen kann nicht so zuverlässig berechnet werden wie bei Stahlbauteilen, weil folgende Einflussgrößen zu berücksichtigen sind:

- nichtlineare Spannungs-Dehnungs-Linie des Betons

- gerissene Bereiche – Zustand I –
  ungerissene Bereiche – Zustand II –

- zeitabhängige Verformungen unter Dauerlast: Kriechen

- zeitabhängige Verformungen durch Austrocknung: Schwinden

Im Allgemeinen kann von einer hinreichenden Gebrauchstauglichkeit ausgegangen werden, wenn der Durchhang von Platten, Balken oder Kragträgern unter der quasi-ständigen Einwirkungskombination 1/250 der Stützweite nicht überschreitet – bei Kragträgern ist die 2,5fache Kraglänge anzusetzen – [DIN 1045-1, 11.3.1(8)]. Überhöhungen sind zulässig, um die Durchbiegung teilweise oder ganz auszugleichen, jedoch sollten die Schalungsüberhöhungen im Allgemeinen 1/250 der Stützweite nicht überschreiten.

Für angrenzende Bauteile, z.B. Trennwände, sind die Durchbiegungen nach deren Einbau entscheidend. Als Richtwert für die Begrenzung kann 1/500 der Stützweite angenommen werden. Dieser Wert kann heraufgesetzt werden, wenn das betroffene Bauteil größere Durchbiegungen verträgt.

In der Regel ist es ausreichend, anstelle einer Durchbiegungsberechnung die Biegeschlankheit – Verhältnis von Stützweite zu Nutzhöhe – zu begrenzen. Es sollte jedoch nicht übersehen werden, dass es sich dabei um einen stark vereinfachten Nachweis handelt.

6.3.2 Begrenzung der Biegeschlankheit

Der Nachweis der Begrenzung der Durchbiegung darf für Stahlbetonbauteile vereinfacht durch eine Begrenzung der Biegeschlankheit l_i / d geführt werden.

Für Deckenplatten des üblichen Hochbaus gilt [DIN 1045-1, 11.3.2(2)]:

$$\frac{l_i}{d} \leq 35 \qquad \text{allgemein} \qquad\qquad (6.8a)$$

$$\frac{l_i}{d} \leq \frac{150}{l_i} \qquad \text{in Hinblick auf Schäden angrenzender Bauteile } (l_i \text{ in m}) \quad (6.8b)$$

Gleichung (6.4b) wird erst ab $l_i = 4,30$ m maßgebend.

Da die Durchbiegungen von den Lagerungsbedingungen und dem statischen System abhängen, wird anstelle der tatsächlichen Spannweite die Ersatzstützweite

$$l_i = \alpha \cdot l_{eff}$$

zugrunde gelegt. Die Ersatzstützweite bezieht sich auf die Wendepunkte der Biegelinie.

Der Beiwert α kann für häufig vorkommende Fälle aus Tabelle 6.4 entnommen werden. Maßgebend ist:

- die kleinere Ersatzstützweite
  bei linienförmig, vierseitig gelagerten Platten

- die Ersatzstützweite des freien Randes
  bei linienförmig, dreiseitig gelagerten Platten

- die größere Ersatzstützweite
  bei punktförmig gelagerten Platten (Flachdecken)

Bei Rand- und Innenfeldern durchlaufender Bauteile gelten die Werte $\alpha = 0,8$ bzw. $\alpha = 0,6$ nur, sofern das Verhältnis angrenzender Stützweiten im Bereich $0,8 < l_{eff,1} / l_{eff,2} < 1,25$ liegt. Bei größeren Stützweitenunterschieden kann α mit Hilfe des Verfahrens im Heft 240 DAfStb [17] ermittelt werden. Alternativ lässt sich mit Hilfe der Momentenlinie die Biegeschlankheit nachträglich überprüfen.

In der Regel wird es zweckmäßig sein, die Bauteildicke nicht zu knapp zu wählen, besonders bei größeren Spannweiten, wenn für die Begrenzung der Biegeschlankheit nur Gleichung (6.8a) zugrunde gelegt wird. Schließlich stellt die so berechnete Biegeschlankheit lediglich ein Hilfsmittel für die Wahl der Plattendicke dar, denn es bleiben einige Faktoren, wie das Verhältnis von ständiger Last und Nutzlast sowie die Größe der Nutzlast, bei der Ermittlung der Biegeschlankheit unberücksichtigt. Eine Verfeinerung der Begrenzung der Biegeschlankheit wird in [25] vorgeschlagen. Hilfsmittel zur Berechnung der Durchbiegung enthält Heft 240 DAfStb [17].

Tabelle 6.4   Beiwerte α zur Bestimmung der Ersatzstützweite

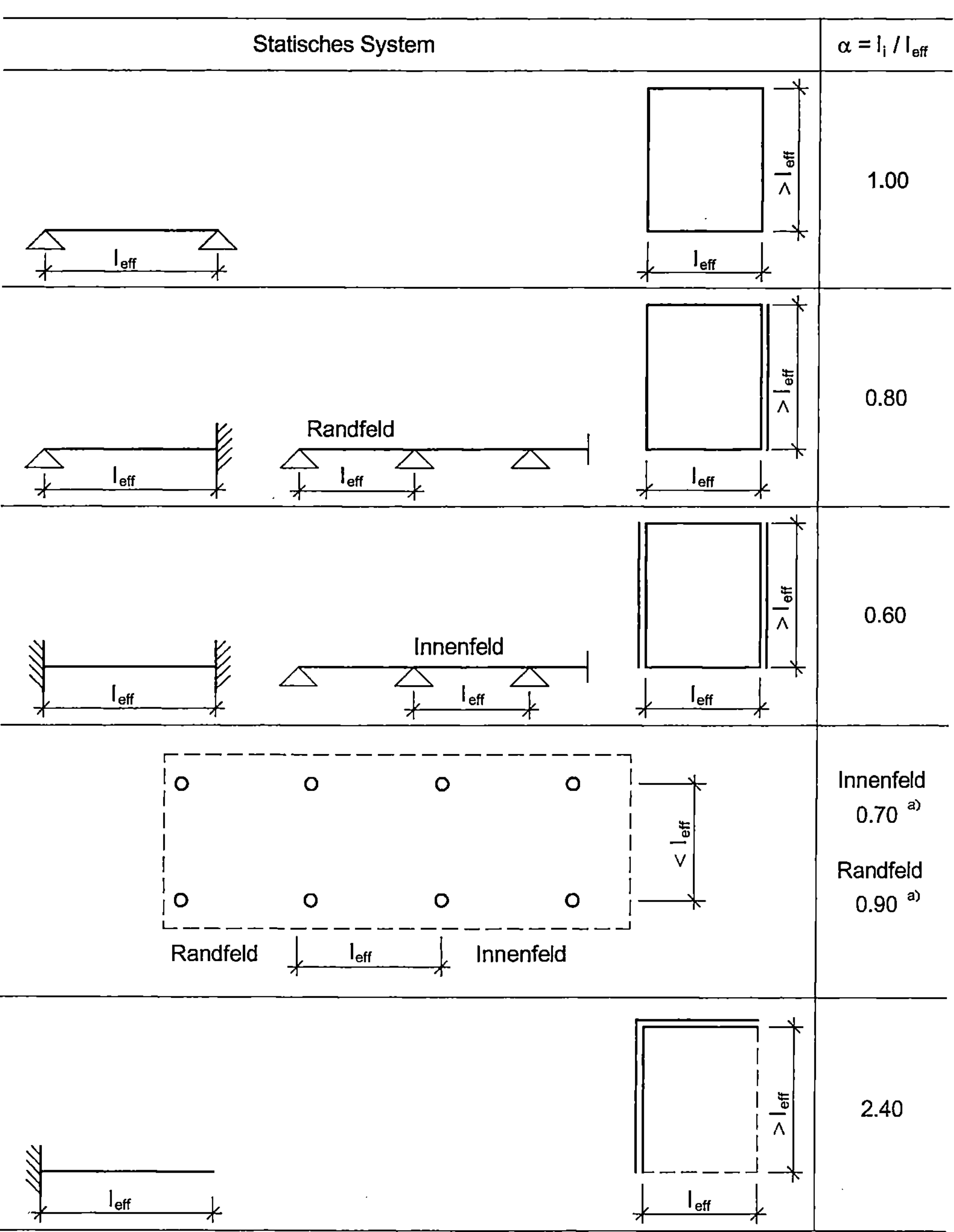

a) Bei Platten mit Beton ab der Festigkeitsklasse C30/37 dürfen diese Werte um 0,1 abgemindert werden. Für Flachdecken führt die Wahl der Felddiagonalen für l_{eff} zu sicheren Ergebnissen.

6.3.3 Beispiel Platte

Für die in Bild 6.3 dargestellte Zweifeldplatte wird die Biegeschlankheit nachgewiesen.

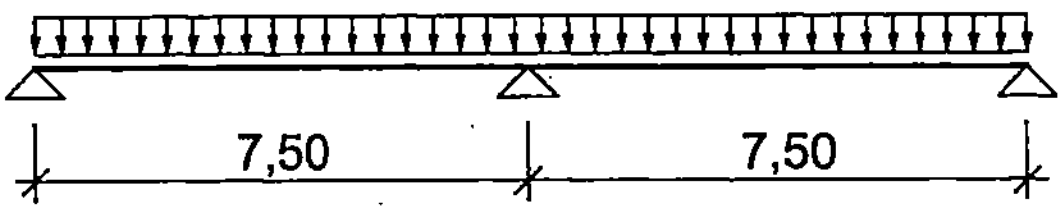

Bild 6.3   Zweifeldplatte

Die Nutzlast beträgt $q = 5\,kN/m^2$ – vorwiegend ruhend, so dass die Regeln für übliche Hochbauten gelten.

Ersatzstützweite

$$l_i = 0{,}8 \cdot 7{,}50 = 6{,}00\ m$$

Aus $l_i / d \leq 35$ folgt die Nutzhöhe

$$d \geq l_i / 35 = 6{,}00/35 = 0{,}171\ m = 17{,}1\ cm$$

erforderliche Dicke

$$h \geq d + c_v + d_s / 2\ \left(2\ R513\right) = 17{,}1 + 2{,}0 + 1{,}0 = 20\ cm$$

Die gewählte Dicke beträgt 24 cm, sie liegt dem Beispiel in Abschnitt 5.2.3 zugrunde. Angesichts der erforderlichen Biegezugbewehrung – 2 R513 – und der zu 79 % ausgenutzten Querkrafttragfähigkeit, s. Tab. 5.4, ist zu erkennen, dass es zweckmäßig ist, bei der Wahl der Plattendicke nicht nur die Begrenzung der Biegeschlankheit zu berücksichtigen, sondern auch baupraktisch sinnvolle Ergebnisse der Bemessung im Auge zu haben.

Für den Fall, dass die Durchbiegungen mit Rücksicht auf angrenzende Bauteile zu begrenzen sind, gilt

$$\frac{l_i}{d} \leq \frac{150}{l_i}$$

$$d \geq \frac{l_i^2}{150} = \frac{6{,}00^2}{150} = 0{,}240\ m = 24\ cm$$

In der Regel wird es zweckmäßig sein, die Erhöhung der Plattendicke durch andere konstruktive Maßnahmen, z.B. verformungsunempfindliche Trennwände, zu umgehen. Bei Bauteilen mit hohen Anforderungen an die Verformungsbegrenzung ist es sicherer, die Verformung zu berechnen und mit dem zulässigen Wert zu vergleichen.

7 Tragfähigkeit schlanker Druckglieder

7.1 Grundlagen

Beim Nachweis schlanker Druckglieder sind nicht allein die Schnittgrößen infolge einwirkender Lasten maßgebend, sondern es sind die zusätzlichen Momente infolge der Verformung zu berücksichtigen.

Alle Bauteile verformen sich unter Lasten, die senkrecht zur Systemlinie wirken. Die Momentenermittlung $M_{Ed,0}$ erfolgt in der Regel ohne Berücksichtigung der Verformungen (Theorie I. Ordnung). Insoweit besteht kein Unterschied zwischen einem auskragenden Balken oder einer durch H-Kräfte belasteten auskragenden Stütze. Bei der Kragstütze bedeutet die horizontale Verformung des Stützenkopfes jedoch einen Hebelarm für die Vertikalkraft, so dass am Stützenfuß ein zusätzliches Moment $M_{Ed,2}$ entsteht (Theorie II. Ordnung). Das Gesamtmoment $M_{Ed,tot} = M_{Ed,0} + M_{Ed,2}$ beschreibt das Gleichgewicht am verformten System.

Die Auswirkungen nach Theorie II. Ordnung müssen immer dann berücksichtigt werden, wenn sie die Tragfähigkeit um mehr als 10 % verringern. Als Entscheidungskriterium dient die Schlankheit des Druckgliedes.

Die Nachweisführung hängt davon ab, ob es sich um

- ausgesteifte oder unausgesteifte Bauwerke

- unverschiebliche oder verschiebliche Systeme

handelt. Definitionsgemäß muss ein aussteifendes Bauteil oder ein System aussteifender Bauteile in der Lage sein, alle horizontalen Lasten abzuleiten. Als unverschieblich gelten Tragwerke, die durch massive Wände oder Bauwerkskerne ausgesteift sind.

Ob die Seitensteifigkeit in beiden Richtungen ausreichend ist, kann bei Tragwerken mit annähernd symmetrisch angeordneten aussteifenden Bauteilen nach Gleichung (7.1) überprüft werden:

$$\frac{1}{h_{ges}} \sqrt{\frac{E_{cm} I_c}{F_{Ed}}} \geq 1/(0{,}2+0{,}1m) \quad \text{für } m \leq 3 \tag{7.1}$$

$$\geq 1/0{,}6 \qquad \text{für } m \geq 4$$

mit: *m*   Anzahl der Geschosse

h_{ges} Gesamthöhe des Tragwerkes von der Fundamentoberkante oder einer nicht verformbaren Bezugsebene

$E_{cm} I_c$ Summe der Biegesteifigkeiten aller vertikalen aussteifenden Bauteile. In den aussteifenden Bauteilen sollte die Betonzugspannung unter der maßgebenden Einwirkungskombination nicht den Wert f_{ctm} überschreiten

Wenn die lotrechten aussteifenden Bauteile nicht annähernd symmetrisch angeordnet sind oder die Verdrehungen um die Bauwerksachse nicht mehr zu vernachlässigen sind, ist außerdem die Verdrehsteifigkeit zu überprüfen, s. DIN 1045, 8.6.2 (5b).

In der Regel sind Gebäude durch Wände oder Bauwerkskerne hinreichend ausgesteift, so dass die Stabenden der Geschossstützen unverschieblich sind. Dagegen erfolgt bei Hallenkonstruktionen die Abtragung der horizontalen Lasten häufig allein durch die Stützen, so dass ein verschiebliches System vorliegt.

Die Standsicherheit eines Gebäudes als Ganzes ist gegeben, wenn alle horizontalen Lasten von den aussteifenden Bauteilen abgetragen werden. Außer den Windlasten sind die Auswirkungen von Imperfektionen zu berücksichtigen. Dazu gibt DIN 1045-1 in Abschnitt 7.2 die Schiefstellung über die Gebäudehöhe bzw. einzelner Stützen an, mit der die Stabilisierungskräfte für die horizontalen und für die vertikalen aussteifenden Bauteile berechnet werden können.

Wird bei verschieblichen Tragwerken eine Einspannung der Stabenden des Druckgliedes durch anschließende Bauteile angenommen (z.B. durch einen Rahmenriegel oder ein Fundament), sind die anschließenden einspannenden Bauteile auch für diese Zusatzbeanspruchung zu bemessen [DIN 1045-1, 8.6.3 (8)]. Demzufolge ist auch bei der Bemessung des Fundaments einer auskragenden Stütze das Moment $M_{Ed,2}$ zu berücksichtigen [11].

7.2 Ersatzlänge, Schlankheit

Als Kriterium, ob die Auswirkungen nach Theorie II. Ordnung zu berücksichtigen sind, wird die Schlankheit des Einzeldruckgliedes gewählt, die

- Stablänge
- Stabquerschnitt
- Randbedingungen

erfasst. Aus der Stablänge und den Randbedingungen wird die Ersatzlänge ermittelt.

$$l_0 = \beta \cdot l_{col} \tag{7.2}$$

mit: l_0 Ersatzlänge des Einzeldruckgliedes

l_{col} Stützenlänge zwischen den ideellen Einspannstellen

Der Beiwert β beträgt:

$\beta \leq 1{,}0$ Stabenden unverschieblich

$\beta = 1{,}0$ beide Stabenden gelenkig angeschlossen

$\beta > 1{,}0$ Stützenkopf verschieblich

$\beta = 2{,}0$ starr eingespannte Kragstütze

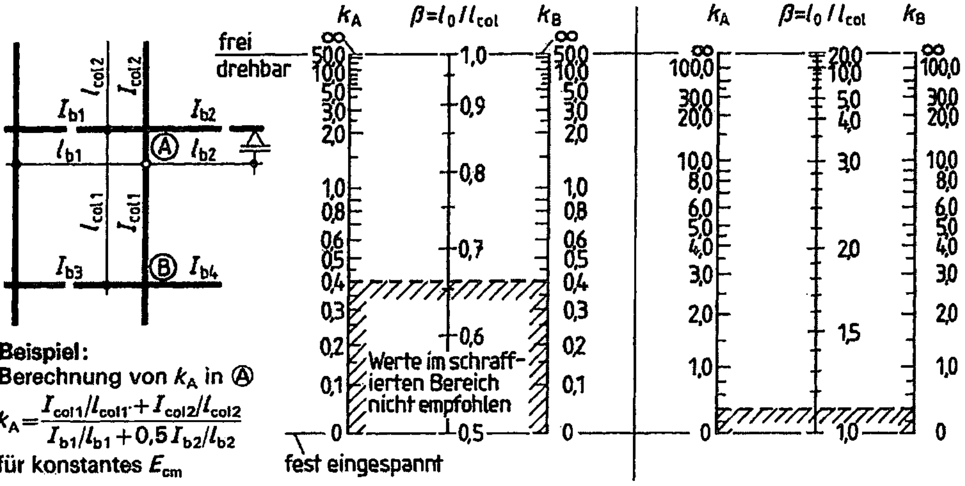

$$k_A = \frac{I_{col1}/l_{col1} + I_{col2}/l_{col2}}{I_{b1}/l_{b1} + 0{,}5\,I_{b2}/l_{b2}}$$

für konstantes E_{cm}

Die Steifigkeit der Einspannung an den Stützenenden kann durch die Beiwerte k_A und k_B angegeben werden.

$$k_A(k_B) = \frac{\sum E_{cm} I_{col}/l_{col}}{\sum E_{cm}\,\alpha I_b/l_{eff}}$$

E_{cm} Elastizitätsmodul Beton

$I_{col},\ I_b$ Trägheitsmoment Druckglied, Balken

l_{col} Stützenlänge zwischen den ideellen Einspannstellen

l_{eff} wirksame Stützweite Balken

α Beiwert zur Berücksichtigung der Einspannung am abliegenden Ende eines Balkens

$\alpha = 1{,}0$ abliegende Ende elastisch oder starr eingespannt

$\alpha = 0{,}5$ abliegende Ende frei drehbar gelagert

$\alpha = 0$ Kragbalken

Bild 7.1   Nomogramm für die Berechnung der Ersatzlänge [19]

Für elastisch eingespannte Hochbaustützen kann β mit Hilfe des in [19] angegebenen Nomogramms bestimmt werden, s. Bild 7.1. Daraus können auch die übrigen Standardfälle bei unverschieblichen Systemen direkt abgelesen werden.

$\beta = 0{,}7$ ein Stabende starr eingespannt / ein Stabende gelenkig angeschlossen

$\beta = 0{,}5$ beide Stabenden starr eingespannt

Die Schlankheit errechnet sich aus

$$\lambda = l_0 / i \tag{7.3}$$

mit: i Trägheitsradius des Querschnitts

       $i = 0{,}289\,h$ bei Rechteckquerschnitten

       $i = 0{,}25\,h$ bei Kreisquerschnitten

Einzeldruckglieder gelten als schlank, wenn der größere der beiden Werte überschritten ist:

$$\lambda = 25 \tag{7.4a}$$

$$\lambda = 16 / \sqrt{|v_{Ed}|} \tag{7.4b}$$

mit: $v_{Ed} = \dfrac{N_{Ed}}{A_c \cdot f_{cd}}$

       N_{Ed} Bemessungswert der mittleren Längskraft des Einzeldruckglieds

       A_c Querschnittsfläche des Druckglieds

       f_{cd} Bemessungswert der Betondruckfestigkeit

Bei geringer Stützenbeanspruchung $|v_{Ed}| < 0{,}41$ liefert Gleichung (7.4b) den größeren Wert, was folgende Schreibweise verdeutlicht:

$$\lambda = \frac{16}{\sqrt{\dfrac{N_{Ed}}{A_c \cdot f_{cd}}}} \tag{7.4c}$$

Damit können beispielsweise bei Geschossbauten, deren Stützen durchgehend den gleichen Querschnitt haben, die weniger ausgelasteten Stützen der oberen Geschosse in der Regel als nicht schlank eingestuft werden.

Die Stützenverformung hängt außerdem vom Verlauf der Biegemomente ab. Es ist vorteilhaft, wenn die Biegemomente nicht in voller Größe über die gesamte Stablänge wirken. Demzufolge brauchen die Stützen bei unverschieblichen Tragwerken auch dann nicht nach Theorie II. Ordnung berechnet zu werden, wenn die Schlankheit folgenden Wert nicht überschreitet [DIN 1045-1, 8.6.3 (4)]:

$$\lambda_{crit} = 25(2 - e_{01}/e_{02})\tag{7.5}$$

mit: e_{01}, e_{02} Lastausmitten an den Stützenenden

$$|e_{02}| \geq |e_{01}|$$

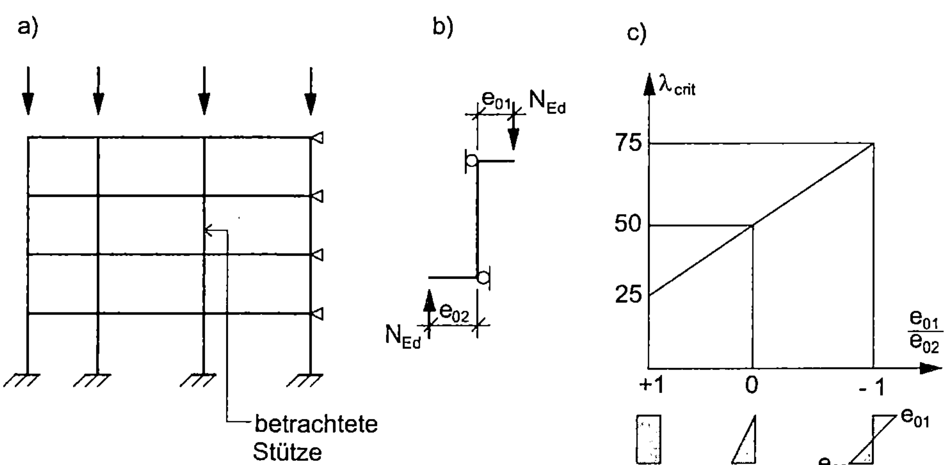

Bild 7.2   Grenzwerte der Schlankheit von Einzeldruckgliedern in unverschieblichen Tragwerken
   a) statisches System
   b) Idealisierung der betrachteten Stütze
   c) kritische Schlankheit λ_{crit}

Aus Bild 7.2 ist zu ersehen, dass beispielsweise bei eingespannten Randstützen in unverschieblichen Tragwerken für $\lambda \leq 62{,}5$ kein Nachweis nach Theorie II. Ordnung erforderlich ist. Voraussetzung ist, dass die Stütze zwischen ihren Enden nicht durch Querlasten beansprucht wird.

Die Stützen sind jedoch zusätzlich zur aufzunehmenden Längskraft N_{Ed} mindestens für

$$M_{Ed} = N_{Ed} \cdot h / 20\tag{7.6}$$

zu bemessen. Dabei ist h die Querschnittsseite der Stütze in der betrachteten Richtung.

Bei Ortbetonkonstruktionen liegt immer eine Einspannung zwischen der Decke – Balken oder Platte – und den Stützen vor. Abweichend von den Randstützen dürfen bei Innenstützen die Biegemomente aus Rahmenwirkung in der Regel vernachlässigt werden, d.h. $e_{01} = e_{02} = 0$ [DIN 1045-1, 7.3.2 (6)]. Dann ist jedoch $\lambda_{crit} \leq 25$ zu setzen [11]. Werden dagegen die Biegemomente aus Rahmenwirkung bei allen Stützen erfasst, kann auch bei biegesteif angeschlossenen Innenstützen Gleichung (7.5) angewendet werden und damit würde der Nachweis nach Theorie II. Ordnung im Allgemeinen entfallen.

7.3   Modellstütze

Mit dem in DIN 1045-1, Abschnitt 8.6.5, beschriebenen Modellstützenverfahren können die Auswirkungen nach Theorie II. Ordnung berechnet werden. Es ist vorzugsweise für Druckglieder mit rechteckigem oder rundem Querschnitt geeignet, deren Lastausmitte nach Theorie I. Ordnung $e_0 \geq 0{,}1h$ beträgt. Für andere Querschnittsformen und für Lastausmitten $e_0 < 0{,}1h$ und $l_0 > 15h$ liegen die Ergebnisse deutlich auf der sicheren Seite.

Die Modellstütze ist eine Kragstütze mit der Länge $l = l_0 / 2$, die am Stützenfuß eingespannt und am Stützenkopf frei verschieblich ist, s. Bild 7.3.

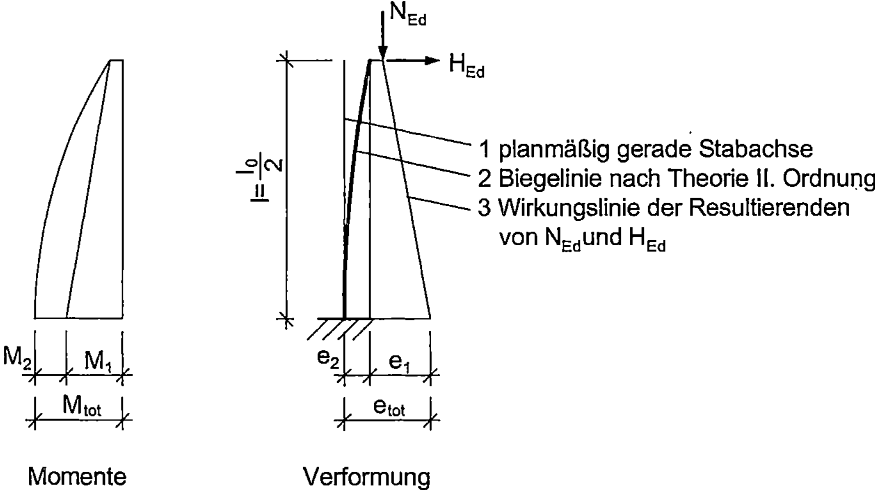

Bild 7.3   Modellstütze

Am Stützenkopf greifen N_{Ed} und H_{Ed} an, so dass sich am Stützenfuß

$M_{Ed,0}$ Biegemoment nach Theorie I. Ordnung

$$e_0 = \frac{M_{Ed,0}}{N_{Ed}}$$ planmäßige Lastausmitte nach Theorie I. Ordnung

ergibt.

Außerdem sind Imperfektionen – Abweichungen der Stabachse von der Lotrechten und nicht exakt mittige Lasteintragung – zu berücksichtigen, und zwar durch eine zusätzliche ungewollte Lastausmitte e_a [DIN 1045-1, 8.6.4 (1)]:

$$e_a = \alpha_{al} \cdot l_0 / 2 \tag{7.7}$$

mit: l_0 Ersatzlänge des Einzeldruckglieds

$$\alpha_{al} = \frac{1}{100\sqrt{l_{col}}} \le \frac{1}{200} \qquad \text{Schiefstellung [DIN 1045-1, 7.2 (4)]} \tag{7.8}$$

l_{col} Stützenlänge

Sind mehrere lastabtragende Bauteile vorhanden, darf α_{al} mit dem Faktor α_n abgemindert werden:

$$\alpha_n = \sqrt{\frac{1+1/n}{2}} \tag{7.9}$$

mit: n Anzahl der lastabtragenden, in einem Geschoss nebeneinander liegenden Bauteile

Damit vergrößert sich das Moment am Stützenfuß auf M_I, s. Bild 7.3, und die Ausmitte auf:

$$e_I = e_0 + e_a \tag{7.10}$$

Hinzu kommt die Stützenverformung:

e_2 zusätzliche Lastausmitte infolge Auswirkungen nach Theorie II. Ordnung

Die gesamte Ausmitte bezogen auf den Fuß der Modellstütze beträgt:

$$e_{tot} = e_I + e_2 \tag{7.11}$$
$$= e_0 + e_a + e_2$$

und das Gesamtmoment ergibt sich aus:

$$M_{Ed,tot} = M_{Ed,0} + N_{Ed}\left(e_a + e_2\right) \tag{7.12}$$

Die zusätzliche Ausmitte e_2 errechnet sich vereinfachend aus [DIN 1045-1, 8.6.5 (8)]:

$$e_2 = K_1 \cdot \frac{1}{r} \cdot \frac{l_0^2}{10}$$

mit: l_0 Ersatzlänge der Stütze

$\quad\quad K_1$ vermittelt den Übergang von Theorie I. Ordnung zu II. Ordnung

$$K_1 = \lambda/10 - 2,5 \quad \text{für } 25 \leq \lambda \leq 35$$

$$\quad\quad = 1 \quad\quad\quad\quad \text{für } \lambda > 35$$

$$\frac{1}{r} = 2K_2 \cdot \frac{\varepsilon_{yd}}{0,9d}$$

$\quad\quad K_2$ berücksichtigt die Verkrümmung in Abhängigkeit von M_{Ed} und N_{Ed}

$$\varepsilon_{yd} = \frac{f_{yd}}{E_s} \quad\quad \text{Bemessungswert der Dehnung}$$

$\quad\quad d$ Nutzhöhe des Querschnitts in der zu erwartenden Richtung des Stabilitätsversagens

Im Bereich des Druckversagens wird die Verkrümmung mit zunehmender Längskraft kleiner:

$$0 \leq K_2 \leq 1 \quad\quad \text{für} \quad \left|v_{Ed}\right| = \frac{N_{Ed}}{A_c \cdot f_{cd}} > 0,4$$

Im Zugbruchbereich – $|v_{Ed}| \leq 0,4$ – erreicht die Bewehrung den Bemessungswert der Streckgrenze auf der Druck- und auf der Zugseite, dann ist $K_2 = 1$.

$$K_2 = 1 \quad\quad \text{liegt stets auf der sicheren Seite [DIN 1045-1, 8.6.5 (9)]}$$

Für schlanke Druckglieder mit kleinen bezogenen Längskräften $|v_{Ed}| \leq 0,4$ ergibt sich für $K_1 = 1$, $K_2 = 1$, Hebelarm Druck-/Zugbewehrung $= 0,9d$ und $\varepsilon_{yd} = (500 / 1,15) / 200000$

$$e_2 = \frac{1}{2070} \cdot \frac{l_0^2}{d} \tag{7.13}$$

Das Modellstützenverfahren kann für alle typischen Querschnittsformen von Stützen angewendet werden, wenn die Zugbewehrung und die Druckbewehrung annähernd gleich groß sind. Mit dem Modellstützenverfahren wird der Nachweis nach Theorie II. Ordnung in eine Querschnittsbemessung überführt für die Bemessungswerte $M_{Ed,tot}$ und N_{Ed}. Der Vorteil besteht darin, dass das Modellstützenverfahren ohne Biegesteifigkeiten auskommt. Die Auswirkungen – Momente/Lastausmitten – verschiedener Einwirkungen können getrennt berechnet und dann für die Querschnittsbemessung superponiert werden.

7.4 Stützen mit zweiachsiger Lastausmitte

Wird eine Stütze durch Biegung in beiden Richtungen beansprucht, sind getrennte Nachweise zulässig, wenn die bezogene Lastausmitte in einer Richtung untergeordnet ist. Das trifft für die Ausmitten innerhalb der schraffierten Bereiche in Bild 7.4 zu.

Im Falle $e_z > 0{,}2\,h$ sind getrennte Nachweise an die Bedingung geknüpft, dass der Nachweis über die schwächere Querschnittsachse nicht mit der vollen Breite h sondern mit einem abgeminderten Wert h_{red} geführt wird, s. Bild 7.5. Dabei darf der Nachweis in jeder der beiden Richtungen mit der gesamten im Querschnitt angeordneten Bewehrung durchgeführt werden [11].

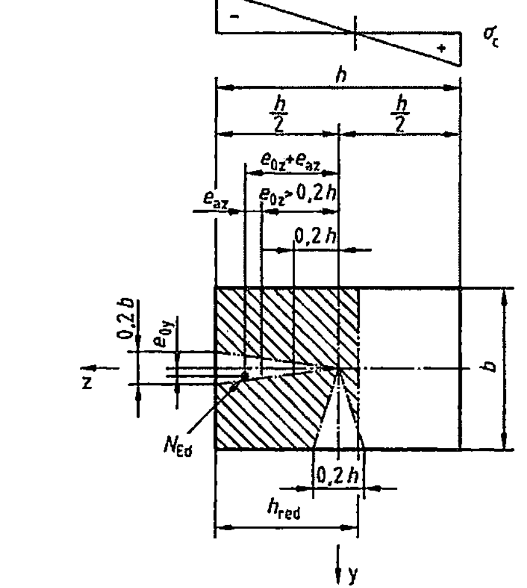

Bild 7.4   Grenzen für getrennte Nachweise in Richtung der beiden Hauptachsen

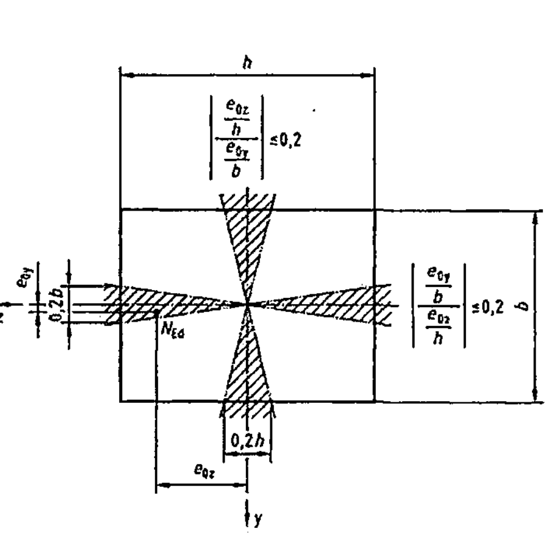

Bild 7.5   Reduzierte Querschnittsdicke h_{red} für den getrennten Nachweis in y-Richtung bei $e_{0z} > 0{,}2\,h$

Der überdrückte Bereich des Querschnitts in z-Richtung $- h_{red} -$ darf unter der Annahme einer linearen Spannungsverteilung berechnet werden:

$$h_{red} = \frac{h}{2}\left(1 + \frac{h}{6\left(e_{0z} + e_{az}\right)}\right) \leq h \qquad (7.14)$$

mit: h größere der beiden Querschnittsseiten

       e_{az} Zusatzausmitte zur Berücksichtigung geometrischer Ersatzimperfektionen in z-Richtung

       e_{0z} Lastausmitte nach Theorie I. Ordnung in Richtung der Querschnittsseite h

Wenn getrennte Nachweise nicht erlaubt sind, können zunächst die zusätzlichen Lastausmitten e_a und e_2 für jede Achse getrennt ermittelt werden. Die Querschnittsbemessung erfolgt anschließend für schiefe Biegung mit Längskraft [10].

7.5 Bemessungshilfsmittel

Auf der Basis des Modellstützenverfahrens wurden Bemessungshilfsmittel für Druckglieder mit rechteckigem oder rundem Querschnitt entwickelt.

Mit den Bemessungshilfsmitteln wird sowohl die Gesamtausmitte e_{tot} als auch die Bewehrung des am meisten beanspruchten Querschnitts ermittelt. In [19] sind Bemessungshilfsmittel für unterschiedliche Querschnitte angegeben, s. auch Tafel A8a bis A9b im Anhang.

Zu unterscheiden sind:

- μ-Nomogramme

- $e\,/\,h$-Diagramme

Beide verwenden als Eingangsparameter:

    $l_0\,/\,h$ bezogene Stablänge

$$\nu_{Ed} = \frac{N_{Ed}}{A_c \cdot f_{cd}} \qquad \text{bezogene Längskraft}$$

$$\mu_{Ed} = \frac{M_{Ed,1}}{h \cdot A_c \cdot f_{cd}} \qquad \text{bezogenes Moment}$$

Die μ-Nomogramme sind einfach zu handhaben, jedoch im Bereich kleiner bezogener Lastausmitten schlecht abzulesen. In diesem Fall sind die e/h-Diagramme vorteilhafter. Die Ergebnisse beider Verfahren sind identisch.

Zu beachten ist, dass den Bemessungshilfsmitteln

$$f_{cd} = f_{ck}/\gamma_c$$

zugrunde liegt, d.h. der Wert $\alpha = 0,85$ bleibt bei der Berechnung der Eingangswerte unberücksichtigt, wie es dem EC 2 [2] entspricht.

Den Bemessungshilfsmitteln liegt ein konstanter Querschnitt zugrunde, d.h. auch die Bewehrung ist über die Stablänge unverändert. Bei gestaffelter Bewehrung können die Bemessungshilfsmittel dennoch angewendet werden, wenn die bezogene Stablänge um 10 % vergrößert wird.

Die Bemessung zentrisch gedrückter Stützen kann mit Tafel A10 erfolgen. Der Betonanteil F_{cd} und der Stahlanteil F_{sd} werden addiert. Die Überschätzung der rechnerischen Tragfähigkeit bei Ansatz der Bruttoquerschnittswerte, d.h. die von der Bewehrung in der Druckzone eingenommene Fläche als Betonfläche voll mitzurechnen, ist bei Betonen der bisher üblichen Festigkeitsklassen vernachlässigbar [10].

7.6   Beispiel Gebäudestützen

Nachgewiesen werden:

- Pos 4:   Innenstütze G7 im Kellergeschoss

- Pos 5:   Randstütze G5 im Erdgeschoss

Das Gebäude ist hinreichend ausgesteift, so dass die Stützen als Einzeldruckglieder behandelt werden können. Zur Vereinfachung bleibt bei der Ermittlung der Ersatzlänge die biegesteife Verbindung der Stützen mit den Balken unberücksichtigt, damit liegt die Ersatzlänge auf der sicheren Seite.

$$l_0 \leq l_{col} = 3,50 \text{ m}$$

Schlankheit

Innenstütze

$$b \cdot h = 50 \cdot 50 \text{ cm}$$

$$\lambda = 3,50/(0,289 \cdot 0,50) = 24,2 < 25$$

Randstütze

$$b \cdot h = 50 \cdot 30 \text{ cm}$$

$$\lambda = 3,50/(0,289 \cdot 0,30) = 40,4 > 25$$

$$\lambda_{crit} = 25 \cdot (2 - e_{01}/e_{02}) = 25 \cdot (2 - (-0,5)) = 62,5$$

Die Randstütze wird an den Stützenenden durch unterschiedlich gerichtete Momente beansprucht, s. Bild 7.6, die mit Hilfe des Ersatzrahmens – Querträger, Randträger und Randstützen – ermittelt sind, s. Abschnitt 4.4.1, Bild 4.11b. Aus $M_{01} = -M_{02}/2$ folgt bei gleicher Normalkraft $e_{01}/e_{02} = -0,5$.

Für beide Stützen ist kein Nachweis nach Theorie II. Ordnung erforderlich.

Schnittgrößen

Die Bemessungsmomente der Randstütze betragen am Stützenkopf bzw. am Stützenfuß $M_{Ed} = 121$ kNm, s. Bild 7.6. Der Verzicht auf den Nachweis nach Theorie II. Ordnung ist an ein Mindestmoment gekoppelt.

$$M_{Ed} \geq N_{Ed} \cdot h/20 = 3000 \cdot 0,30/20 = 45 \text{ kNm}$$

In diesem Fall ist das planmäßige Moment größer.

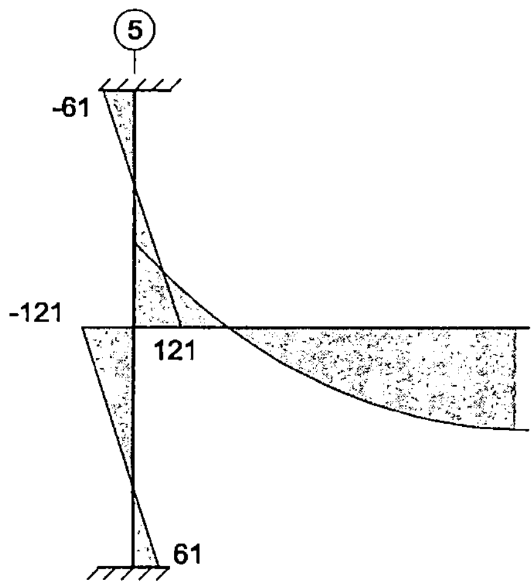

Bild 7.6   Pos 5 – Randstütze – Ersatzrahmen, Biegemomente

Bemessung

Diagramme für symmetrische Bewehrung, s. Anhang

Beton	C30/37	$f_{cd} = 0,85 \cdot 30/1,5 = 17$ N/mm²
Betonstahl	BSt 500 S	$f_{yd} = 500/1,15 = 435$ N/mm²

Randstütze

$$c_v = 2,5 \text{ cm}$$

$$d_1 = 2,5+1,0+2,5/2 = 4,8 \text{ cm}$$

$$d_1/h = 4,8/30 = 0,16 \approx 0,15 \qquad\qquad \text{Tafel A5b}$$

Die Innenstütze kann mit der gleichen Tafel bemessen werden, weil die Lage der Bewehrung bei zentrischer Beanspruchung keine Rolle spielt.

Einzelschritte Bemessung Randstütze

$$\nu_{Ed} = \frac{N_{Ed}}{b \cdot h \cdot f_{cd}} = \frac{-3,00}{0,50 \cdot 0,30 \cdot 17} = -1,18$$

$$\mu_{Ed} = \frac{M_{Ed}}{b \cdot h^2 \cdot f_{cd}} = \frac{0,121}{0,50 \cdot 0,30^2 \cdot 17} = 0,16$$

$$A_{s,tot} = A_{s1} + A_{s2} = \omega_{tot} \frac{b \cdot h}{f_{yd} / f_{cd}} = 0,65 \frac{50 \cdot 30}{435/17} = 38 \text{ cm}^2$$

Tabelle 7.1 Pos 4 und 5: Stützenbemessung

Pos	b	h	N_{Ed}	M_{Ed}	ν_{Ed}	μ_{Ed}	ω_{tot}	$A_{s,tot}$
	cm	cm	kN	kNm	-	-	-	cm^2
4	50	50	-6768	-	$-1,59$	-	0,60	59
5	50	30	-3000	121	$-1,18$	0,16	0,65	38

Vergleichsweise wird die zentrisch gedrückte Innenstütze mit Tafel A10 bemessen.

Betonanteil $F_{cd} = 4250 \text{ kN}$

Stahlanteil (gewählte Bewehrung s. Abschnitt 9.4.3)

4 Ø 28 $F_{sd} = 1071 \text{ kN}$

8 Ø 25 $F_{sd} = 1707 \text{ kN}$

$$|N_{Rd}| = 7028 \text{ kN}$$

$$> 6768 \text{ kN}$$

Bei zentrisch gedrückten Stützen ist die Bemessung mit Teilsicherheitsbeiwerten besonders vorteilhaft, wie folgender Vergleich verdeutlicht.

DIN 1045-1 Bemessungswert der Stahlspannung f_{yd} = 435 N/mm²
entspricht einer Dehnung von ε_s = -2,2 ‰
Teilsicherheitsbeiwert für Lasten pauschal γ_F = 1,4
Stahlspannung unter Gebrauchslasten

$$\sigma_s = \frac{f_{yd}}{\gamma_F} = \frac{435}{1,4} = 311 \text{ N/mm}^2$$

DIN 1045 (7/88) Begrenzung der Dehnung auf ε = 2 ‰

$$\sigma_{su} = \varepsilon \cdot E_s = 2 \cdot 10^{-3} \cdot 210 \cdot 10^3 = 420 \text{ N/mm}^2$$

Bruch ohne Vorankündigung γ = 2,1
Stahlspannung unter Gebrauchslasten

$$\sigma_s = \frac{\sigma_{su}}{\gamma} = \frac{420}{2,1} = 200 \text{ N/mm}^2$$

Die Bewehrung wird nach DIN 1045-1 um 55 % höher ausgenutzt, demzufolge ist deutlich weniger Druckbewehrung erforderlich, was insbesondere bei hochbewehrten Stützen die Bauausführung vereinfacht.

Es sollte zugleich nochmals verdeutlicht werden, dass mit zunehmender Festigkeitsklasse auch der Beton nach DIN 1045-1 höher ausgenutzt werden kann als nach DIN 1045 (7/88), weil bis C50/60 der gleiche Teilsicherheitsbeiwert γ_c = 1,5 gilt. In Kombination mit dem pauschalen Teilsicherheitsbeiwert für ständige und veränderliche Lasten γ_F = 1,4 ergibt sich $\gamma_F \cdot \gamma_c$ = 1,4 · 1,5 = 2,1. Das entspricht dem bisherigen globalen Sicherheitsbeiwert γ = 2,1 für Bruch ohne Vorankündigung. Für höhere Festigkeitsklassen enthält der Rechenwert β_R nach DIN 1045 (7/88) jedoch einen Abschlag. Verglichen werden die Betonspannungen unter Gebrauchslasten.

DIN 1045-1 C45/55

$$\sigma_c = \frac{0,85 f_{ck}}{2,1} = \frac{0,85 \cdot 45}{2,1} = 18,2 \text{ N/mm}^2$$

DIN 1045 (7/88) B55

$$\sigma_c = \frac{\beta_R}{2,1} = \frac{30}{2,1} = 14,3 \text{ N/mm}^2$$

Der Beton C45/55, der hinsichtlich der Festigkeit mit B55 vergleichbar ist, kann um 27 % höher ausgenutzt werden.

7.7   Beispiel Hallenstütze

Die Stützen der dargestellten Halle sind nach Theorie II. Ordnung zu bemessen. Die Halle ist in Längsrichtung ausgesteift, d.h. die Stützen werden nur in Querrichtung auf Biegung beansprucht.

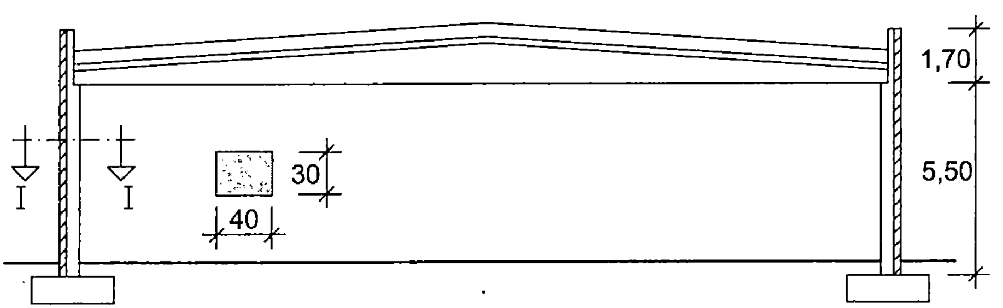

Bild 7.7   Hallenstütze

Schnittgrößen

Es wirken Eigenlast, Schnee und Wind.

Die charakteristischen Lasten erzeugen am Stützenfuß folgende Schnittgrößen – ohne Teilsicherheitsbeiwert:

Eigenlast $N_k = -120$ kN $M_k = 0$

Schnee $N_k = -\ 75$ kN $M_k = 0$

Wind $N_k = 0$ $M_k = \pm\ 58$ kNm

Zu berücksichtigen ist außerdem die ungewollte Lastausmitte, s. Gleichung (7.7) und (7.8):

Ersatzlänge $l_0 = 2 \cdot l_{col} = 2 \cdot 5{,}50 = 11{,}00$ m

Maßgebend für den Nachweis nach Theorie II. Ordnung ist die Ebene, wo die Vertikallast eingeleitet wird, so dass $l_{col} = 5{,}50$ m anzusetzen ist. Die Gesamthöhe von $5{,}50 + 1{,}70 = 7{,}20$ liegt der Momentenermittlung infolge Wind zugrunde.

Schiefstellung $\alpha_{al} = \dfrac{1}{100\sqrt{l_{col}}} = \dfrac{1}{100\sqrt{5{,}50}} = 4{,}26 \cdot 10^{-3}$

Abminderungsbeiwert für 2 gekoppelte Stützen, s. Gleichung (7.9):

$$\alpha_n = \sqrt{\frac{1+1/n}{2}} = \sqrt{\frac{1+1/2}{2}} = 0{,}866$$

$$\alpha_{a1} \cdot \alpha_n = 4{,}26 \cdot 10^{-3} \cdot 0{,}866 = 3{,}69 \cdot 10^{-3}$$

Lastausmitte $\qquad e_a = \alpha_{a1} \cdot \alpha_n \frac{l_0}{2} = 3{,}69 \cdot 10^{-3} \frac{11{,}00}{2} = 0{,}020 \text{ m}$

Moment infolge ungewollter Lastausmitte

$$M_{k,a} = |N_k| \cdot e_a$$

Tabelle 7.2   Schnittgrößen: charakteristische Werte

		ständig	veränderlich	
		G_k	S_k	W_k
N_k	kN	-120	-75	0
$M_{k,0}$	kNm	0	0	58
$M_{k,a} = |N_k| \cdot e_a$	kNm	$2{,}4$	$1{,}5$	0
$M_{k,1} = M_{k,0} + M_{k,a}$	kNm	$2{,}4$	$1{,}5$	58

Bei der Ermittlung der Schnittgrößen für die Anwendung des μ-Nomogramms sind die Teilsicherheitsbeiwerte und die Kombinationsbeiwerte, s. Tab. 2.3, zu berücksichtigen. Mit

$$\psi_0 = 0{,}5 \quad \text{für Schnee}$$

$$\psi_0 = 0{,}6 \quad \text{für Wind}$$

ergeben sich folgende Kombinationen, s. Gleichung (2.5a):

(1) $\quad 1{,}35 G_k + 1{,}5 \left(S_k + 0{,}6 W_k \right)$

$$N_{Ed} = -\left(1{,}35 \cdot 120 + 1{,}5 \cdot 75\right) = -275 \text{ kN}$$

$$M_{Ed} = 1{,}35 \cdot 2{,}4 + 1{,}5 \left(1{,}5 + 0{,}6 \cdot 58\right) = 58 \text{ kNm}$$

(2) $\quad 1{,}35 G_k + 1{,}5 \left(0{,}5 S_k + W_k \right)$

$$N_{Ed} = -\left(1{,}35 \cdot 120 + 1{,}5 \cdot 0{,}5 \cdot 75\right) = -218 \text{ kN}$$

$$M_{Ed} = 1{,}35 \cdot 2{,}4 + 1{,}5 \left(0{,}5 \cdot 1{,}5 + 58\right) = 91 \text{ kNm}$$

Bemessung

Der Nachweis erfolgt mit dem μ-Nomogramm, s. Anhang.

Beton   C30/37
Betonstahl   BSt 500 S

$$c_v = 2,5 \text{ cm}$$

$$h_1 = 2,5+0,8+2,0/2 = 4,3 \text{ cm}$$

$$h_1/h = 4,3/40 = 0,11 \approx 0,10 \qquad\qquad \text{Tafel A8b}$$

Eingangswerte

$$l_0/h = 11,00/0,4 = 27,5$$

$$v_{Ed} = \frac{N_{Ed}}{A_c \cdot f_{cd}} \qquad\qquad \mu_{Ed} = \frac{M_{Ed}}{h \cdot A_c \cdot f_{cd}}$$

Bewehrung $$A_s = \omega \frac{b \cdot h}{f_{yd}/f_{cd}}$$

Zu beachten ist, dass beim μ-Nomogramm – und auch beim e/h-Diagramm – f_{cd} ohne den Wert $\alpha = 0,85$ einzusetzen ist:

$$f_{cd} = 30/1,5 = 20 \text{ N/mm}^2$$

Tabelle 7.3   Hallenstütze: Bemessung

Kombination	N_{Ed}	M_{Ed}	v_{Ed}	μ_{Ed}	ω	A_s
	kN	kNm	-	-	-	cm²
(1)	−275	58	−0,115	0,060	0,14	7,7
(2)	−218	91	−0,091	0,095	0,22	12,1

Einzelschritte für Kombination (2)

$$v_{Ed} = \frac{-0,218}{0,3 \cdot 0,4 \cdot 20} = -0,091$$

$$\mu_{Ed} = \frac{0,091}{0,3 \cdot 0,4^2 \cdot 20} = 0,095$$

$$A_s = 0,22 \cdot \frac{30 \cdot 40}{435/20} = 12,1 \text{ cm}^2$$

Für den Nachweis des Fundaments ist das Moment nach Theorie II. Ordnung am Stützenfuß erforderlich. Dazu wird im Nomogramm der maßgebende Schnittpunkt der ω-Linie mit der v_{Sd}-Linie mit dem Fußpunkt der rechten Leiter $-l_0 / h < 4{,}3-$ verbunden, s. gestrichelte Linie (4) in den Erläuterungen Tafel A8b. Die Verlängerung ergibt auf der Ordinate

$$\mu_{Ed,tot} = 0,13$$

$$M_{Ed,tot} = \mu_{Ed,tot} \cdot h \cdot A_c \cdot f_{cd}$$

$$= 0,13 \cdot 0,40 \cdot 0,30 \cdot 0,40 \cdot 20 \cdot 10^3 = 125 \text{ kNm}$$

Zu prüfen bleibt, ob die ständige Einwirkung günstig wirkt. Anstelle einer Neubemessung mit den Bemessungsschnittgrößen für $\gamma_G = 1{,}0$ kann bei diesem Beispiel die erforderliche Bewehrung für eine geringere Normalkraft direkt aus dem Nomogramm abgelesen werden, s. Bild 7.8.

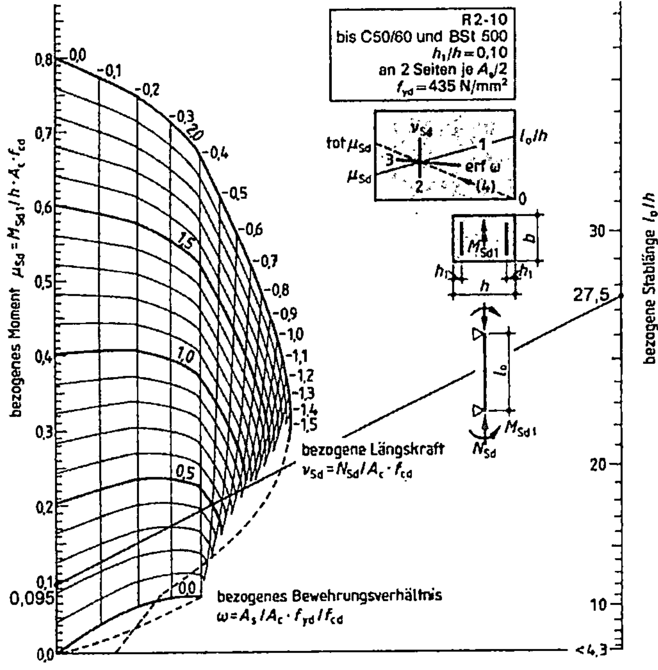

Bild 7.8 μ-Nomogramm: Einfluss v_{Ed} auf ω

Die Verbindungslinie von der Ordinate μ zur Leiter l_0 / h verläuft steiler als die ω-Linie, d.h. eine größere Normalkraft erfordert mehr Bewehrung. Damit ist die Kombination mit 1,0 G_k und ohne Schnee nicht maßgebend.

In [26] wird darauf hingewiesen, dass Längskräfte anders als beim klassischen Knicken, günstig wirken können – $\gamma_F = 1{,}0$, wenn sie noch zwischen den beiden inneren Kräften angreifen. Sie wirken immer ungünstig – $\gamma_F = 1{,}35$, wenn sie außerhalb der inneren Kräfte angreifen. Im vorliegenden Beispiel liegt bereits die Ausmitte nach Theorie I. Ordnung für die Kombination (1) außerhalb der inneren Kräfte

$$e_1 = \frac{58}{275} = 0{,}21 \text{ m} > \frac{0{,}9\,d}{2} = \frac{0{,}9 \cdot 0{,}36}{2} = 0{,}16 \text{ m},$$

so dass sich – wie mit Hilfe des μ-Nomogramms demonstriert – der Nachweis ohne Schnee und mit $\gamma_G = 1{,}0$ erübrigt.

Zweckmäßigerweise erfolgt die Bemessung schlanker Druckglieder mit den μ-Nomogrammen oder den e / h-Diagrammen, die die Ermittlung des zusätzlichen Momentes nach Theorie II. Ordnung mit einschließen. Zur Demonstration wird für die Lastkombination (2) die zusätzliche Lastausmitte e_2 infolge der Auswirkungen nach Theorie II. Ordnung gemäß Abschnitt 7.3, Gleichung (7.13), berechnet.

$$e_2 = \frac{1}{2070} \frac{l_0^2}{d} = \frac{1}{2070} \cdot \frac{11{,}00^2}{0{,}9 \cdot 0{,}36} = 0{,}162 \text{ m}$$

Damit ergibt sich das zusätzliche Moment

$$M_{Ed,2} = \left| N_{Ed} \right| \cdot e_2 = 218 \cdot 0{,}162 = 35 \text{ kNm}$$

Gesamtmoment am Stützenfuß

$$M_{Ed,tot} = M_{Ed,1} + M_{Ed,2} = 91 + 35 = 126 \text{ kNm}$$

Die Abweichung zum zuvor berechneten Wert $M_{Ed,tot} = 125$ kNm erklärt sich durch die Ableseungenauigkeit.

Mit $M_{Ed,tot} = 126$ kNm und $N_{Ed} = -\,218$ kN kann die Bewehrung mit Hilfe der Bemessungstafel A5a – Diagramm für symmetrische Bewehrung – ermittelt werden; das Ergebnis stimmt mit Tabelle 7.3 überein.

Abschließend sollen die Begriffe, die für den Nachweis schlanker Druckglieder verwendet werden, geklärt werden. Die Bezeichnung „Knicken" bezieht sich auf das Versagen mittig gedrückter Stäbe. Knicken tritt ohne Vorankündigung infolge Gleichgewichtsverzweigung ein. Bei Stahlbeton-Druckgliedern liegt immer eine Ausmitte der Lasten vor, mindestens die ungewollte Ausmitte und ggf. zusätzlich die planmäßige Ausmitte. Demzufolge versagen schlanke Druckglieder infolge der Vergrößerung der Beanspruchung durch zunehmende Verformung (Theorie II. Ordnung), so dass der Nachweis der Tragfähigkeit unter Berücksichtigung der Stabauslenkung zu führen ist. Es ist nicht sinnvoll, im Stahlbetonbau weiterhin den Begriff „Knicken" zu verwenden. Konsequenterweise verwendet die DIN 1045-1 auch den Begriff Ersatzlänge anstatt Knicklänge.

8 Bewehrungsregeln

8.1 Allgemeine Bewehrungsregeln

Beton und Betonstahl können nur zusammenwirken, wenn der Verbund einwandfrei ist, die Stäbe ausreichend verankert sind und die Kraftübertragung in den Stößen sichergestellt ist.

Die folgenden Regelungen gelten für Durchmesser bis 32 mm.

Der gegenseitige Stababstand muss ausreichend groß sein, damit der Beton ordnungsgemäß eingebracht und verdichtet werden kann. Sofern nicht besondere Maßnahmen zum Einbringen und Verdichten des Betons getroffen werden, darf der lichte Stababstand bei einem Größtkorndurchmesser $d_g > 16$ mm nicht kleiner als $d_g + 5$ mm sein. Bei einem lichten Mindestabstand von 4 cm kann Beton mit einem Größtkorn 32 mm verwendet werden. Andernfalls ist die Begrenzung des Größtkorns auf 16 mm auf den Bewehrungsplänen anzugeben [DIN 1045-1, 12.2(2)].

Zugleich ist der Verbund sicherzustellen, somit gilt:

$$\text{lichter Stababstand} \geq d_s \geq 20 \text{ mm}$$

$$\geq d_g + 5 \text{ mm}$$

Bei mehreren Lagen sollten die Stäbe übereinander liegen, und es sind planmäßig Rüttellücken vorzusehen. Gestoßene Stäbe dürfen sich innerhalb der Übergreifungslänge berühren.

Tabelle 8.1 Mindestwerte der Biegerollendurchmesser d_{br}

Haken, Winkelhaken, Schlaufen		Schrägstäbe oder andere gebogene Stäbe		
Stabdurchmesser		Mindestwerte der Betondeckung rechtwinklig zur Biegeebene		
$d_s < 20$mm	$d_s \geq 20$ mm	> 100 mm und $> 7\,d_s$	> 50 mm und $> 3\,d_s$	≤ 50 mm oder $\leq 3\,d_s$
Mindestwerte der Biegerollendurchmesser d_{br}				
$4\,d_s$	$7\,d_s$	$10\,d_s$	$15\,d_s$	$20\,d_s$

Der Biegerollendurchmesser eines Stabes ist so festzulegen, dass Betonabplatzungen oder Zerstörungen des Betongefüges im Krümmungsbereich sowie Risse im Bewehrungsstab infolge des Biegens ausgeschlossen werden. Die Mindestwerte der Biegerollendurchmesser sind in Tabelle 8.1 angegeben.

Tabelle 8.1 kann auch für Betonstahlmatten angewendet werden, wenn die Schweißung außerhalb des Biegebereichs liegt – Abstand zwischen Krümmungsbeginn und Schweißstelle $\geq 4\,d_s$. Andernfalls beträgt bei vorwiegend ruhenden Einwirkungen der Mindestwert des Biegerollendurchmessers 20 d_s.

Stabbündel bestehen in der Regel aus zwei oder drei Einzelstäben gleichen Durchmessers. Im Allgemeinen gelten die Regeln für Einzelstäbe auch für Stabbündel. Dabei wird das Stabbündel durch einen Einzelstab mit gleicher Querschnittsfläche ersetzt, d.h. es wird ein Vergleichsdurchmesser d_{sV} zugrunde gelegt.

$$d_{sV} = d_s \cdot \sqrt{n} \qquad\qquad (8.1)$$

mit: n Anzahl der Bewehrungsstäbe eines Stabbündels

Die Mindestbetondeckung zur Sicherstellung des Verbundes beträgt $c_{min} = d_{sV}$. Für Verankerungen und Übergreifungsstöße von Stabbündeln sind ergänzende Regelungen gemäß DIN 1045-1, Abschnitt 12.9 zu beachten.

Für Betonstahlmatten mit Doppelstäben sind wie Stabbündel zu behandeln; der Vergleichsdurchmesser ist $d_{sV} = d_s \cdot \sqrt{2}$. Damit sind die Doppelstäbe 7,0 d einer Lagermatte R 513 A wie Einzelstäbe $d_s = 10$ mm zu behandeln.

8.2 Verbund

8.2.1 Verbundbedingungen, Verbundspannung

Die Güte des Verbundes hängt vor allem von der Lage der Bewehrung während des Betonierens ab [DIN 1045-1, 12.4(2)]. Die Einteilung in

- gute Verbundbedingungen

- mäßige Verbundbedingungen

erfolgt nach Bild 8.1.

Gute Verbundbedingungen liegen bei allen Stäben vor, wenn die Bauteildicke ≤ 300 mm ist, Bild 8.1b. Für Stäbe, die höchstens 300 mm über der Unterkante des

Bauteils liegen, Bild 8.1c, bzw. bei dicken Bauteilen mindestens 300 mm unter der Oberkante, Bild 8.1d, treffen ebenfalls gute Verbundbedingungen zu. Bei oben liegenden Stäben – schraffierter Bereich in Bild 8.1c und 8.1d – besteht die Gefahr, dass sich der Frischbeton an der Unterseite des Stabes absetzt. Dadurch ist der Verbund reduziert, es liegen mäßige Verbundbedingungen vor.

Gute Verbundbedingungen dürfen durchweg für liegend gefertigte stabförmige Bauteile mit Querschnittsabmessungen ≤ 500 mm angewendet werden, wenn sie mit Außenrüttler verdichtet werden. Das betrifft beispielsweise liegend hergestellte Fertigteilstützen.

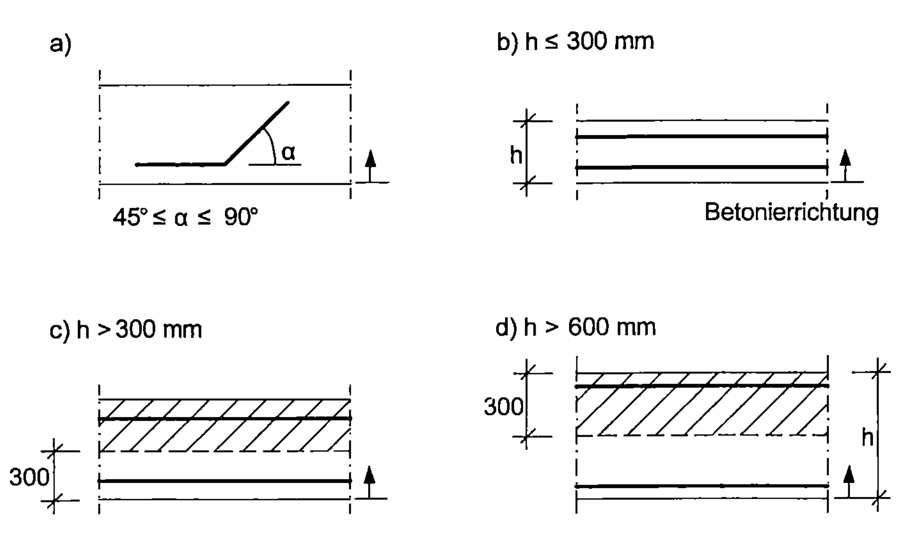

Bild 8.1   Festlegung der Verbundbedingungen
        a) und b) gute Verbundbedingungen für alle Stäbe
        c) und d) Stäbe im nichtschraffierten Bereich: gute Verbundbedingungen
                Stäbe im schraffierten Bereich: mäßige Verbundbedingungen

Die Grundwerte der Verbundspannung f_{bd} sind für gute Verbundbedingungen in Tabelle 8.2 angegeben. Für mäßige Verbundbedingungen sind sie mit dem Faktor 0,7 zu multiplizieren.

Tabelle 8.2   Bemessungswert der Verbundspannung f_{bd} [N/mm²]
        gute Verbundbedingungen, $d_s \leq 32$ mm

f_{ck} in N/mm²	12	16	20	25	30	35	40	45	50
f_{bd} in N/mm²	1,6	2,0	2,3	2,7	3,0	3,4	3,7	4,0	4,3

Die Werte f_{bd} ergeben sich aus

$$f_{bd} = 2{,}25\,\frac{f_{ctk;0,05}}{\gamma_c} \tag{8.2}$$

und enthalten den Teilsicherheitsbeiwert $\gamma_c = 1{,}5$.

Wenn Querdruck rechtwinklig zur Bewehrungsebene wirkt, erhöht sich die Tragfähigkeit von Übergreifungsstößen und Verankerungen, so dass die Werte der Tabelle 8.2 mit dem Faktor

$$1/(1-0{,}04\,p) \le 1{,}5 \tag{8.3}$$

mit: p mittlerer Querdruck im Verankerungsbereich

erhöht werden dürfen [DIN 1045-1, 12.5(5)].

Diese Regelung ist beim Nachweis der Verankerungslänge bei Konsolen von Fertigteilen vorteilhaft, wo in der Regel nur eine kurze Verankerungslänge möglich ist.

Für Stäbe, die allseits eine Betondeckung von $10d_s$ haben, kann die Verbundspannung um 50 % erhöht werden. Das trifft z.B. auf Stützenstäbe zu, die in das Fundament einbinden, und deren Verankerungslänge demzufolge um ein Drittel reduziert werden kann.

8.2.2 Verankerungen

Die gebräuchlichsten Verankerungsarten zeigt Bild 8.2. Für Druckbewehrungen sind Haken, Winkelhaken oder Schlaufen nicht zulässig.

Das Grundmaß der Verankerungslänge l_b ist die Länge eines geraden Stabes, die zur Verankerung der Kraft $F_s = A_s \cdot f_{yd}$ bei Annahme einer konstanten Verbundspannung f_{bd} erforderlich ist.

$$l_b = \frac{d_s}{4} \cdot \frac{f_{yd}}{f_{bd}} \tag{8.4}$$

Tafel A12, s. Anhang, gibt das Grundmaß der Verankerungslänge in Abhängigkeit von Stabdurchmesser und Betonfestigkeitsklasse für gute und für mäßige Verbundbedingungen an. Im Vergleich zur bisherigen Praxis ergibt DIN 1045-1 bei guten Verbundbedingungen ein um ca. 15 % vergrößertes Grundmaß der Verankerungslänge, wobei berücksichtigt werden sollte, dass aufgrund der veränderten Sicherheitsbeiwerte der Stahl um ca. 8 % höher ausgenutzt wird, s. Abschnitt 5.1.4. Bei mäßigen Verbundbedingungen ist die Verankerungslänge nach DIN 1045-1 um ca. 20 % kürzer, weil die Verbundspannungen weniger herabgesetzt sind als bisher.

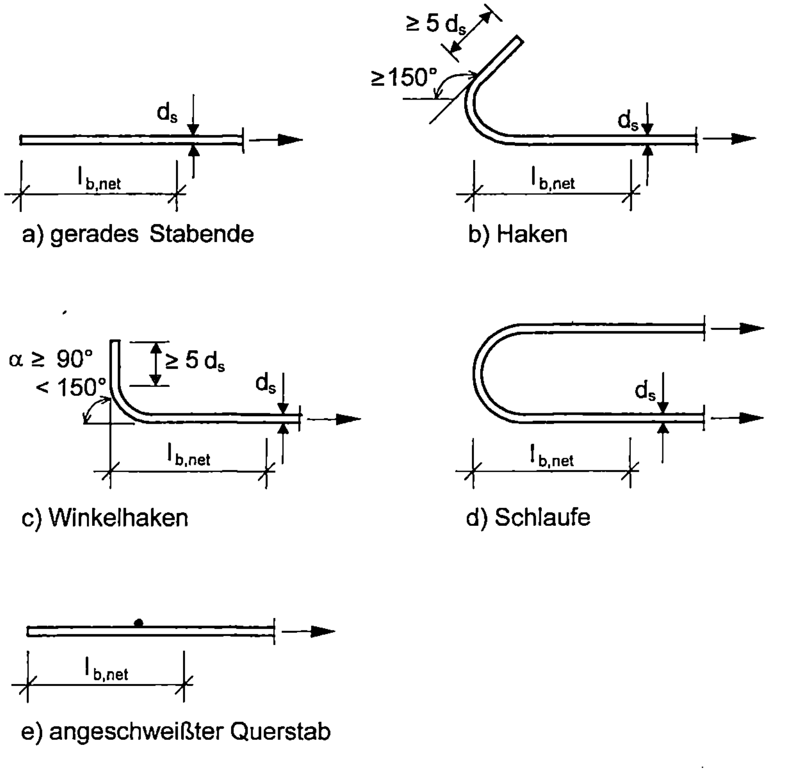

Bild 8.2   Verankerungsarten von Betonstahl

Wenn der ansteigende Ast der Spannungs-Dehnungslinie des Betonstahls bei der Bemessung berücksichtigt wird, ist die Kraft eines Stabes größer als $F_s = A_s \cdot f_{yd}$. Dann ist die Stahlspannung σ_{su} / γ_s anstelle f_{yd} in Gleichung (8.4) einzusetzen, so dass sich das Grundmaß der Verankerungslänge um bis zu 5 % vergrößern kann, s. Beispiel Abschnitt 9.2.5.

Die erforderliche Verankerungslänge $l_{b,net}$ berücksichtigt die Verankerungsart, s. Bild 8.2, und die Beanspruchung der Bewehrung.

$$l_{b,net} = \alpha_a \cdot l_b \cdot \frac{A_{s,erf}}{A_{s,vorh}} \geq l_{b,min} \tag{8.5}$$

mit: l_b Grundmaß der Verankerungslänge

$l_{b,min}$ Mindestwert der Verankerungslänge

$A_{s,erf}$ rechnerisch erforderlicher Bewehrungsquerschnitt

$A_{s,vorh}$ vorhandener Bewehrungsquerschnitt

α_a Beiwert zur Berücksichtigung der Wirksamkeit der Verankerung

$\alpha_a = 1$ für gerade Stabenden

$\alpha_a = 0{,}7$ für Zugstäbe mit Haken, Winkelhaken oder Schlaufen, s. Bild 8.2

$\alpha_a = 0{,}5$ für Schlaufen mit Biegerollendurchmesser $d_{br} \geq 15\,d_s$

$\alpha_a = 0{,}7$ für gerade Stabenden mit einem angeschweißten Querstab

Der Mindestwert der Verankerungslänge beträgt:

$$l_{b,min} = 0{,}3\alpha_a \cdot l_b \geq 10\,d_s \qquad \text{für Zugstäbe} \qquad (8.6a)$$

$$l_{b,min} = 0{,}6\,l_b \geq 10\,d_s \qquad \text{für Druckstäbe} \qquad (8.6b)$$

Maßgebend für die Mindestverankerungslänge von Zugstäben mit geraden Stabenden ist im guten Verbundbereich für Festigkeitsklassen bis C30/37 der erste Teil der Gleichung (8.6a) – $l_{b,min} = 0{,}3\,l_b$. Erst bei höheren Festigkeitsklassen gilt $l_{b,min} \geq 10\,d_s$. Für Zugstäbe im mäßigen Verbundbereich gilt $l_{b,min} = 0{,}3\,l_b$ bis C50/60.

Bügel wirken als lotrechte Zugstäbe im Fachwerk zur Übertragung der Querkräfte. Demzufolge müssen Bügel die Zugbewehrung umfassen, und sie sind in der Druckzone zu verankern. Zur Verankerung sind Haken, Winkelhaken oder angeschweißte Querstäbe erforderlich, Bild 8.3a bis d. Werden Bügel in der Zugzone geschlossen, ist die Übergreifungslänge l_s nachzuweisen, Bild 8.3g und h.

Bei Plattenbalken dürfen die für die Querkrafttragfähigkeit erforderlichen Bügel im Bereich der Platte mittels durchgehender Querstäbe nach Bild 8.3i geschlossen werden, wenn der Bemessungswert der Querkraft V_{Ed} höchstens 2/3 der maximalen Querkrafttragfähigkeit $V_{Rd,max}$ beträgt.

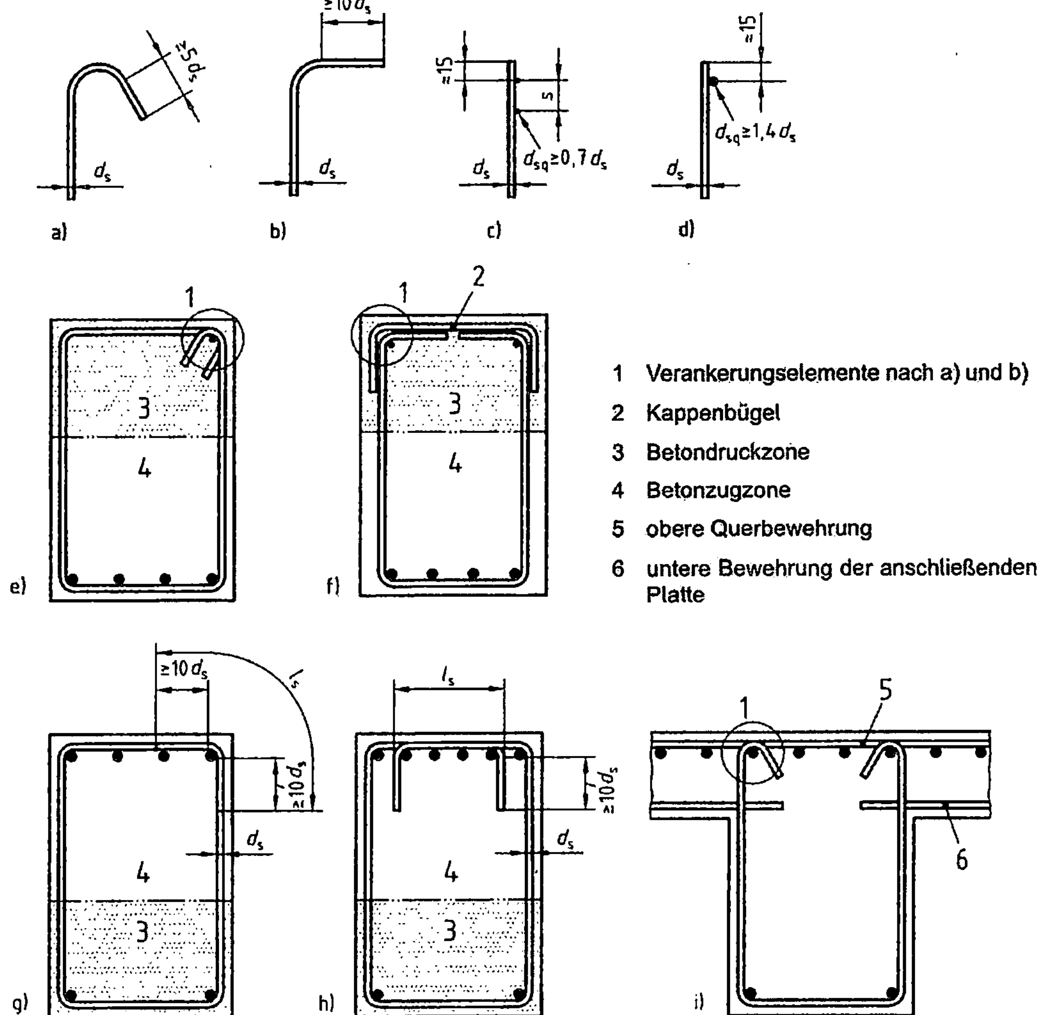

Bild 8.3 Verankerung und Schließen von Bügeln

a) – d)   Verankerungselemente: Haken, Winkelhaken, gerade Stabenden mit zwei / einem angeschweißten Querstab

e) und f) Schließen in der Druckzone

g) und h) Schließen in der Zugzone

i) Schließen bei Plattenbalken im Bereich der Platte

8.3 Stöße

8.3.1 Allgemeine Anforderungen

Der Bewehrungsstoß erfolgt meistens durch Übergreifen der Stäbe mit geraden Stabenden. Es ist zweckmäßig, Übergreifungsstöße versetzt anzuordnen und sie nicht in hochbeanspruchte Bereiche zu legen.

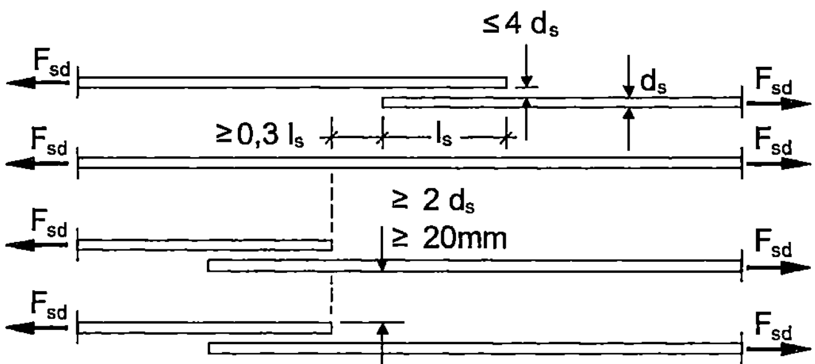

Bild 8.4 Längsversatz und Stababstand im Stoßbereich

Die lichten Stababstände sind in Bild 8.4 dargestellt. Innerhalb der Übergreifungslänge dürfen sich die Stäbe berühren.

Bei Übergreifungsstößen wird die Zugkraft über schräge Betondruckstreben von Rippe zu Rippe übertragen. Dabei entstehen Zugspannungen in Querrichtung, die am Stoßanfang und Stoßende größer sind als in der Stoßmitte. Die Stöße sind gegeneinander zu versetzen, damit der ungünstige Querzug am Stoßanfang des einen Stabes und am Stoßende des anderen Stabes sich nicht addieren.

Übergreifungsstöße gelten als längsversetzt, wenn der Längsabstand der Stoßmitten mindestens der 1,3fachen Übergreifungslänge l_s entspricht, d.h. Abstand zwischen den Stoßenden $\geq 0,3\ l_s$. Zu beachten ist, dass der lichte Abstand zwischen den Stäben nicht versetzter Stöße auf $2\ d_s$ vergrößert werden muss, s. Bild 8.4.

8.3.2 Übergreifungsstöße von Stäben

Die Übergreifungslänge beträgt [DIN 1045-1, 12.8.2]:

$$l_s = l_{b,net} \cdot \alpha_1 \geq l_{s,min} \tag{8.7}$$

mit: $l_{b,net} = \alpha_a \cdot l_b \cdot \dfrac{A_{s,erf}}{A_{s,vorh}} \geq l_{b,min}$ s. Gl.(8.5)

$$l_{s,min} \geq 0{,}3\,\alpha_a \cdot \alpha_l \cdot l_b \geq 15 d_s \qquad\qquad (8.8)$$
$$\geq 200 \text{ mm}$$

Der Beiwert α_a berücksichtigt die Verankerungsart:

α_a = 1,0   gerade Stabenden

α_a = 0,7   Haken, Winkelhaken, Schlaufen

Zu beachten ist, dass der Einfluss von angeschweißten Querstäben nicht angesetzt werden darf.

Der Beiwert a_l ist Tabelle 8.3 zu entnehmen. Die Beiwerte a_l für den Stoßanteil 30 % können auch verwendet werden, wenn jeder dritte Stab einer Bewehrungslage gestoßen wird [10].

Bei großem Stababstand $s \geq 10\,d_s$, z.B. in Platten, kann α_l herabgesetzt werden. Bei Balken werden in der Regel die Stababstände die genannten Werte s und s_0 unterschreiten, so dass bei Vollstößen mit $\alpha_l = 2$ zu rechnen ist. Zu beachten ist, dass für die Mindestübergreifungslänge von Stäben $d_s \geq 16$ mm mit geraden Stabenden in der Regel $l_{s,min} = 0{,}3\ \alpha_l \cdot l_b$ maßgebend ist und sich daraus deutlich größere Werte als $15\,d_s$ bzw. 200 mm ergeben, s. Beispiel Abschnitt 9.2.5.

Tabelle 8.3   Beiwerte α_l für die Übergreifungslänge

		Anteil der ohne Längsversatz gestoßenen Stäbe am Querschnitt einer Bewehrungslage	
		$\leq 30\,\%$ (33%)	$> 30\,\%$ (33%)
Zugstoß	$d_s < 16$ mm	$1{,}2^{a)}$	$1{,}4^{a)}$
	$d_s \geq 16$ mm	$1{,}4^{a)}$	$2{,}0^{b)}$
Druckstoß		1,0	1,0

a) Falls $s \geq 10\,d_s$ und $s_0 \geq 5\,d_s$ gilt $\alpha_l = 1{,}0$

b) Falls $s \geq 10\,d_s$ und $s_0 \geq 5\,d_s$ gilt $\alpha_l = 1{,}4$

Querbewehrung

Im Bereich von Übergreifungsstößen müssen die Querzugspannungen, die bei der Kraftübertragung entstehen, durch eine Querbewehrung aufgenommen werden [DIN 1045-1, 12.8.3]. Eine konstruktive Querbewehrung – 20 % der Hauptbewehrung – ist in den beiden folgenden Fällen ausreichend:

- gestoßene Stäbe $d_s < 16$ mm

- Stoßanteil ≤ 20 %

Bei Platten und Wänden darf die konstruktive Querbewehrung innen angeordnet werden [10].

Für Durchmesser $d_s \geq 16$ mm oder bei Stoßanteil > 20 % werden an die Querbewehrung folgende Anforderungen gestellt:

- Querschnittsfläche

$$\sum A_{st} \geq 1{,}0\, A_s$$

mit: A_{st} Gesamtfläche der Querbewehrung im Stoßbereich

       A_s Querschnittsfläche eines gestoßenen Stabes

- Anordnung in äußerer Lage, d.h. zwischen Längsbewehrung und Betonoberfläche; bei Stababständen $s \leq 10\, d_s$ werden Bügel gefordert, s. Bild 8.5.

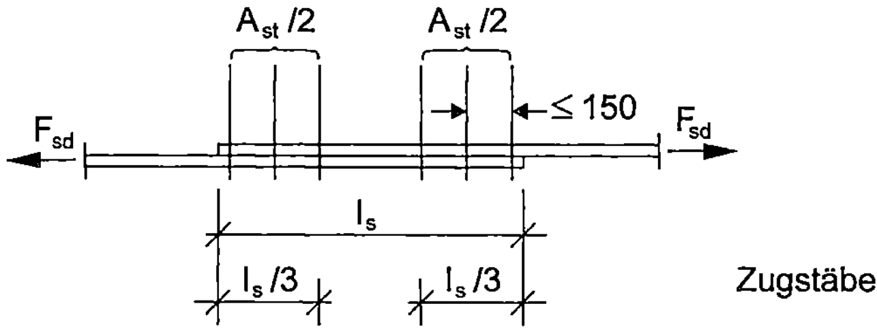

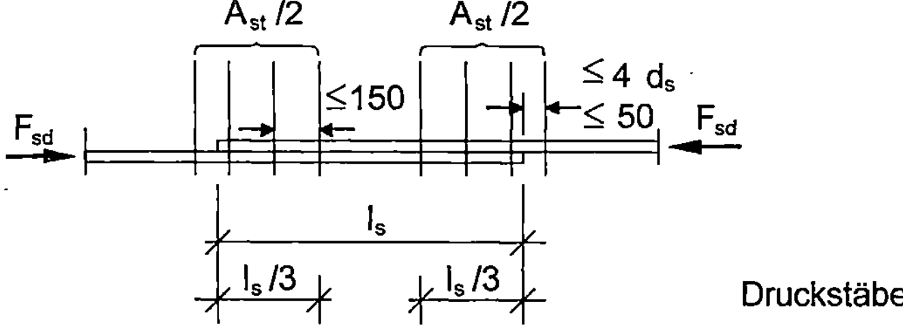

Bild 8.5   Querbewehrung für Übergreifungsstöße

Die Querbewehrung ist je zur Hälfte am Anfang und am Ende des Stoßes anzuordnen, s. Bild 8.5. Wegen der Spaltkräfte bei Druckstößen ist ein Teil der Querbewehrung außerhalb des Stoßes zu legen – Abstand $\leq 4\,d_s$ bzw. 50 mm vom Stabende.

Beispiel s. Abschnitt 9.2.5

8.3.3 Stöße von Betonstahlmatten

Ein-Ebenen-Stöße von geschweißten Betonstahlmatten können wie Stöße von Stäben bemessen werden, jedoch ohne Anrechnung der angeschweißten Querstäbe, d.h. $\alpha_a = 1{,}0$.

In der Regel liegen gestoßene Betonstahlmatten jedoch übereinander, s. Bild 8.6:

- Zwei-Ebenen Stoß

Die Übergreifungslänge beträgt:

$$l_s = l_b \cdot \alpha_2 \cdot \frac{a_{s,erf}}{a_{s,vorh}} \geq l_{s,min} \tag{8.9}$$

$$\text{mit:} \quad l_b = \frac{d_s}{4} \cdot \frac{f_{yd}}{f_{bd}} \qquad \text{Grundmaß s. Gl. (8.4)}$$

$$d_{sV} = d_s \cdot \sqrt{2} \qquad \text{bei Doppelstäben}$$

$$\alpha_2 = 0{,}4 + \frac{a_{s,vorh}}{8} \geq 1{,}0 \text{ und} \leq 2{,}0$$

$$l_{s,min} = 0{,}3\,\alpha_2 \cdot l_b \geq s_q \tag{8.10}$$

$$\geq 200 \text{ mm}$$

s_q　　Abstand der geschweißten Querstäbe

Bei mehrlagiger Bewehrung sind die Stöße der einzelnen Lagen mindestens um die 1,3fache Übergreifungslänge in Längsrichtung gegeneinander zu versetzen.

Die Übergreifungslänge der Querbewehrung – Verteilerstoß – richtet sich nach Tabelle 8.4, wobei innerhalb l_s mindestens zwei Stäbe der Längsrichtung – jeweils einer pro Matte – vorhanden sein müssen. Bei allen R-Matten des Lagermatten-programms beträgt der Stabdurchmesser der Querstäbe durchweg 6 mm, so dass eine Übergreifungslänge von 150 mm ausreichend ist. Größere Übergreifungslängen gemäß Tabelle 8.4 können bei Listenmatten erforderlich werden.

Tabelle 8.4 Mindestübergreifungslängen der Querstäbe

Stabdurchmesser der Querstäbe(mm)			
$d_s \leq 6$	$6 < d_s \leq 8,5$	$8,5 < d_s \leq 12$	$d_s > 12$
Mindestübergreifungslängen der Querstäbe			
$\geq s_l$ ≥ 150 mm	$\geq s_l$ ≥ 250 mm	$\geq s_l$ ≥ 350 mm	$\geq s_l$ ≥ 500 mm

s_l Abstand der Längsstäbe

Zu beachten ist, dass die Übergreifungslänge in Querrichtung größer sein kann, wenn Randsparmatten verwendet werden, s. Bild 8.6. Im Randbereich sind Einzelstäbe anstelle der Doppelstäbe angeordnet, so dass der volle Querschnitt nur dann vorhanden ist, wenn die Randeinsparung beider Matten vollständig übereinander liegt. Dann ergibt sich als Übergreifungslänge:

R 377 A, R 513 A: 1 Masche

Q 377 A, Q 513 A: 3 Maschen

Bild 8.6   Zwei-Ebenen-Stoß: Stoßlänge in Querrichtung bei Randsparmatten

Die Ermittlung der Verankerungs- und Stoßlängen für Stabstahl und Matten vereinfacht sich wesentlich mit Hilfe der Tabellen in [13].

9 Konstruktionsregeln

9.1 Allgemeines

Ein Stahlbetonbauteil, und erst recht eine Konstruktion als Ganzes, wird nur dann die geforderte Tragfähigkeit, Gebrauchstauglichkeit und Dauerhaftigkeit erfüllen, wenn sowohl die Bemessungsergebnisse konsequent umgesetzt werden als auch die konstruktive Durchbildung bis ins Detail erfolgt. Das Zusammenwirken von Beton und Betonstahl ist nur gegeben, wenn die Kraftübertragung überall im Bauteil gewährleistet ist.

Die Biege- und Querkraftbemessung sind durch die Fachwerkanalogie miteinander verknüpft, und daraus resultiert die Größe und der Verlauf der Zugkraft. Demzufolge hängen die Abstufung der Zugbewehrung sowie die Verankerung der Stäbe / Matten im Feld und am Auflager sowohl vom Biegemoment als auch von der Querkraft ab. Auch bei der Querkraftbewehrung sind die konstruktiven Regeln mit dem Bemessungsmodell verknüpft.

Hohe Priorität hat die Sicherstellung des duktilen Bauteilverhaltens, d.h. ein Bauteil darf nicht ohne Vorankündigung versagen. Deshalb ist eine Mindestbewehrung nicht nur in Stützen und Wänden erforderlich, sondern auch in Balken und Platten für Biegung und Querkraft.

Die konstruktiven Regeln sollen auch verhindern, dass der zufällige Ausfall eines einzelnen Tragglieds nicht zum Versagen des Gesamttragwerks führt. Durch eine entsprechende Bewehrung ist es beispielsweise möglich, das fortschreitende Versagen infolge Durchstanzen bei Flachdecken zu vermeiden.

Darüber hinaus sind baupraktische Kriterien maßgebend wie Mindestabmessungen für Platten mit Querkraft- bzw. Durchstanzbewehrung sowie für Stützen und Wände.

Die Sicherheit und das Verhalten einzelner Bauteile und des Tragwerks lässt sich durch eine gute konstruktive Durchbildung entscheidend verbessern, in der Regel praktisch ohne Mehrkosten. Das sollte nicht erst bei der Bearbeitung der Bewehrungspläne berücksichtigt werden, sondern vorab bei der Festlegung der Konstruktion.

9.2 Balken und Plattenbalken

9.2.1 Zugkraftdeckung

Zur Sicherstellung des duktilen Bauteilverhaltens ist eine Mindestbewehrung erforderlich, die in der Lage ist, das Rissmoment aufzunehmen. Dabei ist vom Mittelwert der Zugfestigkeit des Betons f_{ctm} und der Stahlspannung $\sigma_s = f_{yk}$ auszugehen [DIN 1045-1, 13.1.1 (1)].

Bezogen auf einen Rechteckquerschnitt ergibt sich:

Rissmoment
$$M = \frac{b \cdot h^2}{6} f_{ctm}$$

Zugkraft
$$Z = \frac{M}{z}$$

innerer Hebelarm
$$z \approx 0{,}9\,d, \quad d \approx 0{,}9\,h$$

erforderliche Bewehrung
$$A_s = \frac{M}{z \cdot f_{yk}} = \frac{b \cdot h^2}{6 \cdot 0{,}9 \cdot 0{,}9\,h} \cdot \frac{f_{ctm}}{f_{yk}}$$

Bewehrungsgrad
$$\rho = \frac{A_s}{b \cdot h} = 0{,}2 \frac{f_{ctm}}{f_{yk}}$$

$$\rho = 0{,}0004\,f_{ctm} \tag{9.1}$$

Die im Feld erforderliche untere Mindestbewehrung muss in voller Größe bis zu den Auflagern durchlaufen und ist mit der Mindestverankerungslänge – 6 d_s bzw. 10 d_s – zu verankern. Über Innenauflagern ist die obere Mindestbewehrung in den anschließenden Feldern über eine Länge von mindestens einem Viertel der Stützweite einzulegen.

Bei Plattenbalken ist im Feld das Widerstandsmoment W_u bzw. über Innenstützen W_o zur Berechnung der Mindestbewehrung einzusetzen; ein Beispiel enthält [16]. Bei dicken Fundamenten ($h \geq 80$ cm) kann eine ausreichende Duktilität durch Umlagerung der Bodenpressungen auch ohne die o.g. Mindestbewehrung gegeben sein [27].

Bei der Mindestbewehrung zur Sicherstellung des duktilen Bauteilverhaltens handelt es sich um einen Tragfähigkeitsnachweis im Gegensatz zur Mindestbewehrung für die Begrenzung der Rissbreite, die den Nachweis der Gebrauchstauglichkeit betrifft. Demzufolge ist die Mindestbewehrung zur

Sicherstellung der Duktilität wesentlich geringer, und es entfällt eine Überprüfung des Durchmessers.

Eine rechnerisch nicht berücksichtigte Einspannung an den Endauflagern ist durch eine konstruktive Bewehrung abzudecken, die 25 % der Feldbewehrung entspricht und über ein Viertel der Feldlänge einzulegen ist [DIN 1045-1, 13.2.1 (1)].

Bei durchlaufenden Plattenbalken sollte ein Teil der oberen Zugbewehrung in der Platte angeordnet werden. Der Durchmesser der ausgelagerten Bewehrung wird üblicherweise auf die Plattendicke abgestimmt:

- Stabdurchmesser [mm] $\leq$ Plattendicke [cm]

In der Praxis ist es üblich, etwa die Hälfte der oberen Zugbewehrung in die Gurte auszulagern. Doch letztlich hängt der gewählte Anteil vom Durchmesser der ausgelagerten Stäbe und der Verteilungsbreite ab.

DIN 1045-1, 13.2.1 (2) begrenzt die ausgelagerte Bewehrung auf eine Breite, die der halben mitwirkenden Plattenbreite entspricht. Nach den in Abschnitt 4.2.2 vorgestellten Regeln setzt sich die mitwirkende Plattenbreite aus der Stegbreite b_w und der rechts und links mitwirkenden Gurtbreite $b_{eff,i}$ zusammen. Nach Ansicht des Verfassers ist es sinnvoll, die Stegbreite b_w voll und die mitwirkende Gurtbreite zur Hälfte mit $0,5 \, \Sigma b_{eff,i}$ anzusetzen. Andernfalls könnte sich bei ungünstigen Verhältnissen die anzusetzende Breite auf die Stegbreite reduzieren.

Für die Abstufung der Zugbewehrung ist die

- Zugkraftlinie F_{sd}

maßgebend. Sie ergibt sich aus der

- Biegezugkraft $\dfrac{M_{Ed}}{z}$ bzw. $\dfrac{M_{Eds}}{z} + N_{Ed}$, deren Verlauf um das

- Versatzmaß a_l

verschoben wird, s. Bild 9.1. Bei gleichzeitiger Wirkung einer Normalkraft ist M_{Eds} das auf die Schwerachse der Bewehrung bezogene Moment.

Das Versatzmaß beträgt [DIN 1045-1, 13.2.2 (3)]:

$$a_l = \frac{z \cdot (\cot\theta - \cot\alpha)}{2} \geq 0 \qquad\qquad (9.2a)$$

mit: θ Winkel zwischen Betondruckstrebe und Bauteilachse

α Winkel zwischen Querkraftbewehrung und Bauteilachse

z innerer Hebelarm, $z = 0{,}9d$ bzw. $z = d - c_{nom,l} - 30$ mm

Damit ist das Versatzmaß von der Querkraftbeanspruchung abhängig. Bei geringer Querkraftbeanspruchung ist $\cot\theta = 3{,}0$ anzusetzen, bei höherer Beanspruchung wird sich $1{,}5 \leq \cot\theta \leq 3{,}0$ – s. Abschnitt 5.2.4, Tab. 5.5 – einstellen. Für lotrechte Bügel ergibt sich damit ein Versatzmaß

$$0{,}67 d \;\leq\; a_l \;\leq\; 1{,}35 d \,, \tag{9.2b}$$

so dass die bisherige Praxis, Versatzmaß = Nutzhöhe,

$$a_l \;\approx\; d$$

im Prinzip beibehalten wird. Allerdings kann sich die Verankerungslänge an Endauflagern vergrößern, s. Beispiel Abschnitt 9.2.6.

Bei Plattenbalken ist das Versatzmaß der ausgelagerten Bewehrung um den Abstand der Stäbe vom Steg zu erhöhen, s. Berichtigung 1 zu DIN 1045-1, Bild 34.

Die aufnehmbare Zugkraft der vorhandenen Bewehrung wird durch die

- Zugkraftdeckungslinie

dargestellt. Sie liegt außerhalb der Zugkraftlinie F_{sd}, s. Bild 9.1, der treppenförmige Verlauf entspricht der Abstufung der Bewehrung.

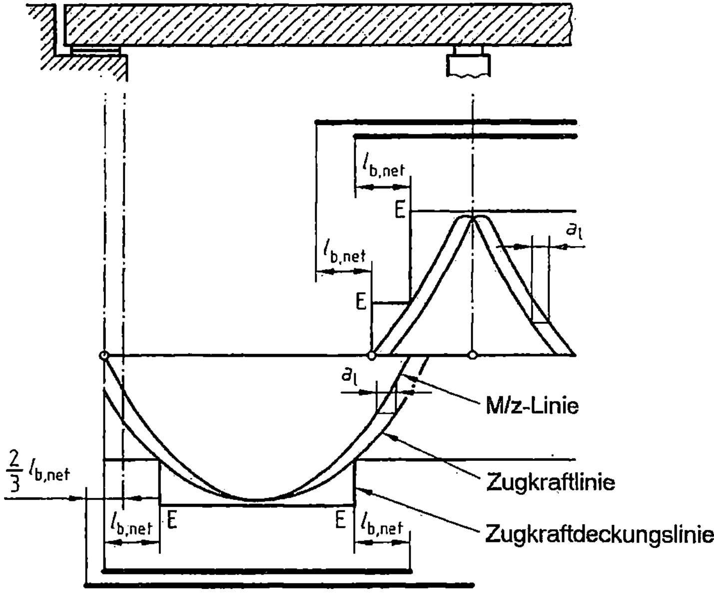

Bild 9.1   Zugkraftdeckungslinie und Verankerungslängen bei biegebeanspruchten Bauteilen

Die gestaffelte Zugbewehrung ist über den rechnerischen Endpunkt E zu führen, s. Bild 9.1, und mit $l_{b,net}$ nach Gleichung (8.5) zu verankern. Der Ansatz $l_{b,net}$ ist vorteilhaft, weil darin der Faktor $A_{s,erf}/A_{s,vorh}$ enthalten ist, so dass sich die Verankerungslänge bei geringer Beanspruchung verkürzt.

Verglichen mit der bisherigen Konstruktionspraxis reduziert sich die Verankerungslänge der oberen Balkenbewehrung deutlich, einerseits wegen des kürzeren Grundmaßes der Verankerungslänge l_b bei mäßigen Verbundbedingungen, und andererseits wegen des Faktors $A_{s,erf}/A_{s,vorh}$. Es sollte jedoch bedacht werden, dass bei Ansatz der Momentenumlagerung nicht nur die Größe des Stützmoments und ggf. des Feldmoments, sondern auch der Verlauf der Momente verändert wird. Notwendig ist, dass auch für den Zustand vor der Momentenumlagerung eine ausreichende Verankerungslänge vorhanden ist. Deshalb empfiehlt es sich, sie umso großzügiger zu wählen, je mehr der Momentenverlauf für die Bemessung vom linear-elastischen Zustand abweicht.

Angesichts der deutlich kürzeren Verankerungslänge für Stäbe im mäßigen Verbundbereich ist es ratsam, zugleich zu prüfen, ob bis zur vollen Wirksamkeit des Stabes – rechnerischer Anfangspunkt A – das Grundmaß der Verankerungslänge eingehalten ist. Eine derartige Regelung gab es in DIN 1045 (7/88), allerdings nur für Platten mit Stäben $d_s < 16$ mm. Sie kann wegen der kürzeren Verankerungslänge für die Stützbewehrung nunmehr für Balken maßgebend werden. Im Beispiel des Abschnitts 9.2.5 wird darauf näher eingegangen.

Von der Feldbewehrung ist mindestens ein Viertel bis zu den Auflagern zu führen und zu verankern. Das gilt sowohl für Endauflager als auch für Zwischenauflager [DIN 1045-1, 13.2.2 (6)].

Am Endauflager ist die Verankerung für die Zugkraft

$$F_{sd} = V_{Ed} \cdot a_l / z + N_{Ed} \geq V_{Ed}/2 \tag{9.3}$$

nachzuweisen, wobei N_{Ed} der Bemessungswert der aufzunehmenden Längskraft ist.

Aufgrund der günstigen Wirkung des Querdrucks bei direkter Auflagerung darf die Verankerungslänge – gemessen von der Auflagervorderkante – auf 2/3 $l_{b,net}$ verringert werden, s. Bild 9.2a:

$$l_{b,dir} = (2/3) l_{b,net} \geq 6 d_s \tag{9.4}$$

bei indirekter Auflagerung, s. Bild 9.3b gilt:

$$l_{b,ind} = l_{b,net} \geq 10 d_s \tag{9.5}$$

Die Bewehrung ist in allen Fällen mindestens über die rechnerische Auflagerlinie – s. Bild 4.3 – zu führen.

Verglichen mit DIN 1045 (7/88) können sich größere Verankerungslängen am Endauflager ergeben. Bei geringer Querkraftbeanspruchung – $\cot\theta = 3,0$ – beträgt $F_{sd} = 1,5\ V_{Ed}$ ($N_{Ed} = 0$ gesetzt). Mit $A_{s,erf} = F_{sd}/f_{yd} = 1,5\ V_{Ed}/f_{yd}$ ist die Verankerungslänge $l_{b,net}$ nach Gleichung (8.5) zu berechnen. Umgekehrt wird bei günstigen Bedingungen – $A_{s,vorh} \gg A_{s,erf}$ – die Mindestverankerungslänge $l_{b,min} = 0,3\ l_b$ bei geraden Stabenden oder $l_{b,min} = 10\ d_s$ bei Stäben mit Winkelhaken maßgebend. Abschnitt 9.2.6 enthält zwei Beispiele.

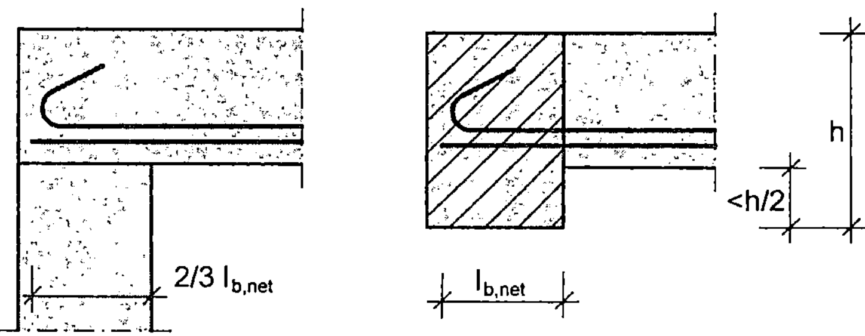

Bild 9.2 Verankerung der Feldbewehrung am Endauflager
a) direkte Lagerung   b) indirekte Lagerung

An Zwischenauflagern von durchlaufenden Bauteilen ist die Bewehrung mindestens um das Maß $6\ d_s$ über den Auflagerrand zu führen. Zusätzlich wird empfohlen, einen Teil der unteren Bewehrung durchlaufen zu lassen, damit positive Momente infolge außergewöhnlicher Beanspruchungen – Auflagersetzungen, Explosion usw. – aufgenommen werden können [DIN 1045-1, 13.2.2, (10)].

9.2.2 Querkraftbewehrung

Die Querkraftbewehrung darf aus einer Kombination folgender Elemente bestehen:

- Bügel, die die Längszugbewehrung und die Druckzone umfassen

- Schrägstäbe

- Querkraftzulagen in Form von Körben, Leitern usw., die ohne Umschließung der Längsbewehrung verlegt sind, s. DIN 1045-1, Bild 67.

Mindestens 50 % der aufzunehmenden Querkraft sind durch Bügel abzudecken [DIN 1045-1, 13.2.3 (2)].

Es ist eine Mindestquerkraftbewehrung erforderlich, die in der Lage ist, den rechnerischen Betontraganteil $V_{Rd,c}$ aufzunehmen, um somit Versagen ohne Vorankündigung zu vermeiden. Kriterium ist der Bewehrungsgrad der Querkraftbewehrung ρ_w:

$$\rho_w = \frac{A_{sw}}{s_w \cdot b_w \cdot \sin \alpha} \geq \rho_{w,min} \tag{9.6}$$

mit: A_{sw} Querschnittsfläche der Querkraftbewehrung je Länge s

s_w Abstand der Querkraftbewehrung in Längsrichtung

b_w Stegbreite

α Winkel zwischen Querkraftbewehrung und Balkenachse, z. B. für senkrechte Bügel: $\sin\alpha = 1$

Tabelle 9.1   Grundwerte ρ für die Ermittlung der Mindestbewehrung

f_{ck} in N/mm²	12	16	20	25	30	35	40	45	50
ρ in ‰	0,51	0,61	0,70	0,83	0,93	1,02	1,12	1,21	1,31

Der Mindestwert ρ_w ist von der Betonfestigkeit abhängig und entspricht dem Grundwert ρ gemäß Tabelle 9.1: $\rho_{w,min} = \rho$.

Der größte Längs- und Querabstand der Bügelschenkel oder der Querkraftzulagen ist von der Querkraftausnutzung, d.h. vom Verhältnis $V_{Ed} / V_{Rd,max}$ abhängig [DIN 1045-1, 13.2.3 (6)], s. Tabelle 9.2.

V_{Ed} Bemessungswert der einwirkenden Querkraft, s. Abschn. 5.2.2

$V_{Rd,max}$ maximale Querkrafttragfähigkeit

näherungsweise darf hier $V_{Rd,max}$ mit $\theta = 40°$ ermittelt werden

Der größte Längsabstand von Schrägstäben beträgt:

$$s_{max} \leq 0,5 h \cdot (1 + \cot \alpha)$$

Tabelle 9.2   Größte Längs- und Querabstände s_{max} von Bügelschenkeln

Querkraftausnutzung	Längsabstand	Querabstand
$V_{Ed} \leq 0{,}30\,V_{Rd,max}$	$0{,}7\,h \leq 300$ mm	$h \leq 800$ mm
$0{,}30\,V_{Rd,max} < V_{Ed} \leq 0{,}60\,V_{Rd,max}$	$0{,}5\,h \leq 300$ mm	$h \leq 600$ mm
$V_{Ed} > 0{,}60\,V_{Rd,max}$	$0{,}25\,h \leq 200$ mm	

Bei Tragwerken des üblichen Hochbaus darf die Querkraftbewehrung entlang der Bauteilachse abgetreppt werden, s. Bild 9.3. Die im Einschnitt fehlende Querkraftbewehrung wird durch den Überschuss im benachbarten Bereich – Auftragsfläche – kompensiert. Verglichen mit DIN 1045 (7/88) ist die Einschnittslänge nunmehr auf d/2 begrenzt.

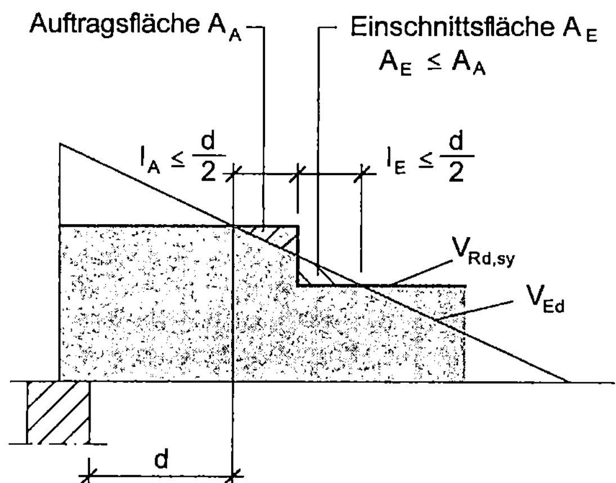

Bild 9.3   Zulässiges Einschneiden der Querkraftdeckungslinie

9.2.3 Torsionsbewehrung

Als Torsionsbewehrung wird ein rechtwinkliges Bewehrungsnetz aus Bügeln und Längsstäben verwendet. Die Torsionsbügel sind durch Übergreifen zu schließen. Der Längsabstand sollte weder $u_k / 8$ – u_k Umfang des Kernquerschnitts, s. Bild 5.22 – noch die in Tabelle 9.2 angegebenen Werte überschreiten.

In jeder Querschnittsecke ist ein Längsstab anzuordnen. Die anderen Längsstäbe sind über den Umfang gleichmäßig zu verteilen, und zwar in einem Abstand von höchstens 350 mm.

9.2.4 Anschluss von Nebenträgern, Aufhängebewehrung

Bei indirekter Auflagerung, z.B. im Kreuzungsbereich von Haupt- und Nebenträgern, muss eine Aufhängebewehrung vorhanden sein, die für die gesamte Auflagerkraft des Nebenträgers zu bemessen ist.

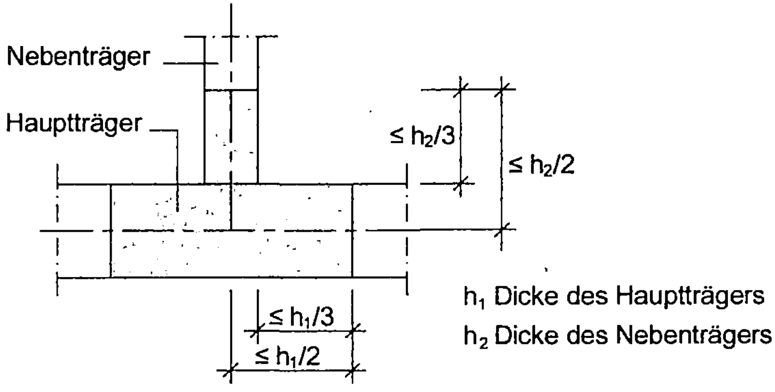

Bild 9.4   Anschluss von Nebenträgern

Die Aufhängebewehrung sollte vorzugsweise aus Bügeln bestehen, die die Biegebewehrung des Hauptträgers umfassen. Einige Bügel dürfen außerhalb des unmittelbaren Kreuzungsbereichs angeordnet werden, und zwar im schraffierten Bereich, Bild 9.4. Voraussetzung dafür ist eine über die Höhe verteilte Horizontalbewehrung, deren Querschnittsfläche dem Gesamtquerschnitt der ausgelagerten Bügel entspricht [DIN 1045-1, 13.11 (2)].

Eine Aufhängebewehrung ist auch in anderen Fällen erforderlich, z.B. bei ausgeklinkten Trägerenden im Fertigteilbau. Die Vertikalkomponente der schrägen Druckkraft muss am Balkenende durch zusätzliche Bügel oder Schrägstäbe hochgeführt werden, damit sie in das Auflager gelangen kann. Ein Stabwerkmodell verdeutlicht den Kraftverlauf [23]; alle Zugkräfte sind durch Bewehrung abzudecken.

9.2.5 Beispiel Plattenbalken

Für das Mittelfeld des Fünffeldträgers, Pos 2, wird die Bewehrungsführung festgelegt.

Bemessung für Biegung s. Abschnitt 5.1.5
Bemessung für Querkraft s. Abschnitt 5.2.6
Feldbewehrung

erforderlich, s. Tab. 5.3 $\qquad$ $A_{s,erf} = 35{,}8\ \text{cm}^2$

gewählt, s. Bild 9.5, $6\varnothing28$ $\qquad$ $A_{s,vorh} = 36{,}9\ \text{cm}^2$

Die Bewehrung zur Abdeckung der Stützmomente wird auf den Steg und die Gurte verteilt. Die Verteilungsbreite richtet sich nach der mitwirkenden Plattenbreite. Diese ist über Innenstützen wesentlich kleiner als im Feld, weil die wirksame Stützweite nur mit $l_o = 0{,}15\ (l_{eff,1} + l_{eff,2})$ eingeht, s. Abschnitt 4.2.2, Bild 4.6.

$$l_0 = 0{,}15(7{,}50+7{,}50) = 2{,}25\ \text{m}$$

$$b_{eff,1} = 0{,}2\cdot5{,}60+0{,}1\cdot2{,}25 = 1{,}345\ \text{m}$$

$$b_{eff,2} = 0{,}2\cdot2{,}20+0{,}1\cdot2{,}25 = 0{,}665\ \text{m}$$

$$> 0{,}2 l_0 = 0{,}2\cdot2{,}25 = 0{,}45\ \text{m} \quad \text{maßgebend}$$

$$b_{eff} = 0{,}60+2\cdot0{,}45 = 1{,}50\ \text{m}$$

Abweichend vom Text DIN 1045-1, Abschnitt 13.2.1 (2) wird die ausgelagerte Bewehrung auf die halbe mitwirkende Gurtbreite begrenzt, d.h. rechts und links des Steges auf jeweils $0{,}45\ /\ 2 = 0{,}23$ m.

Entsprechend der üblichen Praxis orientiert sich der Durchmesser der ausgelagerten Stäbe an der Gurtdicke – $d_s \approx h_f /\ 10$; im Beispiel werden $\varnothing12$ gewählt.

Damit ist der Anteil der ausgelagerten Bewehrung vergleichsweise gering, s. Bild 9.5, doch Vorrang sollte eine konstruktiv sinnvolle Verteilung der Bewehrung haben.

Zugbewehrung über der Stütze insgesamt:

erforderlich, s. Tab. 5.3 $\qquad$ $A_{s1,erf} = 37{,}4\ \text{cm}^2$

gewählt, s. Bild 9.5, $5\varnothing28$, $2\cdot3\varnothing12$ $\qquad$ $A_{s1,vorh} = 37{,}6\ \text{cm}^2$

Druckbewehrung

erforderlich, s. Tab. 5.3 $\qquad$ $A_{s2,erf} = 14{,}8\ \text{cm}^2$

gewählt $4\varnothing28$ (durchlaufende Feldbew.) $\qquad$ $A_{s2,vorh} = 24{,}6\ \text{cm}^2$

Die gewählte Feld- und Stützbewehrung ist eindeutig größer als die Mindestbewehrung zur Sicherstellung der Duktilität.

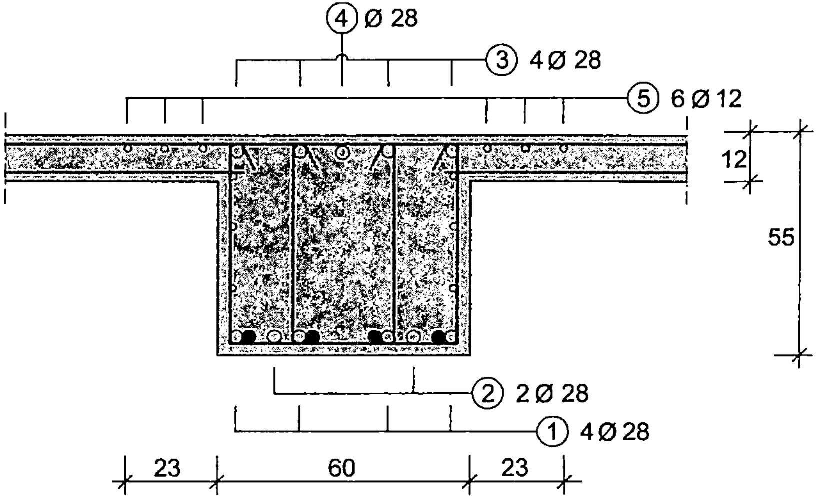

Bild 9.5   Pos 2 – Hauptträger – Bewehrung im Querschnitt – Stützbereich

Zugkraftdeckung

Die Längsbewehrung wird mit Hilfe der Zugkraftdeckungslinie nach Bild 9.1 abgestuft. Das Versatzmaß hängt von der Querkraftbeanspruchung – Druckstrebenneigung $\cot\theta$ – ab, s. Abschnitt 5.2.6, Tab. 5.7. Gleichung (9.2a) vereinfacht sich für lotrechte Bügel:

Feldbewehrung $\qquad z = 0{,}41$ m $\qquad \cot\theta = 3{,}00$

$$a_l = \frac{z}{2}\cot\theta = \frac{0{,}41}{2}3{,}00 = 0{,}62 \text{ m}$$

Stützbewehrung $\qquad z = 0{,}41$ m $\qquad \cot\theta = 1{,}63$

$$a_l = \frac{0{,}41}{2}1{,}63 = 0{,}34 \text{ m}$$

Die einzelnen Werte für die Zugkraftlinie und die Zugkraftdeckungslinie in Bild 9.6 ergeben sich aus Tabelle 9.3.

Die Zugkraftdeckungslinie errechnet sich aus:

$$Z_s = A_{s,vorh} \cdot f_{yd} \quad \text{bzw.} \quad Z_s = A_{s,vorh} \cdot f_{tk,cal} / \gamma_s$$

Bei der Bemessung der Feldbewehrung ist der ansteigende Ast der Spannungs-Dehnungs-Linie berücksichtigt:

$$Z_s = 36{,}9 \cdot (525/1{,}15) \cdot 10^{-1} = 1685 \text{ kN}$$

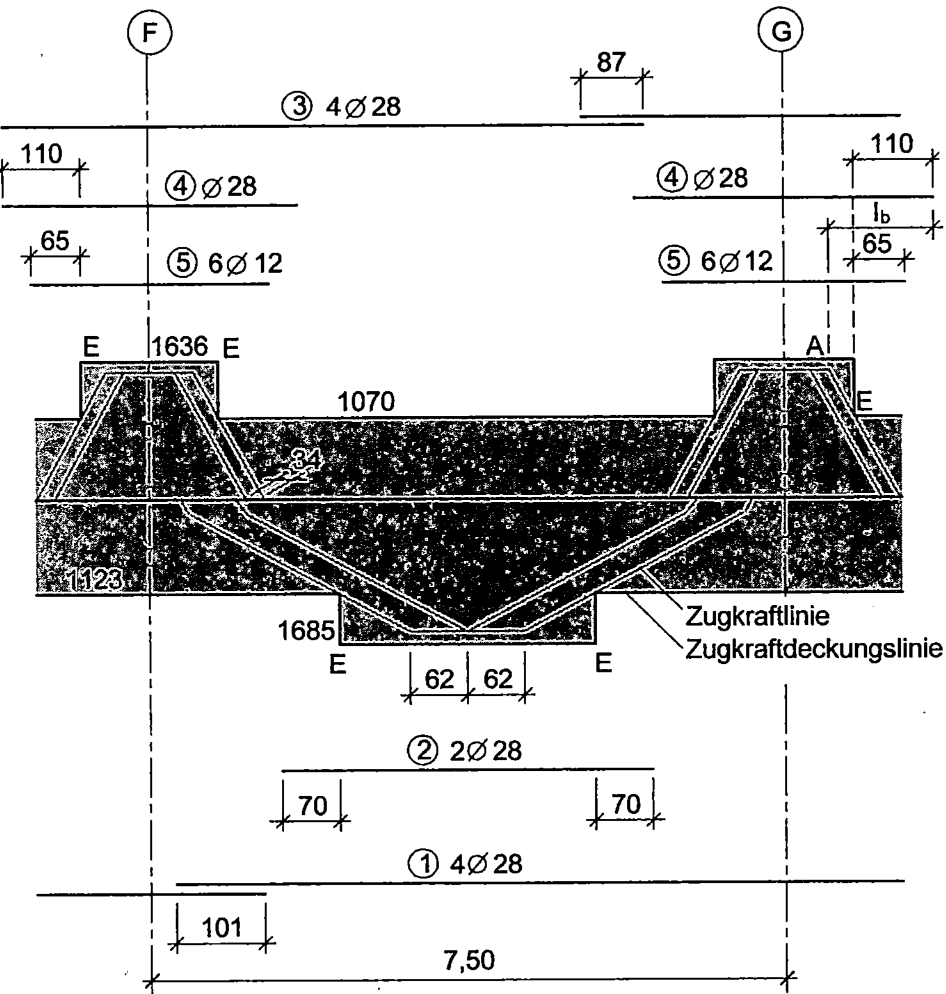

Bild 9.6   Pos 2 – Hauptträger – Zugkraftdeckung, Verankerungslängen, Stöße

Die Stützbewehrung ist mit den k_d-Tafeln für Rechteckquerschnitte mit Druckbewehrung bemessen, denen $f_{yd} = 435$ N/mm² zugrunde liegt. Konsequenterweise wird die aufnehmbare Zugkraft auch mit $f_{yd} = 435$ N/mm² berechnet.

Die Zulagen sind über den rechnerischen Endpunkt mit

$$l_{b,net} = \alpha_a \cdot l_b \cdot A_{s,erf} / A_{s,vorh} \geq l_{b,min}$$

nach Gleichung (8.5) zu verankern.

Tabelle 9.3 Pos 2 – Hauptträger – Zugkraft und Zugkraftdeckung

	Zugkraft					Zugkraftdeckung		
	M_{Ed}	d	ζ	z	M_{Ed}/z	vorh	$A_{s,vorh}$	Z_s
	kNm	m	-	m	kN	-	cm²	kN
Feldmoment	784	0,50	0,96	0,48	1633	6∅28	36,9	1685
						4∅28	24,6	1123
Stützmoment	699	0,48	0,90	0,43	1626	5∅28 +6∅12	37,6	1636
						4∅28	24,6	1070

Im Feld werden 4∅28 von insgesamt 6∅28 bis zu den Auflagern geführt – erforderlich ist ein Viertel der Feldbewehrung – s. Bild 9.6 und Tabelle 9.3.

$$\alpha_a \quad = \quad 1{,}0 \quad \text{gerade Stabenden}$$

$$l_b \quad = \quad 101 \text{ cm} \quad \text{s. Tafel A12}$$

$$A_{s,erf} \quad = \quad 24{,}6 \text{ cm}^2 \quad 4\varnothing28$$

$$A_{s,vorh} = \quad 36{,}9 \text{ cm}^2 \quad 6\varnothing28$$

$$l_{b,net} \quad = \quad 1{,}0 \cdot 101 \cdot 24{,}6/36{,}9 = 67 \text{ cm} \qquad \text{gewählt: 70 cm}$$

$$l_{b,min} \quad = \quad 0{,}3\,l_b = 0{,}3 \cdot 101 = 30 \text{ cm}$$

$$\geq \quad 10d_s = 28 \text{ cm}$$

Die übrigen 4∅28 laufen über das Auflager durch, um als Druckbewehrung für das Stützmoment zu wirken.

Streng genommen ist die Verankerungslänge zu vergrößern, wenn die Stahlspannung oberhalb f_{yd} angesetzt wird. Im Beispiel wird die Verankerungslänge der Feldbewehrung, Pos 2, auf 70 cm heraufgesetzt; eine Vergrößerung der Übergreifungslänge erübrigt sich, weil die Stäbe im Stoßbereich nicht ausgenutzt sind.

Von der oberen Bewehrung enden die ausgelagerten Stäbe – 6∅12 – und ein ∅28 entsprechend der Zugkraftdeckungslinie. Für den Stab ∅28 liegen mäßige Verbundbedingungen vor, s. Bild 8.1c. Die ausgelagerten Stäbe liegen im guten

Verbundbereich, s. Bild 8.1b. Beim Versatzmaß ist zusätzlich der Abstand vom Stegrand zu berücksichtigen. Auf eine weitere Abstufung der oberen Bewehrung – 4∅28 – wird verzichtet, weil in den Bügelecken ohnehin durchgehende Stäbe erforderlich sind.

Die Verankerungslänge für den Stab ∅28, Pos. 4, soll näher untersucht werden.

$$l_b \quad = \quad 145 \text{ cm}$$

$$A_{s,erf} = \quad 24{,}6 \text{ cm}^2 \qquad 4\varnothing 28$$

$$A_{s,vorh} = \quad 37{,}6 \text{ cm}^2 \qquad 5\varnothing 28 + 2 \cdot 3\varnothing 12$$

$$l_{b,net} = \quad 145 \cdot 24{,}6 / 37{,}6 = 95 \text{ cm}$$

Aufgrund des sehr steilen Momentenverlaufs befindet sich der Schnitt, an dem Pos 4 voll wirksam sein muss – rechnerischer Anfangspunkt A – nur ca. 35 cm weiter zur Stütze. Zur Einleitung der vollen Kraft vom Stabende bis zum rechnerischen Anfangspunkt ist das Grundmaß der Verankerungslänge l_b = 145 cm erforderlich. Demzufolge vergrößert sich die Verankerungslänge vom rechnerischen Endpunkt aus gemessen auf 145 – 35 = 110 cm.

Stöße

Für die durchlaufende untere Bewehrung – 4∅28 – wird die auf der sicheren Seite liegende Annahme $A_{s,erf}$ = 0,5 $A_{s,vorh}$ getroffen. Die Übergreifungslänge folgt aus:

$$l_s \quad = \quad l_{b,net} \cdot \alpha_1 \quad \geq \quad l_{s,min} \qquad\qquad \text{s. Gl. (8.7) und (8.8)}$$

Ob alle Stäbe an einer Stelle gestoßen werden oder zwei versetzte Stöße mit jeweils 50 % Stoßanteil gewählt werden, hat keinen Einfluss auf α_1, s. Tab. 8.3.

$$\alpha_1 \quad = \quad 2{,}0$$

$$l_s \quad = \quad 101 \cdot 0{,}5 \cdot 2{,}0 \quad = \quad 101 \text{ cm}$$

$$l_{s,min} \quad \geq \quad 0{,}3\,\alpha_a \cdot \alpha_1 \cdot l_b \quad = \quad 0{,}3 \cdot 1{,}0 \cdot 2{,}0 \cdot 101 \quad = \quad 61 \text{ cm}$$

$$\geq \quad 15 d_s \quad = \quad 42 \text{ cm} \quad \geq \quad 200 \text{ mm}$$

Der Stoß der oberen Bewehrung – 4∅28 – wird außerhalb des Bereichs negativer Momente angeordnet. Es liegen mäßige Verbundbedingungen vor, s. Bild 8.1c; berechnet wird die Mindestübergreifungslänge.

$$l_b \quad = \quad 145 \text{ cm}$$

$$l_{s,min} \quad = \quad 0{,}3 \cdot 2{,}0 \cdot 145 \quad = \quad 87 \text{ cm}$$

Da die oberen Stäbe $\varnothing 28$ nur aus konstruktiven Gründen durchgeführt werden, stellt sich die Frage, ob die Mindestverankerungslänge $l_{s,min} = 0,3 \cdot 2,0 \cdot l_b$ bindend ist. Nach Ansicht des Verfassers wäre in diesem Fall auch eine kürzere Verankerungslänge $l_{s,min} = 15\ d_s = 42$ cm vertretbar.

Im Stoßbereich ist eine Querbewehrung erforderlich, deren Querschnitt in der Summe dem eines gestoßenen Stabes entspricht.

$$\sum A_{st} = 1,0\,A_s = 6,16\ \text{cm}^2$$

Die zur Querkraftsicherung gewählten Bügel $-\varnothing 10$ im Abstand 10 cm – sind ausreichend und erfüllen auch den gegenseitigen Abstand von 15 cm nach Bild 8.5.

Querkraftbewehrung

Als Querkraftbewehrung werden lotrechte Bügel gewählt, die nach Bild 8.3i im Plattenbalken nicht geschlossen zu werden brauchen, weil die maximale Querkrafttragfähigkeit zu weniger als 2/3 ausgenutzt wird, s. u. Im mittleren Bereich ist die Mindestquerkraftbewehrung maßgebend.

$$a_{sw,min} = \rho_{w,min} \cdot s \cdot b_w \qquad\qquad \text{s. Gl. (9.6)}$$

$$\rho_{w,min} = 0,00093 \qquad \text{für C30/37} \qquad \text{s. Tabelle 9.1}$$

$$a_{sw,min} = 0,00093 \cdot 100 \cdot 60 = 5,6\ \text{cm}^2/\text{m}$$

$$> a_{sw,erf} = 4,6\ \text{cm}^2/\text{m}$$

Der maximale Bügelabstand folgt aus Tabelle 9.2. Mit den Querkräften aus Abschnitt 5.2.6, Tab. 5.7,

$$V_{Ed} / V_{Rd,max} = 695 / 1460 = 0,48$$

ergibt sich

$$s_{max} = 0,5h \leq 300\ \text{mm} \qquad\qquad \text{Längsabstand}$$

$$s_{max} = h \leq 550\ \text{mm} \qquad\qquad \text{Querabstand}$$

Die Bügelbewehrung wird abgestuft. Im mittleren Bereich erfüllen zweischnittige Bügel im Abstand von 25 cm sowohl den zulässigen Längsabstand $- \leq 0,5 \cdot 55$ cm – als auch den zulässigen Querabstand der Bügelschenkel $- b - 2c_v - d_{s,bü} = 53$ cm $< h = 55$ cm.

gewählte Bügelbewehrung

$x \leq 1,00$ m   vierschnittig $\varnothing 10$-12,5 $a_{sw,vorh}$ = 25,1 cm²/m

$a_{sw,erf}$ = 23,9 cm²/m

$x > 1,00$ m   zweischnittig $\varnothing 10$-25 $a_{sw,vorh}$ = 6,3 cm²/m

$a_{sw,min}$ = 5,6 cm²/m

x gemessen vom Stützenrand, s. Bild 9.7

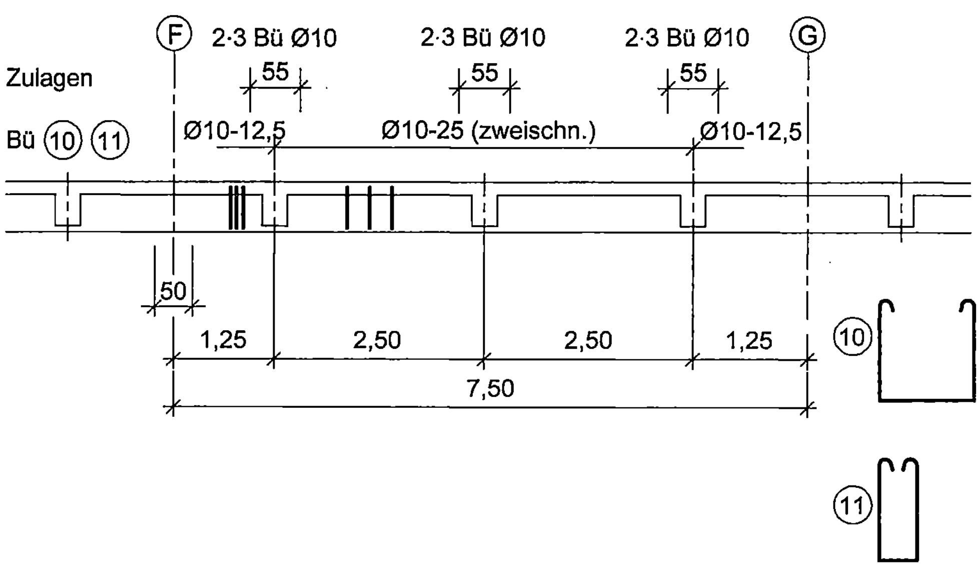

Bild 9.7   Pos 2 – Hauptträger – Querkraftbewehrung und Aufhängebewehrung

Aufhängebewehrung

Für den Anschluss des Querträgers – Nebenträger – an den Hauptträger ist eine Aufhängebewehrung erforderlich, die für die gesamte Auflagerkraft des Nebenträgers zu bemessen ist.

F_{Ed} = 443 kN   s. Abschnitt 4.4.2

$$A_s = \frac{F_{Ed}}{f_{yd}} = \frac{0,443}{435} \cdot 10^4 = 10,2 \text{ cm}^2$$

Es sind zusätzliche Bügel einzulegen, s. Bild 9.7.

Der Kreuzungsbereich nach Bild 9.4 reduziert sich mit den gegebenen Abmessungen:

Hauptträger $h_1 = 55$ cm $b_1 = 60$ cm

Nebenträger $h_2 = 50$ cm $b_2 = 30$ cm

Mit $h_2 < b_1$ entfällt eine Anordnung von Bügeln im Nebenträger. Die Aufhängebewehrung kann auf einer Länge von $h_1 = 55$ cm im Hauptträger verteilt werden. Es sind jeweils 6 zusätzliche Bügel $\varnothing 10$ erforderlich, zweckmäßigerweise werden von jeder Biegeform 3 Stück gewählt.

9.2.6 Beispiel Endverankerung

Direkte Lagerung

Für das Endauflager des Fünffeldträgers, Pos 2, wird die Verankerungslänge in Achse I auf der 30 cm dicken Randstütze nachgewiesen.

$$V_{Ed} = 530 \text{ kN}$$

$$V_{Rd,c} = 183 \text{ kN} \qquad \text{s. Beispiel Abschnitt 5.2.6}$$

$$\cot\theta = \frac{1,2}{1-183/530} = 1,83$$

$$a_l = \frac{z}{2}\cot\theta = 0,92\,z \qquad \text{s. Gl (9.2a)}$$

$$F_{sd} = V_{Ed}\cdot a_l / z = 530\cdot 0,92 = 487 \text{ kN} \qquad \text{s. Gl (9.3)}$$

$$A_{s,erf} = \frac{F_{sd}}{f_{yd}} = \frac{0,487}{435}\cdot 10^4 = 11,2 \text{ cm}^2$$

$$A_{s,vorh} = 49,3 \text{ cm}^2 \qquad 8\varnothing 28$$

$$l_b = 101 \text{ cm} \qquad \text{guter Verbundbereich}$$

$$l_{b,net} = 101\cdot 11,2/49,3 = 23,0 \text{ cm}$$

$$< 0,3\,l_b = 0,3\cdot 101 = 30,3 \text{ cm} \qquad \text{maßgebend}$$

$$< 10\,d_s = 28 \text{ cm}$$

$$l_{b,dir} = (2/3)l_{b,net} = (2/3)30,3 = 20,2 \text{ cm}$$

Zweckmäßigerweise werden die Stäbe so weit wie möglich auf das Auflager geführt, d.h. Abstand $c_{nom,l} = 4$ cm vom Rand. Bei geringeren Betonfestigkeiten vergrößert sich $l_{b,min} = 0{,}3\,l_b$ noch mehr gegenüber $l_{b,min} = 10\,d_s$, z.B. für C20/25 ergibt sich $l_{b,min} = 0{,}3 \cdot 132 = 39{,}6$ cm. Dann ist die Verankerungslänge auf der 30 cm dicken Stütze $l_{b,dir} = (2/3) \cdot 39{,}6 = 26{,}4$ cm gerade noch realisierbar.

Indirekte Lagerung

Für den Querträger, Pos 1.1, wird die Verankerungslänge in Achse 5 nachgewiesen. Der Zweifeldträger – Bild 4.11 – bindet in den 30 cm breiten Randträger ein.

$$V_{Ed} = 176 \text{ kN}$$

$$V_{Ed,red} = 176 - (0{,}30/2)(18{,}1 + 18{,}8) = 170{,}5 \text{ kN} \qquad \text{Auflagerrand}$$

$$V_{Rd,c} = 0{,}24 \cdot 30^{1/3} \cdot 0{,}28 \cdot 0{,}39 \cdot 10^3 = 81{,}4 \text{ kN}$$

$$\text{mit } z = d - c_{nom,l} - 3 \text{ cm} = 0{,}39 \text{ m}$$

$$\cot\theta = \frac{1{,}2}{1 - 81{,}4/170{,}5} = 2{,}30$$

$$a_l = \frac{z}{2}\cot\theta = 1{,}15\,z$$

$$F_{sd} = 176 \cdot 1{,}15 = 202 \text{ kN}$$

$$A_{s,erf} = \frac{0{,}202}{435} \cdot 10^4 = 4{,}6 \text{ cm}^2$$

$$A_{s,vorh} = 9{,}8 \text{ cm}^2 \qquad\qquad 2\varnothing 25$$

$$l_b = 91 \text{ cm} \qquad\qquad \text{guter Verbundbereich}$$

$$l_{b,net} = 91 \cdot 4{,}6/9{,}8 = 42{,}7 \text{ cm}$$
$$> 0{,}3\,l_b = 0{,}3 \cdot 91 = 27{,}3 \text{ cm}$$
$$> 10\,d_s = 25 \text{ cm}$$

$$l_{b,ind} = l_{b,net} = 42{,}7 \text{ cm}$$

Mit den übrigen Stäben der Feldbewehrung, $2\varnothing 28$, kann die Verankerungslänge auf $l_{b,min} = 0{,}3\,l_b = 0{,}3 \cdot 101 = 30{,}3$ cm verkürzt werden, was für den 30 cm breiten

Randbalken zu viel ist. Deshalb wird eine Verankerung mit Winkelhaken am Ende der Stäbe $\varnothing 25$ geprüft:

$$l_{b,net} = 0{,}7 \cdot 91 \cdot 4{,}6/9{,}8 = 29{,}9 \text{ cm}$$
$$> 10 d_s = 25 \text{ cm}$$

Die Verankerungslänge ist immer noch zu groß, auch wenn zusätzlich die Stäbe $\varnothing 28$ mit Winkelhaken ins Auflager geführt werden, weil auch für Winkelhaken $l_{b,net} \geq 10\, d_s$ einzuhalten ist. Es besteht die Möglichkeit, die zu verankernde Kraft F_{sd} zu verringern, indem eine steilere Neigung der Druckstreben $\cot\theta$ gewählt wird. Mit zunehmender Querkraftbewehrung stellen sich steilere Druckstreben ein.

$$\cot\theta_{vorh} = \frac{a_{sw,erf}}{a_{sw,vorh}} \cot\theta$$

gewählt $\cot\theta_{vorh} = 2{,}00$ $\qquad\qquad a_{sw,vorh} = 1{,}15\, a_{sw,erf}$

$$F_{sd} = 176 \text{ kN}$$

$$A_{s,erf} = 4{,}0 \text{ cm}^2$$

$$l_{b,ind} = l_{b,net} = 0{,}7 \cdot 91 \cdot 4{,}0/9{,}8 = 26 \text{ cm} > 10\, d_s$$

Die vorhandene Verankerungslänge $30 \text{ cm} - c_{nom,l}$ ist ausreichend.

9.3 Ortbetonplatten

9.3.1 Zugkraftdeckung

Die Abstufung der Bewehrung erfolgt wie bei Balken mit Hilfe der Zugkraftdeckungslinie, jedoch muss mindestens die Hälfte der Feldbewehrung zum Auflager geführt und dort verankert werden. Zweck dieser Regelung ist es, Platten mit einem kräftigen Zugband auszubilden, das die Querkrafttragfähigkeit maßgeblich beeinflusst. Für Platten ohne Querkraftbewehrung gilt als Versatzmaß stets

$$a_l = d \tag{9.7}$$

In einachsig gespannten Platten ist eine Querbewehrung erforderlich, die mindestens 20 % der Hauptbewehrung betragen muss. Dieser Wert darf auch bei zweiachsig gespannten Platten nicht unterschritten werden.

Der maximale Stababstand s beträgt:

für die Zugbewehrung – Haupttragrichtung –

$s = 250$ mm   für Plattendicken $h \geq 250$ mm

$s = 150$ mm   für Plattendicken $h \leq 150$ mm

Zwischenwerte sind linear zu interpolieren, damit ergibt sich:

$$s \leq h \begin{cases} \geq 150\,\text{mm} \\ \leq 250\,\text{mm} \end{cases} \tag{9.8}$$

für die Querbewehrung oder die Bewehrung in der minderbeanspruchten Richtung:

$s \leq 250$ mm

Werden die Schnittgrößen in einer Platte unter Ansatz der Drillsteifigkeit ermittelt, so ist in den Plattenecken eine obere und untere Netzbewehrung erforderlich, die in jeder Richtung die gleiche Querschnittsfläche wie die Feldbewehrung und mindestens eine Länge von 0,3 $min\ l_{eff}$ hat. Ist die Platte mit Randbalken oder benachbarten Deckenfeldern biegefest verbunden, braucht keine Drillbewehrung angeordnet werden [DIN 1045-1, 13.3.2(9)]. Demzufolge ist die o.g. Drillbewehrung für vierseitig, auf Mauerwerk gelagerte Platten nur in den Ecken erforderlich, wo beide Ränder frei drehbar gelagert sind.

Freie, ungestützte Ränder sind mit Steckbügeln einzufassen, deren Schenkellänge mindestens der zweifachen Plattendicke entspricht. Bei Fundamenten und Innenbauteilen üblicher Hochbauten kann darauf verzichtet werden.

Bei punktförmig gestützten Platten ist stets ein Teil der Feldbewehrung über die Innen- und Randstützen hinwegzuführen bzw. dort zu verankern [DIN 1045-1, 13.3.2 (12)].

$$A_s = \frac{V_{Ek}}{f_{yk}} \tag{9.9}$$

Gemäß Berichtigung 2 zur DIN 1045-1 darf die in die Platte eingeleitete Querkraft unter Ansatz von $\gamma_F = 1{,}0$ ermittelt werden, d.h. näherungsweise für $V_{Ek} = V_{Ed} / 1{,}4$.

Mit dieser sogenannten „Kollapsbewehrung" soll ein fortschreitendes Versagen vermieden werden, d.h. versagt eine Platte örtlich auf Durchstanzen, soll sie nicht auf die darunter liegende Platte stürzen.

9.3.2 Durchstanz- und Querkraftbewehrung

Platten mit Querkraftbewehrung müssen bei Anordnung von Aufbiegungen mindestens 160 mm bzw. bei Bügeln 200 mm dick sein, weil die Bewehrung sonst nur eingeschränkt wirksam ist. Die Mindestdicke von Platten mit Durchstanzbewehrung beträgt 200 mm.

Bei Platten ohne rechnerisch erforderliche Querkraftbewehrung ist keine Mindestbewehrung für Querkraft erforderlich, wenn $b/h > 5$ beträgt. Bei einem Verhältnis $b/h < 4$ gelten die Regelungen wie für Balken, im Übergangsbereich findet eine kontinuierliche Anpassung statt [DIN 1045-1, 13.3.3 (2)].

Sofern eine Querkraftbewehrung erforderlich ist, ist der Mindestwert $\rho_{w,min} = 0{,}6\,\rho$ nach Tabelle 9.1 einzuhalten. Bei einer Querkraftbeanspruchung $v_{Ed} \leq 0{,}3\,v_{Rd,max}$ darf die Querkraftbewehrung vollständig aus Schrägstäben oder Querkraftzulagen bestehen.

Der Abstand von Bügeln ist wie bei Balken vom Verhältnis $v_{Ed}/v_{Rd,max}$ abhängig, s. Tabelle 9.2. Für die Längsrichtung gilt $s_{max} = 0{,}7\,h$ bzw. $0{,}5\,h$ bzw. $0{,}25\,h$, für die Querrichtung ist $s_{max} = h$. Der größte Längsabstand von Schrägstäben ist $s_{max} = h$.

Als Durchstanzbewehrung können Bügel oder Schrägstäbe gewählt werden, die gemäß Bild 9.8 anzuordnen sind. Die Stabdurchmesser einer Durchstanzbewehrung sind auf die vorhandene mittlere statische Nutzhöhe d der Platte abzustimmen:

$$d_s \leq 0{,}05\,d \tag{9.10}$$

Ist bei Bügeln als Durchstanzbewehrung rechnerisch nur eine Bewehrungsreihe erforderlich, so ist stets eine zweite Reihe mit der Mindestbewehrung nach Gleichung (5.57) oder (5.58) vorzusehen. Dabei ist $s_w = 0{,}75\,d$ anzunehmen, s. Abschnitt 5.4.5.

Wenn viel Durchstanzbewehrung erforderlich ist, wird es kaum möglich sein, alle Bügelschenkel exakt entlang des jeweiligen Rundschnitts anzuordnen. Heft 525 DAfStb [10] räumt Lagetoleranzen für einzelne Bügelschenkel ein:

erste Bügelreihe: Abstand zwischen 0,5 d und 0,7 d vom Stützenrand

weitere Bügelreihen: Abweichung 0,2 d von der theoretischen Schnittlinie

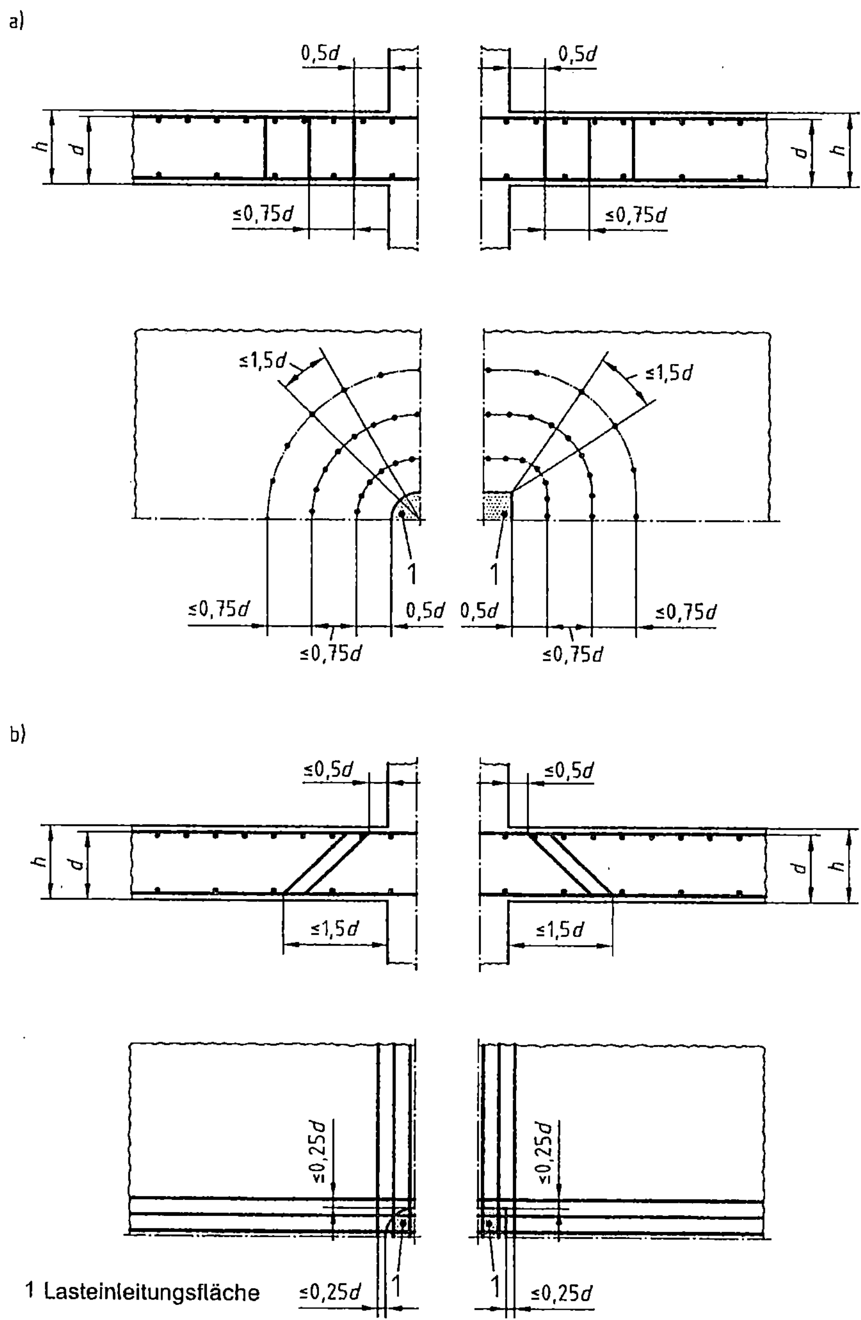

Bild 9.8   Anordnung der Durchstanzbewehrung
a) Durchstanzbewehrung mit vertikalen Bügelschenkeln
b) Durchstanzbewehrung mit Schrägstäben

Für die in Abschnitt 5.4.7 berechnete Flachdecke werden der Querschnitt und die Anzahl der Bügelschenkel gemäß Durchstanznachweis mit den Konstruktionsregeln verglichen. Zugrunde gelegt werden Bügel $\varnothing 10$, radialer Abstand $s_w = 0,75\ d$, tangentialer Abstand $s_w = 1,5\ d$.

Tabelle 9.4   Pos 3 – Flachdecke – Durchstanzbewehrung: Bügel

Reihe	u	rechn. A_{sw}	konstr. $A_{sw,min}$	rechn. n_{rechn}	konstr. n_{konstr}
1	2,01	19,3	4,8	24,6	5,2
2	3,24	8,8	5,9	11,2	8,3
3	4,46	3,2	8,1	10,3	11,5

Einzelschritte 3. Bewehrungsreihe
Mindestbewehrung, Gl. (5.57)

$$A_{sw,min} = \rho_{w,min} \cdot s_w \cdot u_2 = 0,93 \cdot 10^{-3} \cdot 0,75 \cdot 25,9 \cdot 446 = 8,1\ \text{cm}^2$$

Anzahl der Bügelschenkel

$$n_{rechn} = \frac{A_{sw}}{a_{s,\varnothing 10}} = \frac{8,1}{0,785} = 10,3$$

$$n_{konstr} = \frac{u}{1,5\,d} = \frac{4,46}{1,5 \cdot 0,259} = 11,5$$

In der ersten Bewehrungsreihe ist der Abstand der Bügelschenkel mit 8,4 cm sehr eng. In der dritten Reihe sind sowohl für den Bügelquerschnitt als auch für die Anzahl der Bügelschenkel die Konstruktionsregeln maßgebend.

9.4 Druckglieder

9.4.1 Stützen

Die kleinste Seitenlänge eines Stützenquerschnitts ist:

200 mm   für senkrecht betonierte Ortbetonstützen

120 mm   für waagerecht betonierte Fertigteilstützen

Der kleinste Durchmesser der Längsstäbe beträgt 12 mm. In jeder Ecke des Querschnitts muss ein Stab liegen; in Stützen mit Kreisquerschnitt sind mindestens 6 Stäbe anzuordnen. Der Abstand der Längsstäbe ist auf 300 mm begrenzt, jedoch genügt in Stützen mit $h \le b \le 400$ mm je ein Bewehrungsstab in den Ecken [DIN 1045-1, 13.5.1 (3)].

Der Mindestwert der Längsbewehrung beträgt:

$$A_{s,min} = 0{,}15 \left| N_{Ed} \right| / f_{yd} \tag{9.11}$$

mit: N_{Ed} Bemessungswert der aufzunehmenden Druckkraft

$\quad\quad f_{yd}$ Bemessungswert der Streckgrenze des Betonstahls

Damit ist die Mindestbewehrung für 15 % der aufzunehmenden Längskraft ausgelegt. Beispielsweise ergibt sich für eine voll ausgenutzte Stütze der Betonfestigkeitsklasse C30/37:

$$N_{Ed} = f_{cd} \cdot A_c = 17\, A_c$$

$$A_{s,min} = 0{,}15 \cdot 17\, A_c / 435 \approx 0{,}006\, A_c$$

Der Maximalwert beträgt – auch im Bereich von Übergreifungsstößen –

$$A_{s,max} = 0{,}09\, A_c \tag{9.12}$$

Die Längsbewehrung ist durch Bügel, Schlaufen oder Wendeln gegen Ausbrechen zu sichern. Bügel in Stützen sind gemäß Bild 8.3e) mit der Hakenform a) zu schließen.

Der Durchmesser der Querbewehrung $d_{sb\ddot{u}}$ darf nicht weniger als ein Viertel des maximalen Durchmessers der Längsbewehrung betragen, mindestens jedoch 6 mm bei Stabstahl oder 5 mm bei Betonstahlmatten als Bügelbewehrung.

Der Bügelabstand darf den kleinsten der folgenden Werte nicht überschreiten DIN 1045-1, 13.5.3 (4), s. Bild 9.9a:

$$
\begin{aligned}
s_{max} \;&\le\; 12\, d_{sl,min} \\
&\le\; h_{min} \\
&\le\; 300 \text{ mm}
\end{aligned}
$$

mit: $d_{sl,min}$ kleinster Durchmesser der Längsstäbe

$\quad\quad h_{min}$ kleinste Seitenlänge der Stütze

Die o.g. Bügelabstände sind mit dem Faktor 0,6 zu vermindern:

- unmittelbar ober- und unterhalb von Balken oder Platten auf einer Höhe, die der größeren Stützenseite entspricht

- bei Übergreifungsstößen von Längsstäben $d_{sl} > 14$ mm

Die engeren Bügelabstände erhöhen die Tragfähigkeit des Betonquerschnitts im Krafteinleitungsbereich. Zu beachten ist, dass der Maximalabstand bei Stößen 15 cm beträgt und ein Bügel außerhalb der Stoßenden anzuordnen ist, s. Bild 8.5.

Alle Längsstäbe sind durch Querbewehrung zu sichern. Dabei dürfen einem Bügel höchstens 5 Längsstäbe in jeder Querschnittsecke zugeordnet werden, s. Bild 9.9b.

Längsstäbe, deren Abstand vom Eckbereich größer ist als der 15fache Bügeldurchmesser, sind durch zusätzliche Querbewehrung zu sichern, die den doppelten Bügelabstand haben darf.

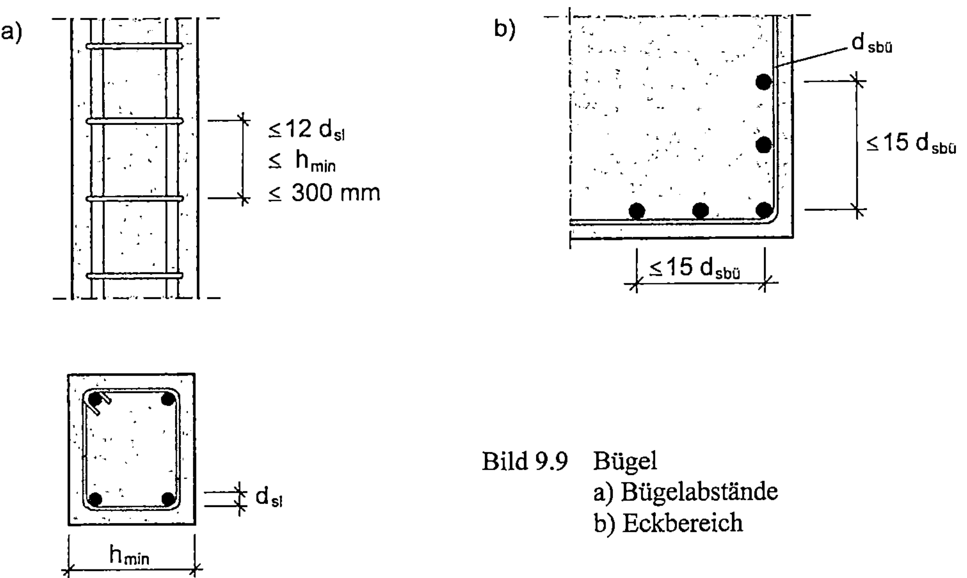

Bild 9.9   Bügel
a) Bügelabstände
b) Eckbereich

9.4.2 Wände

Die folgenden Regeln gelten für Stahlbetonwände, die sich definitionsgemäß von unbewehrten Wänden dadurch unterscheiden, dass die Bewehrung beim Nachweis der Tragfähigkeit angesetzt wird. Für Wände mit überwiegender Biegebeanspruchung, z. B. durch Erddruck, gelten die Regeln für Platten.

Die Mindest- und Höchstwerte für die lotrechte Bewehrung betragen [DIN 1045-1, 13.7.1 (3)]:

$$A_{s,min} \geq 0{,}0015\,A_c \tag{9.13a}$$

$$A_{s,min} \geq 0{,}003\,A_c \qquad \text{für}\,|N_{Ed}| \geq 0{,}3\,f_{cd}\cdot A_c \tag{9.13b}$$
$$\text{für schlanke Wände, s. Abschnitt 7.2}$$

$$A_{s,max} \leq 0{,}04\,A_c \tag{9.13c}$$

Im Allgemeinen ist die Bewehrung gleichmäßig auf beide Wandseiten zu verteilen. Im Stoßbereich darf der o.g. Maximalwert verdoppelt werden [12]. Für den Abstand der lotrechten Stäbe gilt (der kleinere Wert ist einzuhalten):

$$s_l \leq 300\ \text{mm} \leq 2h$$

Die Querbewehrung muss mindestens 20 % der lotrechten Bewehrung betragen. Der Abstand der waagerechten Stäbe beträgt:

$$s_q \leq 350\ \text{mm}$$

Bei Wandscheiben, schlanken Wänden oder solchen mit $|N_{Ed}| \geq 0{,}3\,f_{cd}\cdot A_c$ darf die Querschnittsfläche der Querbewehrung nicht kleiner als 50 % der Querschnittsfläche der lotrechten Bewehrung sein. Die waagerechte Bewehrung soll außen liegen.

Die außenliegenden Bewehrungsstäbe beider Wandseiten sind je m² Wandfläche an mindestens vier versetzt angeordneten Stellen zu verbinden, z.B. durch S-Haken. Diese dürfen bei Tragstäben mit $d_s \leq 16$ mm entfallen, wenn deren Betondeckung mindestens $2\,d_s$ beträgt; in diesem Fall und stets bei Betonstahlmatten dürfen die druckbeanspruchten Stäbe außen liegen.

9.4.3 Beispiel Gebäudestütze

Für die Innenstütze, Pos 4, wird die Bewehrungsführung festgelegt, s. Bild 9.10.

Bemessung s. Abschnitt 7.6, Tab. 7.1
Regelungen für Stöße s. Abschnitt 8.3.2

Längsbewehrung

erforderlich: $\qquad\qquad A_{s,erf} = 59$ cm²

gewählt: 4∅28 + 8∅25 $\qquad A_{s,vorh} = 63{,}9$ cm²

Bügel

$$\varnothing 10 \quad \geq d_{sl}/4 = 28/4 \quad = 7 \text{ mm}$$
$$\geq 6 \text{ mm}$$

$$s = 30 \text{ cm} \quad \leq 12\, d_{sl,min} \quad = 12 \cdot 25 = 300 \text{ mm}$$
$$\leq h_{min} \qquad = 50 \text{ cm}$$
$$\leq 300 \text{ mm}$$

Stoßbereich

alle Längsstäbe werden oberhalb des Fundaments gestoßen. Die gestoßenen Stäbe liegen nebeneinander.

Bewehrungsgrad

$$A_s / A_c = 2 \cdot 63{,}9 / 50 \cdot 50 = 0{,}051 < 0{,}09$$

Stoßlänge

$$l_s = l_{b,net} \cdot \alpha_1$$

$$l_b = 101 \text{ cm} \qquad \text{guter Verbund}$$

$$\alpha_1 = 1{,}0 \qquad \text{Druckstoß}$$

$$l_s = \frac{59}{63{,}9} \cdot 101 \cdot 1{,}0 = 93 \text{ cm}$$

Querbewehrung

$$\sum A_{st} = 1{,}0\, A_{sl} = 6{,}16 \text{ cm}^2$$

gewählt: jeweils 4 Bügel $\varnothing 10 - 2 \cdot 3{,}14 \text{ cm}^2$ – im äußeren Drittel der Verankerungslänge. Mit dem gewählten Bügelabstand – Bild 9.10 – ist sowohl die Begrenzung der o.g. Abstände auf 60 % als auch der Maximalabstand von 15 cm gemäß Bild 8.5 eingehalten. Ein Bügel ist außerhalb der Stoßenden anzuordnen, um die dort auftretenden Querzugkräfte infolge Spitzendruck aufzunehmen.

Wenn es bei hochbewehrten Stützen nicht gelingt, im Stoßbereich die Stäbe nebeneinander anzuordnen, werden die gestoßenen Stäbe in der Regel übereinander gelegt. Nach neueren Versuchsergebnissen besteht kein wesentlicher Unterschied im Tragverhalten solcher Übergreifungsstöße, so dass die gleiche Querbewehrung wie bei nebeneinander liegenden Stäben gewählt werden kann.

a) Querschnitt

b) Stoß

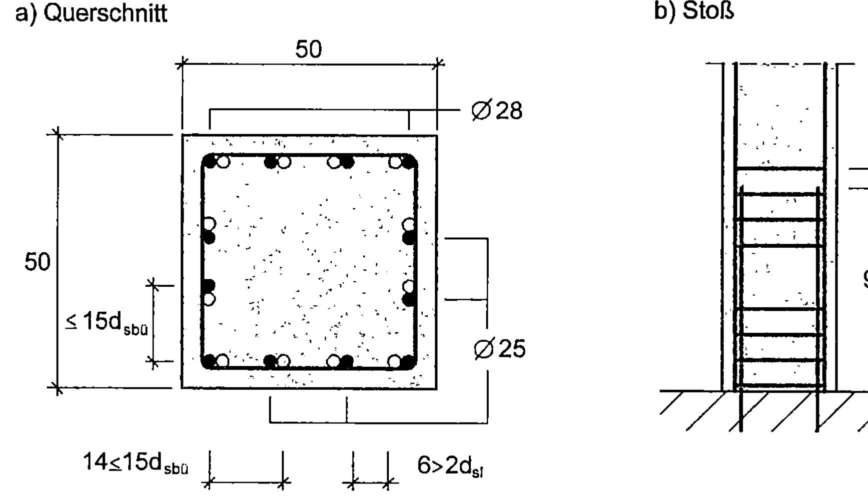

Bild 9.10 Pos 4 – Innenstütze – Bewehrung
a) Querschnitt
b) Stoß

Im Stoßbereich ist der lichte Stababstand $\geq 2\,d_{sbü}$ eingehalten. Der größte Abstand eines Stabes aus der Ecke beträgt $14\,\text{cm} < 15d_{sbü}$, so dass kein Zusatzbügel erforderlich ist.

Anhang

Bemessungstafeln

Nr	Anwendungsbereich		
A1	Biegung μ_s-Tafel	ohne Druckbewehrung	
A2a	Biegung μ_s-Tafel	mit Druckbewehrung	$x/d = 0{,}25$
A2b	Biegung μ_s-Tafel	mit Druckbewehrung	$x/d = 0{,}45$
A2c	Biegung μ_s-Tafel	mit Druckbewehrung	$x/d = 0{,}617$
A3	Biegung k_d-Tafel	ohne Druckbewehrung	
A4a	Biegung k_d-Tafel	mit Druckbewehrung	$x/d = 0{,}25$
A4b	Biegung k_d-Tafel	mit Druckbewehrung	$x/d = 0{,}45$
A4c	Biegung k_d-Tafel	mit Druckbewehrung	$x/d = 0{,}617$
A5a	Biegung mit Längskraft	symmetrische Bewehrung	$d_1/h = 0{,}10$
A5b	Biegung mit Längskraft	symmetrische Bewehrung	$d_1/h = 0{,}15$
A6	Biegung mit Längskraft	Kreisquerschnitt	$d_1/h = 0{,}10$
A7	Schiefe Biegung mit Längsdruck	umlaufende Bewehrung	$d_1/h = 0{,}10$
A8a	Stützen: Theorie II. Ordnung	e/h-Diagramm	$h_1/h = 0{,}10$
A8b	Stützen: Theorie II. Ordnung	μ-Nomogramm	$h_1/h = 0{,}10$
A8c	Stützen: Theorie II. Ordnung	e/h-Diagramm	$h_1/h = 0{,}15$
A8d	Stützen: Theorie II. Ordnung	μ-Nomogramm	$h_1/h = 0{,}15$
A9a	Stützen: Theorie II. Ordnung	e/h-Diagramm, Kreis	$h_1/h = 0{,}10$
A9b	Stützen: Theorie II. Ordnung	μ-Nomogramm, Kreis	$h_1/h = 0{,}10$
A10	Stützen: zentrischer Druck		
A11	Betondeckung		
A12	Grundmaß der Verankerungslänge		

Bemessungstafel A1 bis A7 aus [18]
Bemessungstafel A8 bis A9 aus [19]

Tafel A1

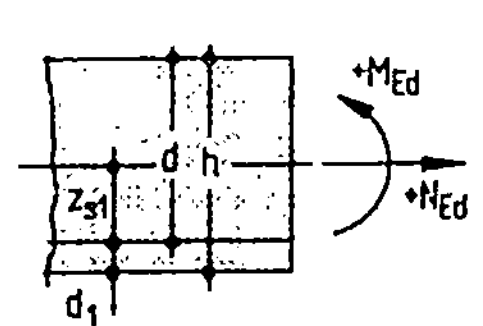
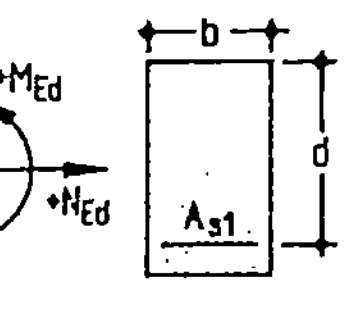
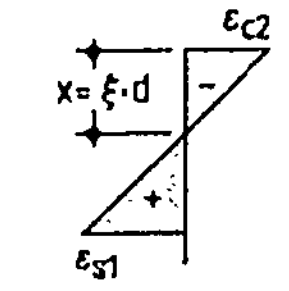
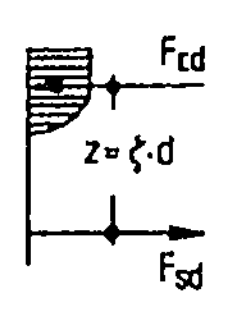
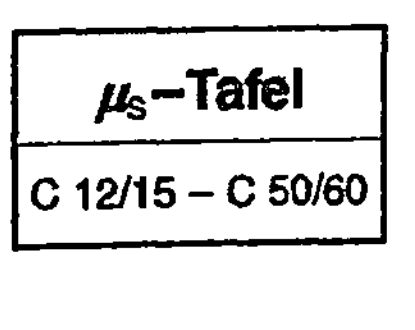

μ_s–Tafel

C 12/15 – C 50/60

$$\mu_{Eds} = \frac{M_{Eds}}{b \cdot d^2 \cdot f_{cd}}$$

mit $M_{Eds} = M_{Ed} - N_{Ed} \cdot z_{s1}$

$f_{cd} = \alpha \cdot f_{ck}/\gamma_c$

(i. Allg. gilt $\alpha = 0{,}85$)

μ_{Eds}	ω	$\xi = \dfrac{x}{d}$	$\zeta = \dfrac{z}{d}$	ε_{c2} in ‰	ε_{s1} in ‰	σ_{sd}[1] in MPa BSt 500	σ_{sd}[2] in MPa BSt 500
0,01	0,0101	0,030	0,990	−0,77	25,00	435	457
0,02	0,0203	0,044	0,985	−1,15	25,00	435	457
0,03	0,0306	0,055	0,980	−1,46	25,00	435	457
0,04	0,0410	0,066	0,976	−1,76	25,00	435	457
0,05	0,0515	0,076	0,971	−2,06	25,00	435	457
0,06	0,0621	0,086	0,967	−2,37	25,00	435	457
0,07	0,0728	0,097	0,962	−2,68	25,00	435	457
0,08	0,0836	0,107	0,956	−3,01	25,00	435	457
0,09	0,0946	0,118	0,951	−3,35	25,00	435	457
0,10	0,1057	0,131	0,946	−3,50	23,29	435	455
0,11	0,1170	0,145	0,940	−3,50	20,71	435	452
0,12	0,1285	0,159	0,934	−3,50	18,55	435	450
0,13	0,1401	0,173	0,928	−3,50	16,73	435	449
0,14	0,1518	0,188	0,922	−3,50	15,16	435	447
0,15	0,1638	0,202	0,916	−3,50	13,80	435	446
0,16	0,1759	0,217	0,910	−3,50	12,61	435	445
0,17	0,1882	0,232	0,903	−3,50	11,56	435	444
0,18	0,2007	0,248	0,897	−3,50	10,62	435	443
0,19	0,2134	0,264	0,890	−3,50	9,78	435	442
0,20	0,2263	0,280	0,884	−3,50	9,02	435	441
0,21	0,2395	0,296	0,877	−3,50	8,33	435	441
0,22	0,2528	0,312	0,870	−3,50	7,71	435	440
0,23	0,2665	0,329	0,863	−3,50	7,13	435	440
0,24	0,2804	0,346	0,856	−3,50	6,60	435	439
0,25	0,2946	0,364	0,849	−3,50	6,12	435	439
0,26	0,3091	0,382	0,841	−3,50	5,67	435	438
0,27	0,3239	0,400	0,834	−3,50	5,25	435	438
0,28	0,3391	0,419	0,826	−3,50	4,86	435	437
0,29	0,3546	0,438	0,818	−3,50	4,49	435	437
0,30	0,3706	0,458	0,810	−3,50	4,15	435	437
0,31	0,3869	0,478	0,801	−3,50	3,82	435	436
0,32	0,4038	0,499	0,793	−3,50	3,52	435	436
0,33	0,4211	0,520	0,784	−3,50	3,23	435	436
0,34	0,4391	0,542	0,774	−3,50	2,95	435	436
0,35	0,4576	0,565	0,765	−3,50	2,69	435	435
0,36	0,4768	0,589	0,755	−3,50	2,44	435	435
0,37	0,4968	0,614	0,745	−3,50	2,20	435	435
0,38	0,5177	0,640	0,734	−3,50	1,97	395	395
0,39	0,5396	0,667	0,723	−3,50	1,75	350	350
0,40	0,5627	0,696	0,711	−3,50	1,54	307	307

unwirtschaftlicher Bereich

[1] Begrenzung der Stahlspannung auf $f_{yd} = f_{yk} / \gamma_s$ (horizontaler Ast der σ-ε-Linie)

[2] Begrenzung der Stahlspannung auf $f_{td,cal} = f_{tk,cal} / \gamma_s$ (geneigter Ast der σ-ε-Linie)

$$A_{s1} = \frac{1}{\sigma_{sd}} \left(\omega \cdot b \cdot d \cdot f_{cd} + N_{Ed} \right)$$

Bemessungstafel (μ_s-Tafel) für Rechteckquerschnitte ohne Druckbewehrung [18]
(Normalbeton der Festigkeitsklassen ≤ C 50/60; Betonstahl BSt 500 und $\gamma_s = 1{,}15$)

Tafel A2a

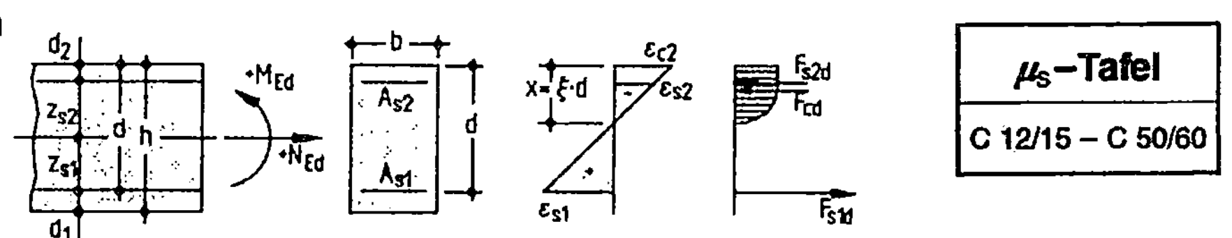

$$\mu_{Eds} = \frac{M_{Eds}}{b \cdot d^2 \cdot f_{cd}}$$

mit $M_{Eds} = M_{Ed} - N_{Ed} \cdot z_{s1}$

$f_{cd} = \alpha \cdot f_{ck}/\gamma_c$

(i. Allg. gilt $\alpha = 0,85$)

$\boxed{\mu_s\text{–Tafel}}$
$\boxed{\text{C 12/15 – C 50/60}}$

$\xi = 0,25$ $(\varepsilon_{s1} = 10,5\text{ ‰},\ \varepsilon_{c2} = -3,5\text{ ‰})$

| d_2/d | 0,05 | | 0,10 | | 0,15 | | 0,20 | |
| $\varepsilon_{s1}/\varepsilon_{s2}$ | 10,5 ‰ | −2,80 ‰ | 10,5 ‰ | −2,10 ‰ | 10,5 ‰ | −1,40 ‰ | 10,5 ‰ | −0,70 ‰ |
μ_{Eds}	ω_1	ω_2	ω_1	ω_2	ω_1	ω_2	ω_1	ω_2
0,19	0,212	0,009	0,212	0,010	0,213	0,016	0,213	0,034
0,20	0,222	0,020	0,223	0,021	0,224	0,034	0,226	0,072
0,21	0,233	0,030	0,234	0,033	0,236	0,052	0,238	0,111
0,22	0,243	0,041	0,245	0,044	0,248	0,071	0,251	0,150
0,23	0,254	0,051	0,256	0,056	0,260	0,089	0,263	0,189
0,24	0,264	0,062	0,268	0,067	0,271	0,107	0,276	0,228
0,25	0,275	0,072	0,279	0,079	0,283	0,125	0,288	0,267
0,26	0,285	0,083	0,290	0,090	0,295	0,144	0,301	0,305
0,27	0,296	0,093	0,301	0,102	0,307	0,162	0,313	0,344
0,28	0,306	0,104	0,312	0,113	0,318	0,180	0,326	0,383
0,29	0,317	0,114	0,323	0,125	0,330	0,199	0,338	0,422
0,30	0,327	0,125	0,334	0,136	0,342	0,217	0,351	0,461
0,31	0,338	0,135	0,345	0,148	0,354	0,235	0,363	0,499
0,32	0,348	0,146	0,356	0,159	0,366	0,253	0,376	0,538
0,33	0,359	0,156	0,368	0,171	0,377	0,272	0,388	0,577
0,34	0,369	0,167	0,379	0,182	0,389	0,290	0,401	0,616
0,35	0,380	0,178	0,390	0,194	0,401	0,308	0,413	0,655
0,36	0,390	0,188	0,401	0,206	0,413	0,326	0,426	0,694
0,37	0,401	0,199	0,412	0,217	0,424	0,345	0,438	0,732
0,38	0,412	0,209	0,423	0,229	0,436	0,363	0,451	0,771
0,39	0,422	0,220	0,434	0,240	0,448	0,381	0,463	0,810
0,40	0,433	0,230	0,445	0,252	0,460	0,399	0,476	0,849
0,41	0,443	0,241	0,456	0,263	0,471	0,418	0,488	0,888
0,42	0,454	0,251	0,468	0,275	0,483	0,436	0,501	0,928
0,43	0,464	0,262	0,479	0,286	0,495	0,454	0,513	0,965
0,44	0,475	0,272	0,490	0,298	0,507	0,473	0,526	1,004
0,45	0,485	0,283	0,501	0,309	0,518	0,491	0,538	1,043
0,46	0,496	0,293	0,512	0,321	0,530	0,509	0,551	1,082
0,47	0,506	0,304	0,523	0,332	0,542	0,527	0,563	1,121
0,48	0,517	0,314	0,534	0,344	0,554	0,546	0,576	1,159
0,49	0,527	0,325	0,545	0,355	0,566	0,564	0,588	1,198
0,50	0,538	0,335	0,556	0,367	0,577	0,582	0,601	1,237
0,51	0,548	0,346	0,568	0,378	0,589	0,600	0,613	1,276
0,52	0,559	0,356	0,579	0,390	0,601	0,619	0,626	1,315
0,53	0,569	0,367	0,590	0,401	0,613	0,637	0,638	1,354
0,54	0,580	0,378	0,601	0,413	0,624	0,655	0,651	1,392
0,55	0,590	0,388	0,612	0,424	0,636	0,673	0,663	1,431

$$A_{s1} = \frac{1}{f_{yd}} (\omega_1 \cdot b \cdot d \cdot f_{cd} + N_{Ed})$$

$$A_{s2} = \omega_2 \cdot b \cdot d \cdot \frac{f_{cd}}{f_{yd}}$$

Bemessungstafel (μ_s-Tafel) für Rechteckquerschnitte mit Druckbewehrung [18]

(Normalbeton der Festigkeitsklassen $\leq$ C 50/60; $\xi_{lim} = 0,25$; Betonstahl BSt 500 und $\gamma_s = 1,15$)

Tafel A2b

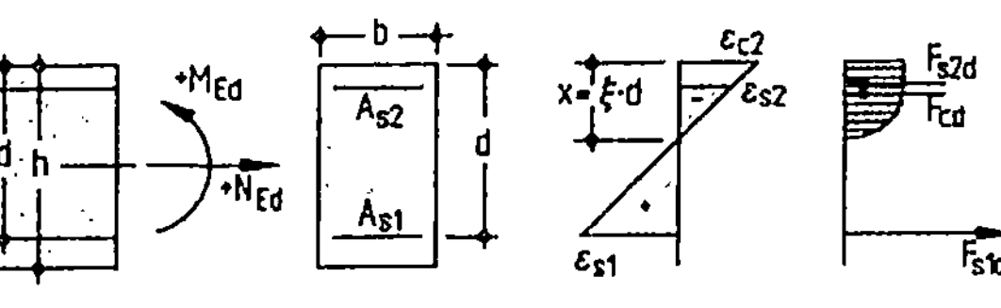

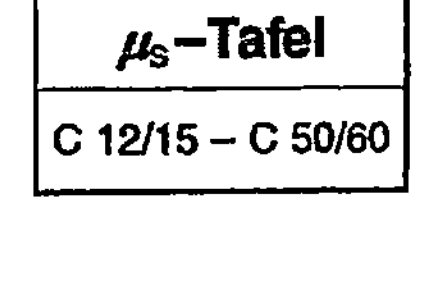

$$\mu_{Eds} = \frac{M_{Eds}}{b \cdot d^2 \cdot f_{cd}}$$

mit $M_{Eds} = M_{Ed} - N_{Ed} \cdot z_{s1}$

$f_{cd} = \alpha \cdot f_{ck}/\gamma_c$

(i. Allg. gilt $\alpha = 0,85$)

$\xi = 0,45$ ($\varepsilon_{s1} = 4,3\ ‰$, $\varepsilon_{c2} = -3,5\ ‰$)

| d_2/d | 0,05 | | 0,10 | | 0,15 | | 0,20 | |
| $\varepsilon_{s1}/\varepsilon_{s2}$ | 4,28 ‰ | −3,11 ‰ | 4,28 ‰ | −2,72 ‰ | 4,28 ‰ | −2,33 ‰ | 4,28 ‰ | −1,94 ‰ |
μ_{Eds}	ω_1	ω_2	ω_1	ω_2	ω_1	ω_2	ω_1	ω_2
0,30	0,368	0,004	0,369	0,004	0,369	0,005	0,369	0,005
0,31	0,379	0,015	0,380	0,015	0,381	0,016	0,382	0,019
0,32	0,389	0,025	0,391	0,027	0,392	0,028	0,394	0,033
0,33	0,400	0,036	0,402	0,038	0,404	0,040	0,407	0,047
0,34	0,410	0,046	0,413	0,049	0,416	0,052	0,419	0,061
0,35	0,421	0,057	0,424	0,060	0,428	0,063	0,432	0,075
0,36	0,432	0,067	0,435	0,071	0,439	0,075	0,444	0,089
0,37	0,442	0,078	0,446	0,082	0,451	0,087	0,457	0,103
0,38	0,453	0,088	0,458	0,093	0,463	0,099	0,469	0,117
0,39	0,463	0,099	9,469	0,104	0,475	0,110	0,482	0,131
0,40	0,474	0,109	0,480	0,115	0,487	0,122	0,494	0,145
0,41	0,484	0,120	0,491	0,127	0,498	0,134	0,507	0,159
0,42	0,495	0,130	0,502	0,138	0,510	0,146	0,519	0,173
0,43	0,505	0,141	0,513	0,149	0,522	0,158	0,532	0,187
0,44	0,516	0,151	0,524	0,160	0,534	0,169	0,544	0,201
0,45	0,526	0,162	0,535	0,171	0,545	0,181	0,557	0,215
0,46	0,537	0,173	0,546	0,182	0,557	0,193	0,569	0,229
0,47	0,547	0,183	0,558	0,193	0,569	0,205	0,582	0,243
0,48	0,558	0,194	0,569	0,204	0,581	0,216	0,594	0,257
0,49	0,568	0,204	0,580	0,215	0,592	0,228	0,607	0,271
0,50	0,579	0,215	0,591	0,227	0,604	0,240	0,619	0,285
0,51	0,589	0,225	0,602	0,238	0,616	0,252	0,632	0,299
0,52	0,600	0,236	0,613	0,249	0,628	0,263	0,644	0,313
0,53	0,610	0,246	0,624	0,260	0,639	0,275	0,657	0,327
0,54	0,621	0,257	0,635	0,271	0,651	0,287	0,669	0,341
0,55	0,632	0,267	0,646	0,282	0,663	0,299	0,682	0,355
0,56	0,642	0,278	0,658	0,293	0,675	0,310	0,694	0,369
0,57	0,653	0,288	0,669	0,304	0,687	0,322	0,707	0,383
0,58	0,663	0,299	0,680	0,315	0,698	0,334	0,719	0,397
0,59	0,674	0,309	0,691	0,327	0,710	0,346	0,732	0,411
0,60	0,684	0,320	0,702	0,338	0,722	0,358	0,744	0,425

$$A_{s1} = \frac{1}{f_{yd}} (\omega_1 \cdot b \cdot d \cdot f_{cd} + N_{Ed})$$

$$A_{s2} = \omega_2 \cdot b \cdot d \cdot \frac{f_{cd}}{f_{yd}}$$

Bemessungstafel (μ_s-Tafel) für Rechteckquerschnitte mit Druckbewehrung [18]
(Normalbeton der Festigkeitsklassen $\leq$ C 50/60; ξ_{lim} = 0,45; Betonstahl BSt 500 und γ_s = 1,15)

Tafel A2c

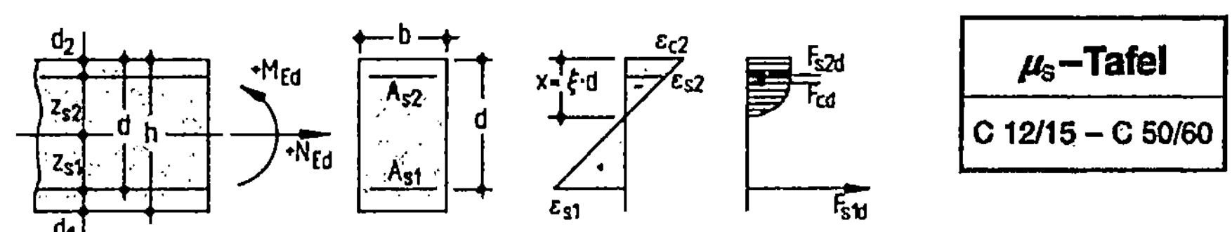

μ_s–Tafel
C 12/15 – C 50/60

$$\mu_{Eds} = \frac{M_{Eds}}{b \cdot d^2 \cdot f_{cd}}$$

mit $M_{Eds} = M_{Ed} - N_{Ed} \cdot z_{s1}$

$f_{cd} = \alpha \cdot f_{ck}/\gamma_c$

(i. Allg. gilt $\alpha = 0{,}85$)

$\xi = 0{,}617$ ($\varepsilon_{s1} = 2{,}17$ ‰, $\varepsilon_{c2} = -3{,}5$ ‰)

d_2/d $\varepsilon_{s1}/\varepsilon_{s2}$	0,05		0,10		0,15		0,20	
	2,17 ‰	−3,22 ‰	2,17 ‰	−2,93 ‰	2,17 ‰	−2,65 ‰	2,17 ‰	−2,37 ‰
μ_{Eds}	ω_1	ω_2	ω_1	ω_2	ω_1	ω_2	ω_1	ω_2
0,38	0,509	0,009	0,509	0,010	0,510	0,010	0,510	0,011
0,39	0,519	0,020	0,520	0,021	0,521	0,022	0,523	0,023
0,40	0,530	0,030	0,531	0,032	0,533	0,034	0,535	0,036
0,41	0,540	0,041	0,542	0,043	0,545	0,046	0,548	0,048
0,42	0,551	0,051	0,554	0,054	0,557	0,057	0,560	0,061
0,43	0,561	0,062	0,565	0,065	0,569	0,069	0,573	0,073
0,44	0,572	0,072	0,576	0,076	0,580	0,081	0,585	0,086
0,45	0,582	0,083	0,587	0,088	0,592	0,093	0,598	0,098
0,46	0,593	0,093	0,598	0,099	0,604	0,104	0,610	0,111
0,47	0,603	0,104	0,609	0,110	0,616	0,116	0,623	0,123
0,48	0,614	0,114	0,620	0,121	0,627	0,128	0,635	0,136
0,49	0,624	0,125	0,631	0,132	0,639	0,140	0,648	0,148
0,50	0,635	0,136	0,642	0,143	0,651	0,151	0,660	0,161
0,51	0,645	0,146	0,654	0,154	0,663	0,163	0,673	0,173
0,52	0,656	0,157	0,665	0,165	0,674	0,175	0,685	0,186
0,53	0,666	0,167	0,676	0,176	0,686	0,187	0,698	0,198
0,54	0,677	0,178	0,687	0,188	0,698	0,199	0,710	0,211
0,55	0,688	0,188	0,698	0,199	0,710	0,210	0,723	0,223
0,56	0,698	0,199	0,709	0,210	0,721	0,222	0,735	0,236
0,57	0,709	0,209	0,720	0,221	0,733	0,234	0,748	0,248
0,58	0,719	0,220	0,731	0,232	0,745	0,246	0,760	0,261
0,59	0,730	0,230	0,742	0,243	0,757	0,257	0,773	0,273
0,60	0,740	0,241	0,754	0,254	0,769	0,269	0,785	0,286

$$A_{s1} = \frac{1}{f_{yd}} (\omega_1 \cdot b \cdot d \cdot f_{cd} + N_{Ed})$$

$$A_{s2} = \omega_2 \cdot b \cdot d \cdot \frac{f_{cd}}{f_{yd}}$$

Bemessungstafel (μ_s-Tafel) für Rechteckquerschnitte mit Druckbewehrung [18]
(Normalbeton der Festigkeitsklassen ≤ C 50/60; $\xi_{lim} = 0{,}617$; Betonstahl BSt 500 und $\gamma_s = 1{,}15$)

Tafel A3

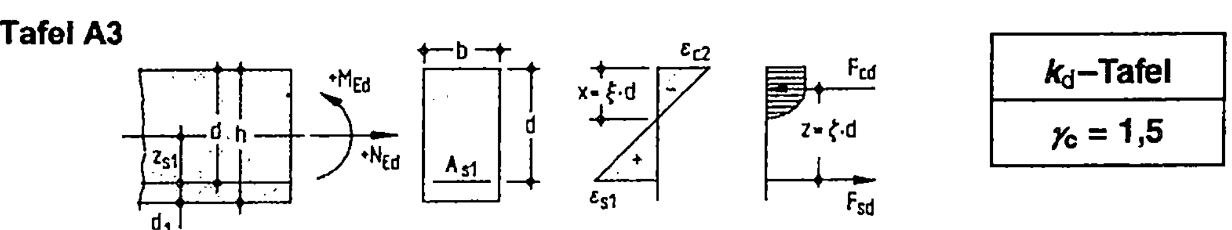

$$k_d = \frac{d\ [\text{cm}]}{\sqrt{M_{Eds}\ [\text{kNm}]\,/\,b\ [\text{m}]}} \qquad \text{mit}\ \ M_{Eds} = M_{Ed} - N_{Ed} \cdot z_{s1}$$

k_d für Betonfestigkeitsklasse C									k_s	k_a	ξ	ζ	ε_{c2} in ‰	ε_{s1} in ‰
12/15	16/20	20/25	25/30	30/37	35/45	40/50	45/55	50/60						
14,34	12,41	11,10	9,93	9,07	8,39	7,85	7,40	7,02	2,32	0,95	0,025	0,991	-0,64	25,00
7,90	6,84	6,12	5,47	5,00	4,63	4,33	4,08	3,87	2,34	0,95	0,048	0,983	-1,26	25,00
5,87	5,08	4,54	4,06	3,71	3,44	3,21	3,03	2,87	2,36	0,95	0,069	0,975	-1,84	25,00
4,94	4,27	3,82	3,42	3,12	2,89	2,70	2,55	2,42	2,38	0,95	0,087	0,966	-2,38	25,00
4,39	3,80	3,40	3,04	2,77	2,57	2,40	2,27	2,15	2,40	0,95	0,104	0,958	-2,89	25,00
4,01	3,47	3,10	2,78	2,53	2,35	2,20	2,07	1,96	2,42	0,95	0,120	0,950	-3,40	25,00
3,74	3,24	2,90	2,59	2,36	2,19	2,05	1,93	1,83	2,44	0,96	0,138	0,943	-3,50	21,87
3,53	3,05	2,73	2,44	2,23	2,06	1,93	1,82	1,73	2,46	0,97	0,156	0,935	-3,50	18,88
3,35	2,90	2,60	2,32	2,12	1,96	1,84	1,73	1,64	2,48	0,97	0,174	0,927	-3,50	16,56
3,20	2,77	2,48	2,22	2,03	1,88	1,76	1,65	1,57	2,50	0,97	0,192	0,920	-3,50	14,70
2,97	2,57	2,30	2,06	1,88	1,74	1,63	1,53	1,46	2,54	0,98	0,227	0,906	-3,50	11,91
2,79	2,42	2,16	1,94	1,77	1,64	1,53	1,44	1,37	2,58	0,98	0,261	0,891	-3,50	9,92
2,65	2,30	2,06	1,84	1,68	1,55	1,45	1,37	1,30	2,62	0,99	0,294	0,878	-3,50	8,42
2,54	2,20	1,97	1,76	1,61	1,49	1,39	1,31	1,24	2,66	0,99	0,325	0,865	-3,50	7,26
2,45	2,12	1,90	1,70	1,55	1,43	1,34	1,26	1,20	2,70	0,99	0,356	0,852	-3,50	6,33
2,37	2,05	1,83	1,64	1,50	1,39	1,30	1,22	1,16	2,74	0,99	0,386	0,839	-3,50	5,57
2,30	1,99	1,78	1,59	1,45	1,35	1,26	1,19	1,13	2,78	0,99	0,415	0,827	-3,50	4,93
2,24	1,94	1,74	1,55	1,42	1,31	1,23	1,16	1,10	2,82	1,00	0,443	0,816	-3,50	4,40
2,19	1,90	1,70	1,52	1,39	1,28	1,20	1,13	1,07	2,86	1,00	0,471	0,804	-3,50	3,94
2,15	1,86	1,66	1,49	1,36	1,26	1,18	1,11	1,05	2,90	1,00	0,497	0,793	-3,50	3,54
2,11	1,82	1,63	1,46	1,33	1,23	1,15	1,09	1,03	2,94	1,00	0,523	0,782	-3,50	3,19
2,07	1,79	1,60	1,44	1,31	1,21	1,13	1,07	1,01	2,98	1,00	0,549	0,772	-3,50	2,88
2,04	1,77	1,58	1,41	1,29	1,19	1,12	1,05	1,00	3,02	1,00	0,573	0,762	-3,50	2,61
2,01	1,74	1,56	1,39	1,27	1,18	1,10	1,04	0,99	3,06	1,00	0,597	0,752	-3,50	2,36
1,99	1,72	1,54	1,38	1,26	1,17	1,09	1,03	0,98	3,09	1,00	0,617	0,743	-3,50	2,17

$$A_{s1}\ [\text{cm}^2] = k_s \cdot \frac{M_{Eds}\ [\text{kNm}]}{d\ [\text{cm}]} + \frac{N_{Ed}\ [\text{kN}]}{43,5\ [\text{kN/cm}^2]} \qquad \text{(horizontaler Ast der Spannungs-Dehnungs-Linie)}$$

alternativ:

$$A_{s1}{}^* = k_a \cdot A_{s1} \qquad \text{(geneigter Ast der Spannungs-Dehnungs-Linie)}$$

Dimensionsgebundene Bemessungstafel (k_d-Verfahren); Rechteck ohne Druckbewehrung [18]
(Normalbeton der Festigkeitsklassen $\leq$ C 50/60 mit α = 0,85; Betonstahl BSt 500 und γ_s = 1,15)

Tafel A4a

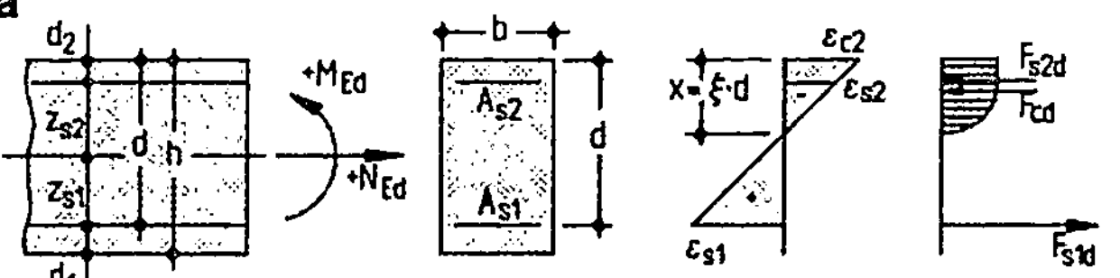

	k_d–Tafel
	$\gamma_c = 1{,}5$

$$k_d = \frac{d\ [\text{cm}]}{\sqrt{M_{Eds}\ [\text{kNm}]\,/\,b\ [\text{m}]}} \qquad \text{mit}\quad M_{Eds} = M_{Ed} - N_{Ed} \cdot z_{s1}$$

Beiwerte k_{s1} und k_{s2}

$\xi = 0{,}25$					($\varepsilon_{s1} = 10{,}5\ ‰,\ \varepsilon_{c2} = -3{,}5\ ‰$)				k_{s1}	k_{s2}
k_d für Betonfestigkeitsklasse C										
12/15	16/20	20/25	25/30	30/37	35/45	40/50	45/55	50/60		
2,85	2,47	2,21	1,97	1,80	1,67	1,56	1,47	1,40	2,57	0
2,79	2,42	2,16	1,93	1,76	1,63	1,53	1,44	1,37	2,56	0,10
2,73	2,36	2,11	1,89	1,73	1,60	1,49	1,41	1,34	2,56	0,20
2,67	2,31	2,07	1,85	1,69	1,56	1,46	1,38	1,31	2,55	0,30
2,60	2,26	2,02	1,80	1,65	1,53	1,43	1,35	1,28	2,55	0,40
2,54	2,20	1,97	1,76	1,61	1,49	1,39	1,31	1,24	2,54	0,50
2,47	2,14	1,92	1,71	1,56	1,45	1,36	1,28	1,21	2,54	0,60
2,41	2,08	1,86	1,67	1,52	1,41	1,32	1,24	1,18	2,53	0,70
2,34	2,02	1,81	1,62	1,48	1,37	1,28	1,21	1,14	2,53	0,80
2,26	1,96	1,75	1,57	1,43	1,33	1,24	1,17	1,11	2,52	0,90
2,19	1,90	1,70	1,52	1,38	1,28	1,20	1,13	1,07	2,52	1,00
2,11	1,83	1,64	1,46	1,34	1,24	1,16	1,09	1,04	2,51	1,10
2,03	1,76	1,57	1,41	1,29	1,19	1,11	1,05	1,00	2,51	1,20
1,95	1,69	1,51	1,35	1,23	1,14	1,07	1,01	0,96	2,50	1,30
1,86	1,61	1,44	1,29	1,18	1,09	1,02	0,96	0,91	2,50	1,40

Beiwerte ρ_1 und ρ_2

d_2/d	$\xi = 0{,}25$					
	ρ_1 für $k_{s1} =$				ρ_2	ε_{s2} [‰]
	2,57	2,54	2,52	2,50		
0,06	1,00	1,00	1,00	1,00	1,00	-2,66
0,08	1,00	1,00	1,01	1,01	1,02	-2,38
0,10	1,00	1,01	1,02	1,02	1,08	-2,10
0,12	1,00	1,01	1,03	1,04	1,28	-1,82
0,14	1,00	1,02	1,04	1,05	1,54	-1,54
0,16	1,00	1,02	1,05	1,07	1,93	-1,26
0,18	1,00	1,03	1,06	1,08	2,54	-0,98
0,20	1,00	1,03	1,07	1,10	3,65	-0,70

$$A_{s1}\ [\text{cm}^2] = \rho_1 \cdot k_{s1} \cdot \frac{M_{Eds}\ [\text{kNm}]}{d\ [\text{cm}]} + \frac{N_{Ed}\ [\text{kN}]}{43{,}5\ [\text{kN/cm}^2]}$$

$$A_{s2}\ [\text{cm}^2] = \rho_2 \cdot k_{s2} \cdot \frac{M_{Eds}\ [\text{kNm}]}{d\ [\text{cm}]}$$

Dimensionsgebundene Bemessungstafel (k_d-Verfahren); Rechteck mit Druckbewehrung [18]
(Normalbeton der Festigkeit $\leq$ C 50/60 mit $\alpha = 0{,}85$; $\xi_{lim} = 0{,}25$; Betonstahl BSt 500 und $\gamma_s = 1{,}15$)

Tafel A4b

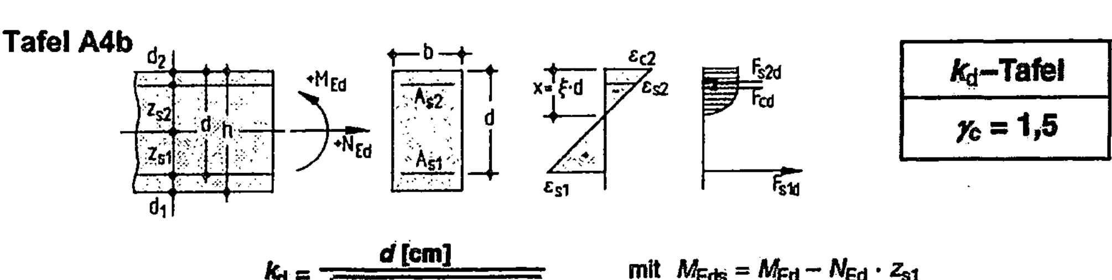

$$k_d = \frac{d\ [\text{cm}]}{\sqrt{M_{Eds}\ [\text{kNm}]\,/\,b\ [\text{m}]}} \qquad \text{mit}\quad M_{Eds} = M_{Ed} - N_{Ed}\cdot z_{s1}$$

k_d–Tafel

$\gamma_c = 1{,}5$

Beiwerte k_{s1} und k_{s2}

$\xi = 0{,}45$									k_{s1}	k_{s2}
k_d für Betonfestigkeitsklasse C										
12/15	16/20	20/25	25/30	30/37	35/45	40/50	45/55	50/60		
2,23	1,93	1,73	1,54	1,41	1,30	1,22	1,15	1,09	2,83	0
2,18	1,89	1,69	1,51	1,38	1,28	1,20	1,13	1,07	2,81	0,10
2,14	1,85	1,65	1,48	1,35	1,25	1,17	1,10	1,05	2,80	0,20
2,09	1,81	1,62	1,45	1,32	1,22	1,14	1,08	1,02	2,78	0,30
2,04	1,77	1,58	1,41	1,29	1,19	1,12	1,05	1,00	2,77	0,40
1,99	1,72	1,54	1,38	1,26	1,16	1,09	1,03	0,97	2,75	0,50
1,94	1,68	1,50	1,34	1,22	1,13	1,06	1,00	0,95	2,74	0,60
1,88	1,63	1,46	1,30	1,19	1,10	1,03	0,97	0,92	2,72	0,70
1,83	1,58	1,42	1,27	1,16	1,07	1,00	0,94	0,90	2,70	0,80
1,77	1,53	1,37	1,23	1,12	1,04	0,97	0,92	0,87	2,69	0,90
1,71	1,48	1,33	1,19	1,08	1,00	0,94	0,88	0,84	2,67	1,00
1,65	1,43	1,28	1,15	1,05	0,97	0,91	0,85	0,81	2,66	1,10
1,59	1,38	1,23	1,10	1,01	0,93	0,87	0,82	0,78	2,64	1,20
1,53	1,32	1,18	1,06	0,96	0,89	0,84	0,79	0,75	2,63	1,30
1,46	1,26	1,13	1,01	0,92	0,85	0,80	0,75	0,71	2,61	1,40

Beiwerte p_1 und p_2

d_2/d	$\xi = 0{,}45$						p_2	ε_{s2} [‰]
	p_1 für $k_{s1} =$							
	2,83	2,78	2,74	2,69	2,64	2,61		
0,06	1,00	1,00	1,00	1,00	1,00	1,00	1,00	-3,03
0,08	1,00	1,00	1,00	1,01	1,01	1,01	1,02	-2,88
0,10	1,00	1,00	1,01	1,01	1,02	1,02	1,04	-2,72
0,12	1,00	1,01	1,01	1,02	1,03	1,04	1,07	-2,57
0,14	1,00	1,01	1,02	1,03	1,04	1,05	1,09	-2,41
0,16	1,00	1,01	1,03	1,04	1,05	1,06	1,12	-2,26
0,18	1,00	1,02	1,03	1,05	1,07	1,08	1,19	-2,10
0,20	1,00	1,02	1,04	1,06	1,08	1,09	1,31	-1,94
0,22	1,00	1,02	1,04	1,07	1,09	1,11	1,46	-1,79
0,24	1,00	1,03	1,05	1,08	1,11	1,13	1,65	-1,63

$$A_{s1}\ [\text{cm}^2] = p_1\cdot k_{s1}\cdot \frac{M_{Eds}\ [\text{kNm}]}{d\ [\text{cm}]} + \frac{N_{Ed}\ [\text{kN}]}{43{,}5\ [\text{kN/cm}^2]}$$

$$A_{s2}\ [\text{cm}^2] = p_2\cdot k_{s2}\cdot \frac{M_{Eds}\ [\text{kNm}]}{d\ [\text{cm}]}$$

Dimensionsgebundene Bemessungstafel (k_d-Verfahren); Rechteck mit Druckbewehrung [18]
(Normalbeton der Festigkeit $\leq$ C 50/60 mit $\alpha = 0{,}85$; $\xi_{lim} = 0{,}45$; Betonstahl BSt 500 und $\gamma_s = 1{,}15$)

Tafel A4c

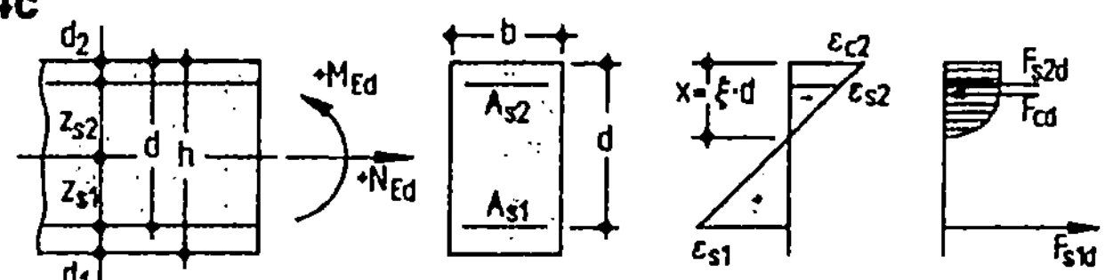

k_d–Tafel
$\gamma_c = 1{,}5$

$$k_d = \frac{d\,[\text{cm}]}{\sqrt{M_{Eds}\,[\text{kNm}]/b\,[\text{m}]}} \qquad \text{mit}\quad M_{Eds} = M_{Ed} - N_{Ed}\cdot z_{s1}$$

Beiwerte k_{s1} und k_{s2}

$\xi = 0{,}617$									k_{s1}	k_{s2}
k_d für Betonfestigkeitsklasse C										
12/15	16/20	20/25	25/30	30/37	35/45	40/50	45/55	50/60		
1,99	1,72	1,54	1,38	1,26	1,17	1,09	1,03	0,98	3,09	0
1,95	1,69	1,51	1,35	1,23	1,14	1,07	1,01	0,95	3,07	0,10
1,91	1,65	1,48	1,32	1,21	1,12	1,04	0,98	0,93	3,04	0,20
1,86	1,61	1,44	1,29	1,18	1,09	1,02	0,96	0,91	3,01	0,30
1,82	1,58	1,41	1,26	1,15	1,07	1,00	0,94	0,89	2,99	0,40
1,78	1,54	1,38	1,23	1,12	1,04	0,97	0,92	0,87	2,96	0,50
1,73	1,50	1,34	1,20	1,09	1,01	0,95	0,89	0,85	2,94	0,60
1,68	1,46	1,30	1,17	1,06	0,98	0,92	0,87	0,82	2,91	0,70
1,63	1,41	1,26	1,13	1,03	0,96	0,89	0,84	0,80	2,88	0,80
1,58	1,37	1,23	1,10	1,00	0,93	0,87	0,82	0,78	2,86	0,90
1,53	1,33	1,19	1,06	0,97	0,90	0,84	0,79	0,75	2,83	1,00
1,48	1,28	1,14	1,02	0,93	0,86	0,81	0,76	0,72	2,80	1,10
1,42	1,23	1,10	0,98	0,90	0,83	0,78	0,73	0,70	2,78	1,20
1,36	1,18	1,06	0,94	0,86	0,80	0,75	0,70	0,67	2,75	1,30
1,30	1,13	1,01	0,90	0,82	0,76	0,71	0,67	0,64	2,72	1,40

Beiwerte ρ_1 und ρ_2

d_2/d	$\xi = 0{,}617$						ρ_2	ε_{s2} [‰]
	ρ_1 für $k_{s1} =$							
	3,09	3,02	2,94	2,86	2,78	2,72		
0,06	1,00	1,00	1,00	1,00	1,00	1,00	1,00	-3,16
0,08	1,00	1,00	1,00	1,01	1,01	1,01	1,02	-3,05
0,10	1,00	1,00	1,01	1,01	1,02	1,02	1,04	-2,93
0,12	1,00	1,01	1,01	1,02	1,03	1,04	1,07	-2,82
0,14	1,00	1,01	1,02	1,03	1,04	1,05	1,09	-2,71
0,16	1,00	1,01	1,02	1,04	1,05	1,06	1,12	-2,59
0,18	1,00	1,01	1,03	1,05	1,06	1,08	1,15	-2,48
0,20	1,00	1,02	1,04	1,06	1,08	1,09	1,18	-2,37
0,22	1,00	1,02	1,04	1,06	1,09	1,11	1,21	-2,25
0,24	1,00	1,02	1,05	1,07	1,10	1,12	1,26	-2,14

$$A_{s1}\,[\text{cm}^2] = \rho_1 \cdot k_{s1} \cdot \frac{M_{Eds}\,[\text{kNm}]}{d\,[\text{cm}]} + \frac{N_{Ed}\,[\text{kN}]}{43{,}5\,[\text{kN/cm}^2]}$$

$$A_{s2}\,[\text{cm}^2] = \rho_2 \cdot k_{s2} \cdot \frac{M_{Eds}\,[\text{kNm}]}{d\,[\text{cm}]}$$

Dimensionsgebundene Bemessungstafel (k_d-Verfahren); Rechteck mit Druckbewehrung [18]
(Normalbeton der Festigkeit $\leq$ C 50/60 mit $\alpha = 0{,}85$; $\xi_{lim} = 0{,}617$; Betonstahl BSt 500 und $\gamma_s = 1{,}15$)

Tafel A5a

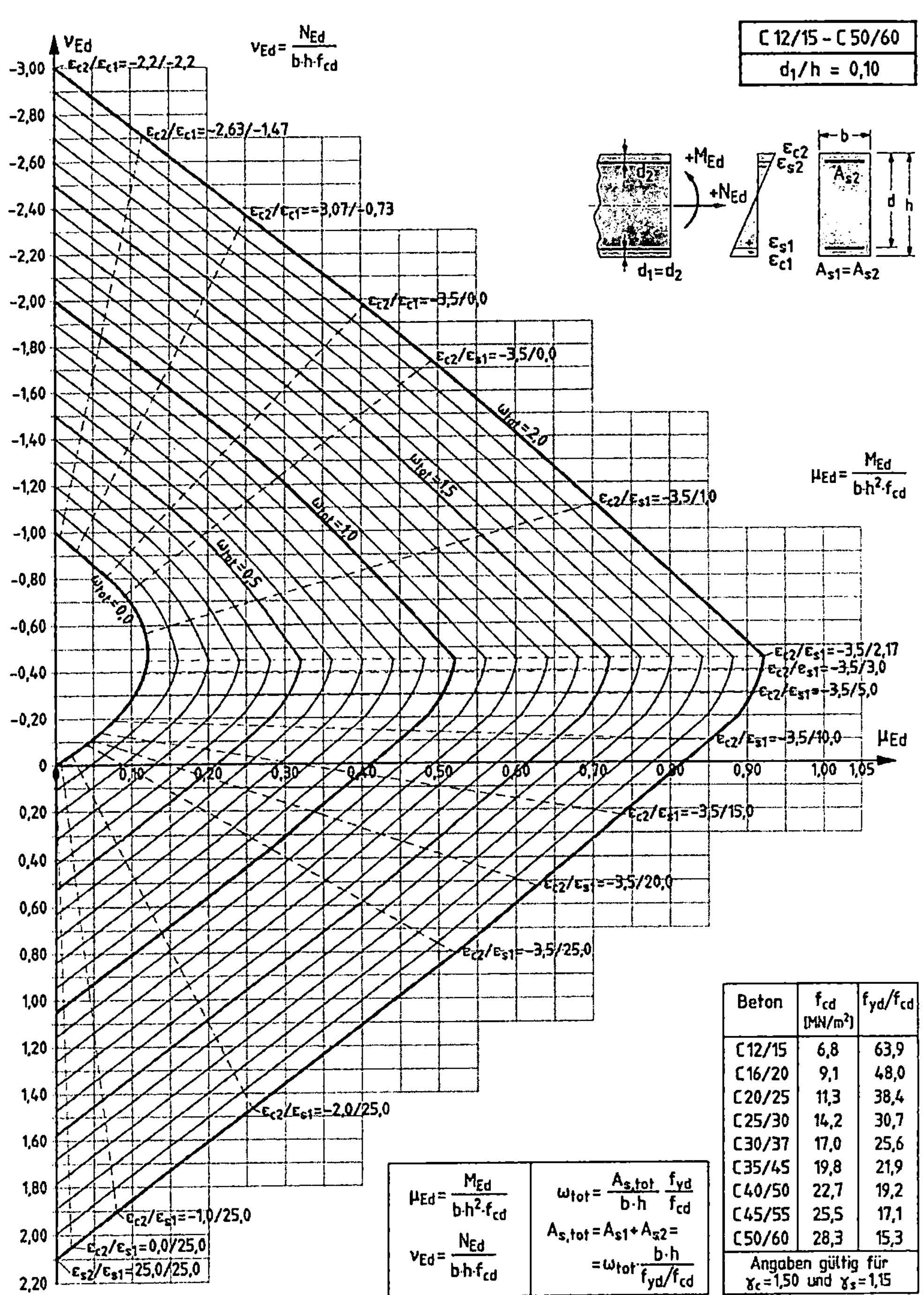

Interaktionsdiagramm für Rechteckquerschnitte mit symmetrischer zweiseitiger Bewehrung [18]

Beton	f_{cd} [MN/m²]	f_{yd}/f_{cd}
C 12/15	6,8	63,9
C 16/20	9,1	48,0
C 20/25	11,3	38,4
C 25/30	14,2	30,7
C 30/37	17,0	25,6
C 35/45	19,8	21,9
C 40/50	22,7	19,2
C 45/55	25,5	17,1
C 50/60	28,3	15,3
Angaben gültig für $\gamma_c = 1,50$ und $\gamma_s = 1,15$		

$$\mu_{Ed} = \frac{M_{Ed}}{b \cdot h^2 \cdot f_{cd}}$$

$$\nu_{Ed} = \frac{N_{Ed}}{b \cdot h \cdot f_{cd}}$$

$$\omega_{tot} = \frac{A_{s,tot}}{b \cdot h} \cdot \frac{f_{yd}}{f_{cd}}$$

$$A_{s,tot} = A_{s1} + A_{s2} = \omega_{tot} \cdot \frac{b \cdot h}{f_{yd}/f_{cd}}$$

Tafel A5b

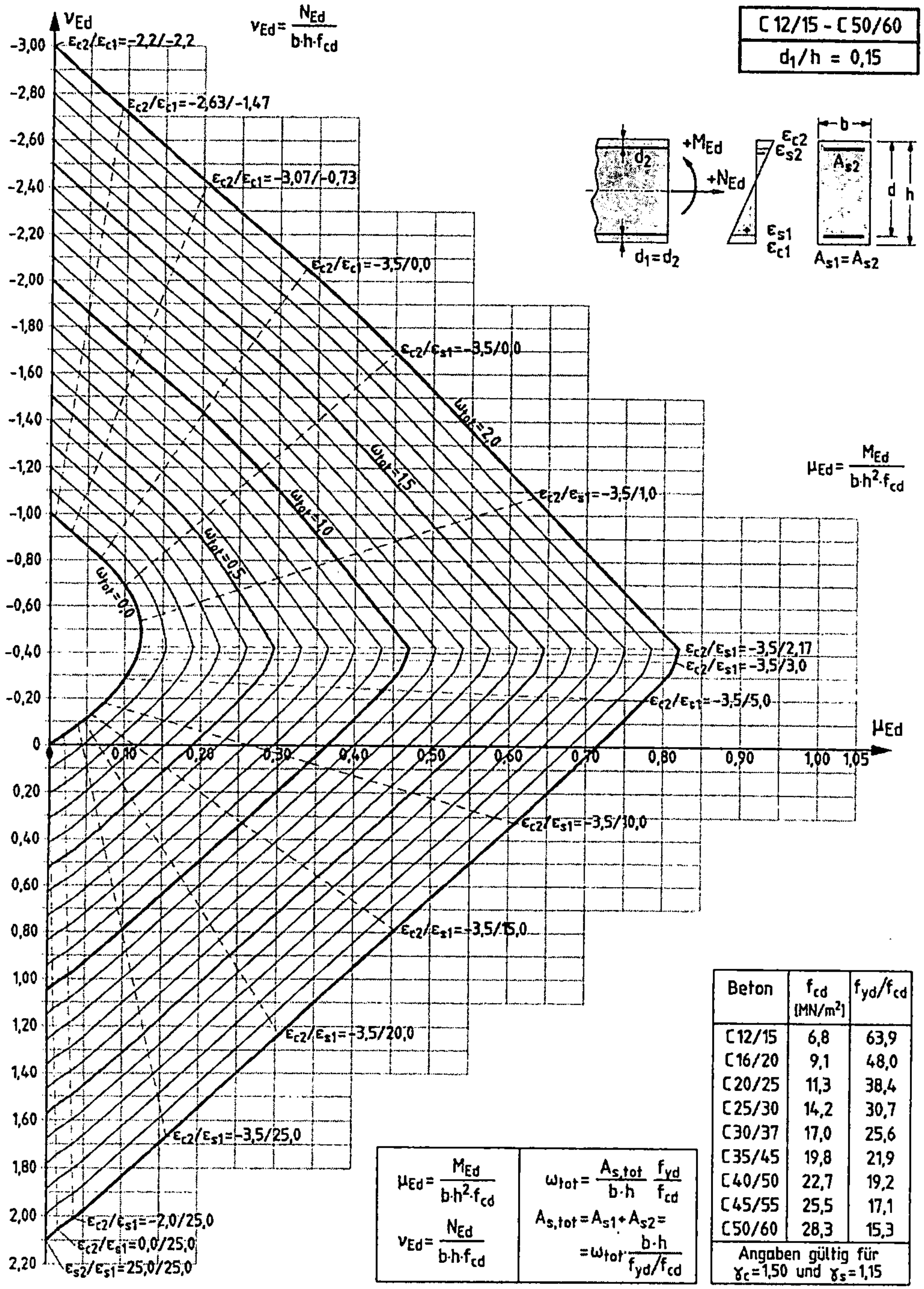

Beton	f_{cd} [MN/m²]	f_{yd}/f_{cd}
C 12/15	6,8	63,9
C 16/20	9,1	48,0
C 20/25	11,3	38,4
C 25/30	14,2	30,7
C 30/37	17,0	25,6
C 35/45	19,8	21,9
C 40/50	22,7	19,2
C 45/55	25,5	17,1
C 50/60	28,3	15,3
Angaben gültig für γ_c=1,50 und γ_s=1,15		

$$\mu_{Ed} = \frac{M_{Ed}}{b \cdot h^2 \cdot f_{cd}} \qquad \omega_{tot} = \frac{A_{s,tot}}{b \cdot h} \cdot \frac{f_{yd}}{f_{cd}}$$

$$\nu_{Ed} = \frac{N_{Ed}}{b \cdot h \cdot f_{cd}} \qquad A_{s,tot} = A_{s1} + A_{s2} = \omega_{tot} \cdot \frac{b \cdot h}{f_{yd}/f_{cd}}$$

Interaktionsdiagramm für Rechteckquerschnitte mit symmetrischer zweiseitiger Bewehrung [18]

Tafel A6

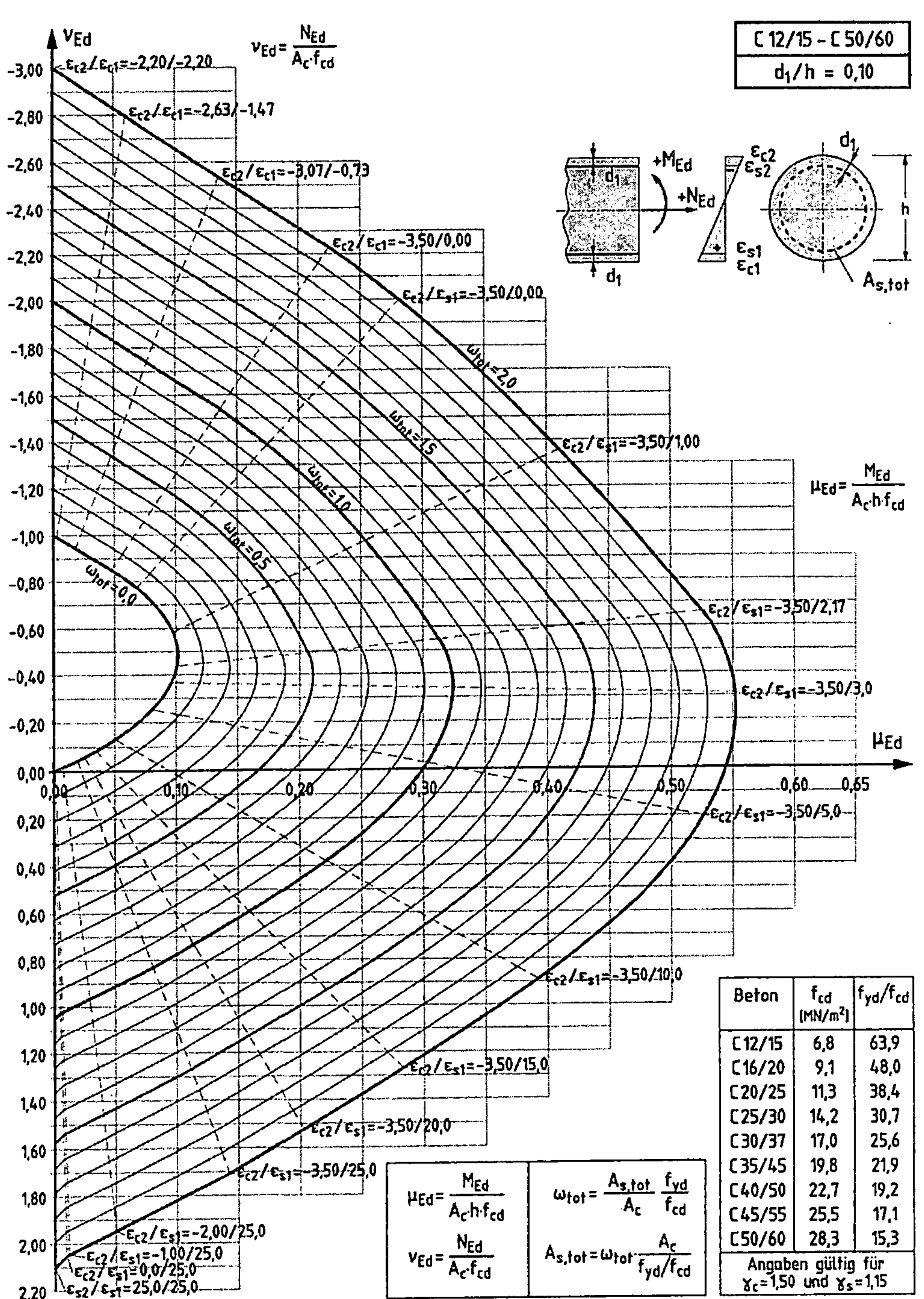

$$\mu_{Ed} = \frac{M_{Ed}}{A_c \cdot h \cdot f_{cd}} \qquad \omega_{tot} = \frac{A_{s,tot}}{A_c} \cdot \frac{f_{yd}}{f_{cd}}$$

$$v_{Ed} = \frac{N_{Ed}}{A_c \cdot f_{cd}} \qquad A_{s,tot} = \omega_{tot} \cdot \frac{A_c}{f_{yd}/f_{cd}}$$

Beton	f_{cd} [MN/m²]	f_{yd}/f_{cd}
C12/15	6,8	63,9
C16/20	9,1	48,0
C20/25	11,3	38,4
C25/30	14,2	30,7
C30/37	17,0	25,6
C35/45	19,8	21,9
C40/50	22,7	19,2
C45/55	25,5	17,1
C50/60	28,3	15,3

Angaben gültig für $\gamma_c = 1,50$ und $\gamma_s = 1,15$

Interaktionsdiagramm für Kreisquerschnitte [18]

Tafel A7

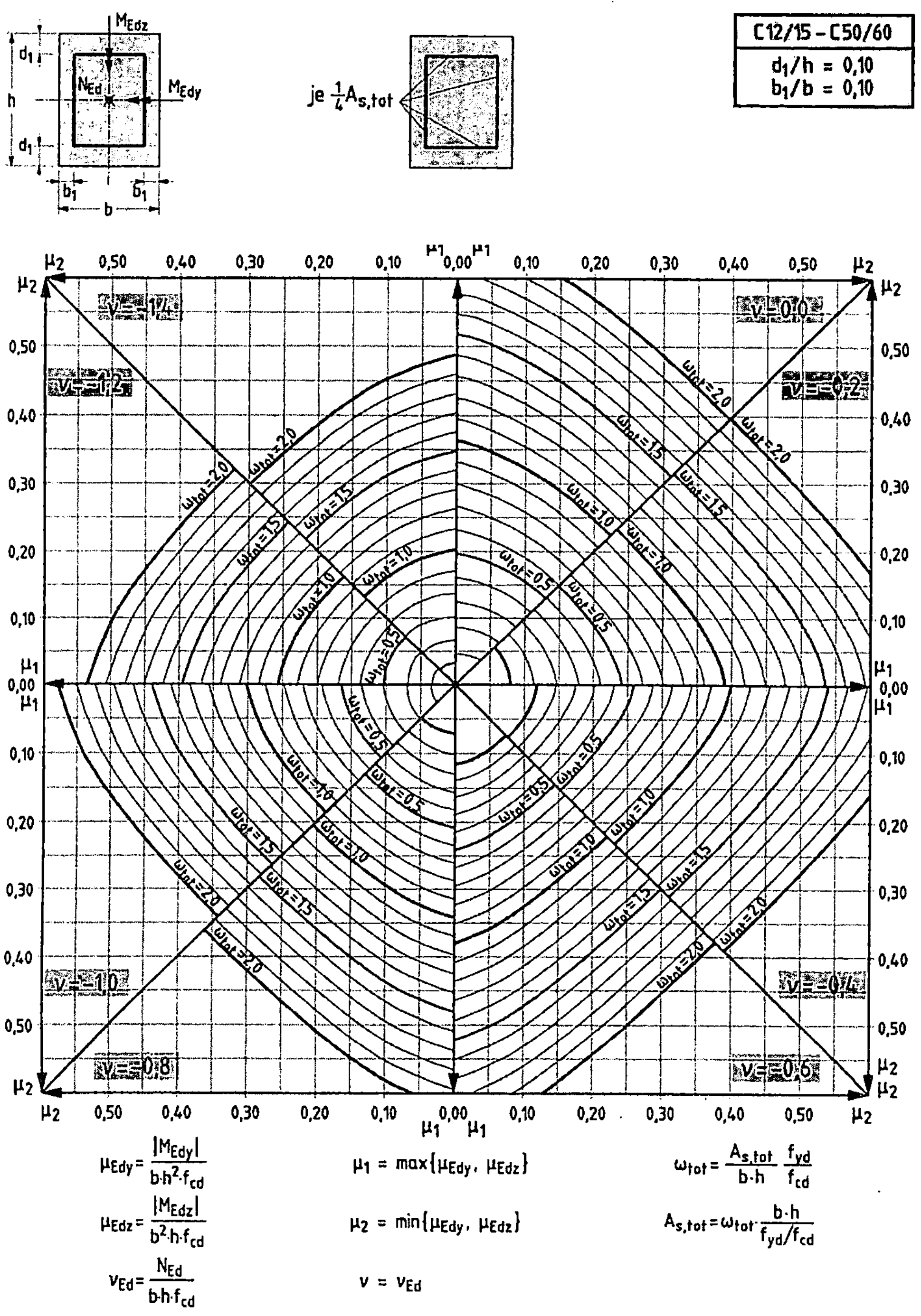

$$\mu_{Edy} = \frac{|M_{Edy}|}{b \cdot h^2 \cdot f_{cd}}$$

$$\mu_{Edz} = \frac{|M_{Edz}|}{b^2 \cdot h \cdot f_{cd}}$$

$$v_{Ed} = \frac{N_{Ed}}{b \cdot h \cdot f_{cd}}$$

$$\mu_1 = \max\{\mu_{Edy}, \mu_{Edz}\}$$

$$\mu_2 = \min\{\mu_{Edy}, \mu_{Edz}\}$$

$$v = v_{Ed}$$

$$\omega_{tot} = \frac{A_{s,tot}}{b \cdot h} \cdot \frac{f_{yd}}{f_{cd}}$$

$$A_{s,tot} = \omega_{tot} \cdot \frac{b \cdot h}{f_{yd}/f_{cd}}$$

Interaktionsdiagramm für schiefe Biegung mit Längsdruckkraft [18]

Tafel A8a   *e/h* - Diagramm

$h_1/h = 0{,}10$

$$f_{cd} = f_{ck} / \gamma_c$$

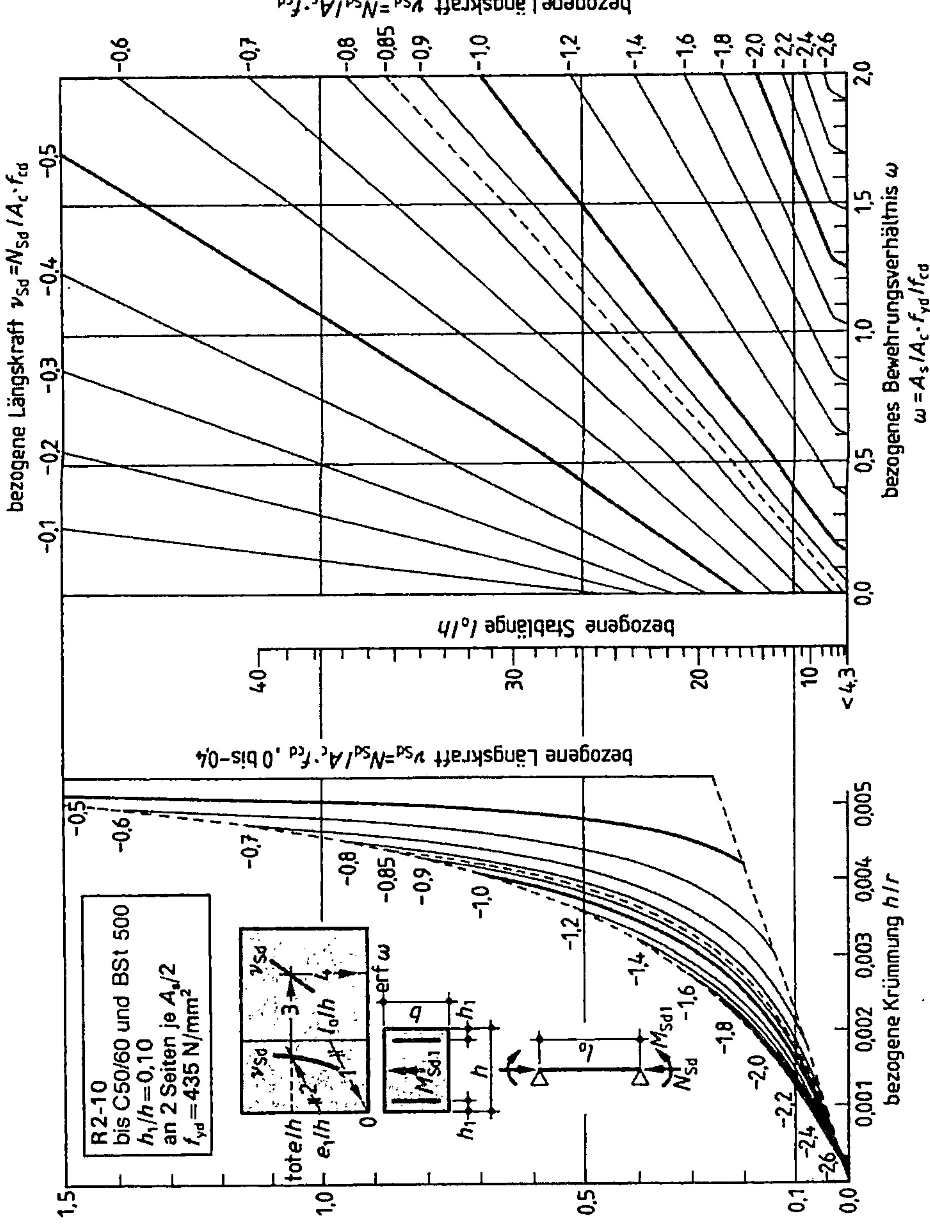

Tafel A8b μ - Nomogramm

$h_1/h = 0{,}10$

$$f_{cd} = f_{ck} / \gamma_c$$

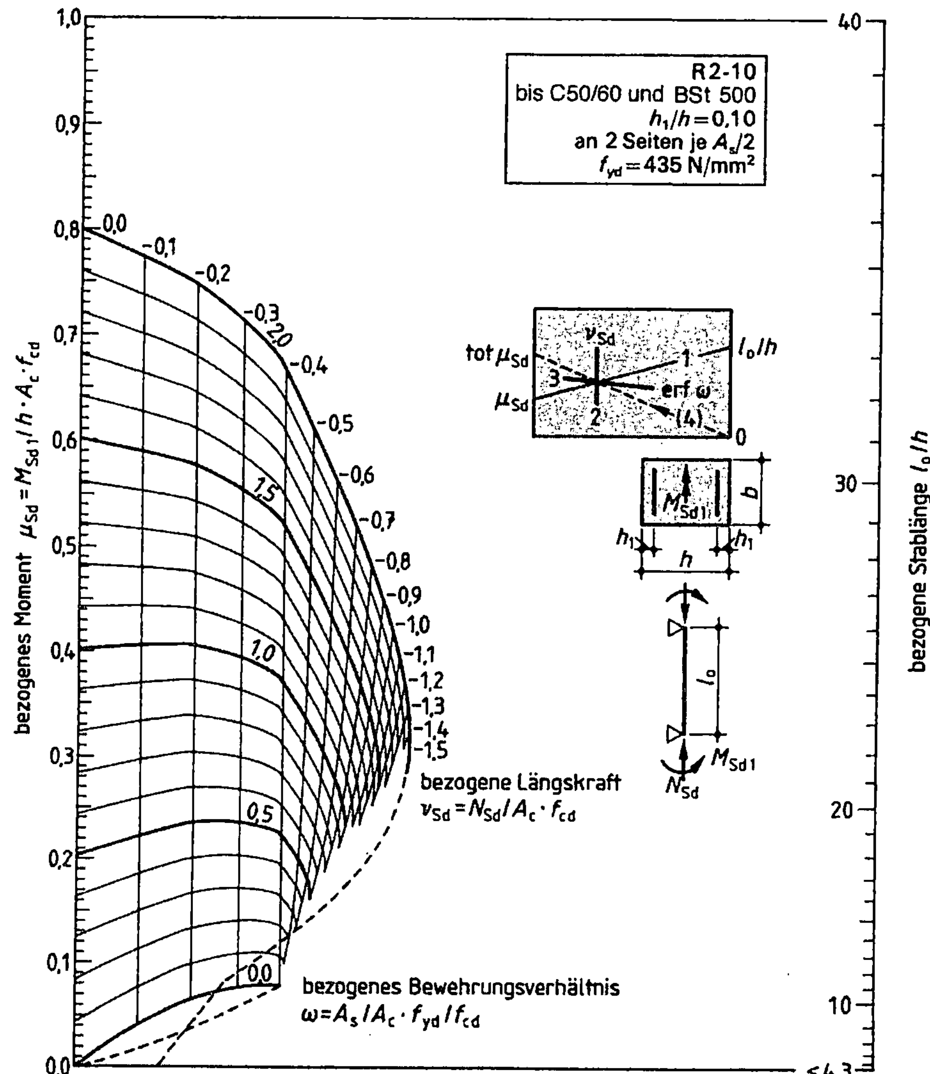

Diagramm und Nomogramm gelten bis C50/60 mit $f_{cd} = \dfrac{f_{ck}}{\gamma_c}$ und $\ldots_{Sd} = \ldots_{Ed}$

	C12/15	C16/20	C20/25	C25/30	C30/37	C35/45	C40/50	C45/55	C50/60
f_{cd}	8,00	10,67	13,33	16,67	20,00	23,33	26,67	30,00	33,33
f_{yd}/f_{cd}	54,35	40,76	32,61	26,09	21,74	18,63	16,30	14,49	13,04

Tafel A8c   e/h - Diagramm

$h_1/h = 0,15$

$f_{cd} = f_{ck}/\gamma_c$

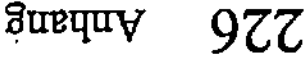

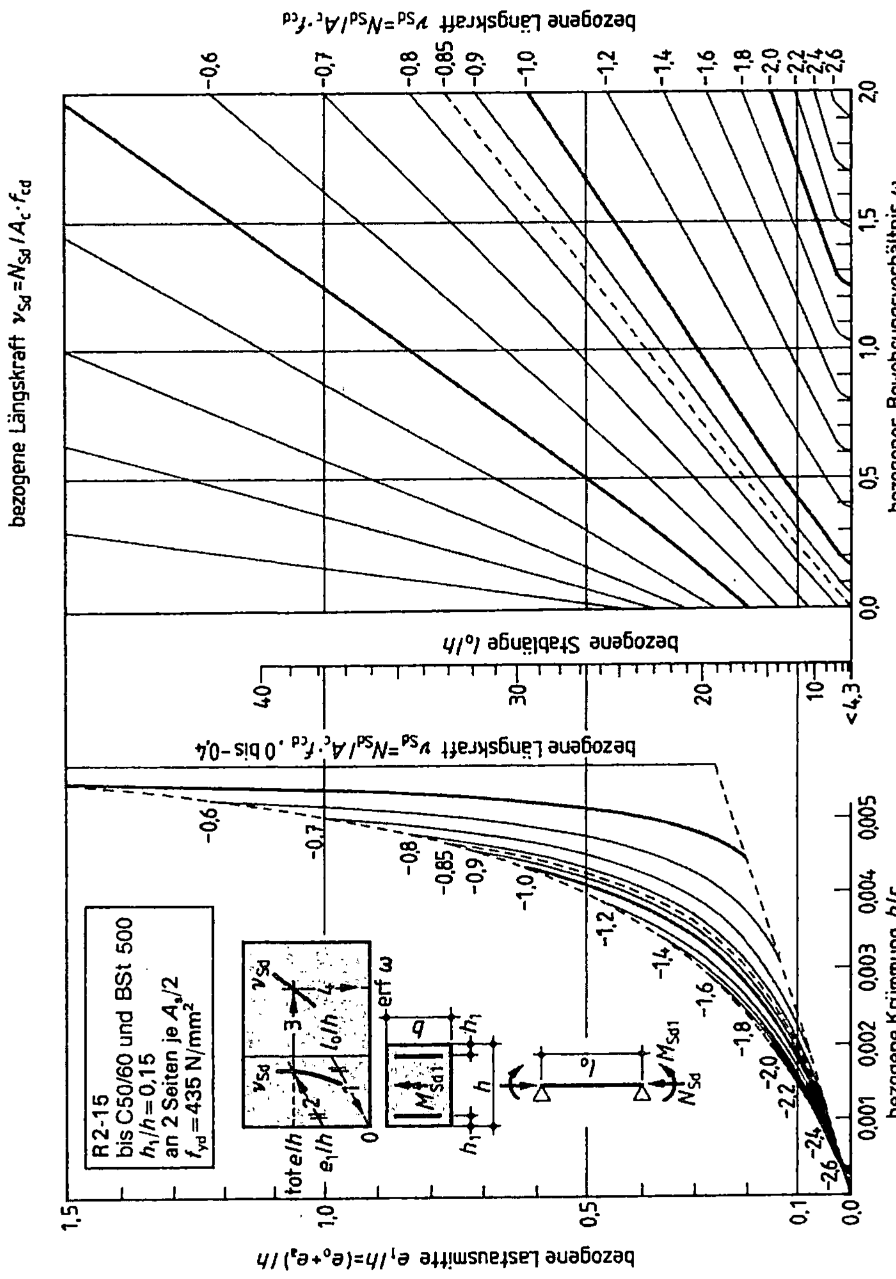

Tafel A8d μ - Nomogramm

$h_1/h = 0{,}15$

$$f_{cd} = f_{ck} \,/\, \gamma_c$$

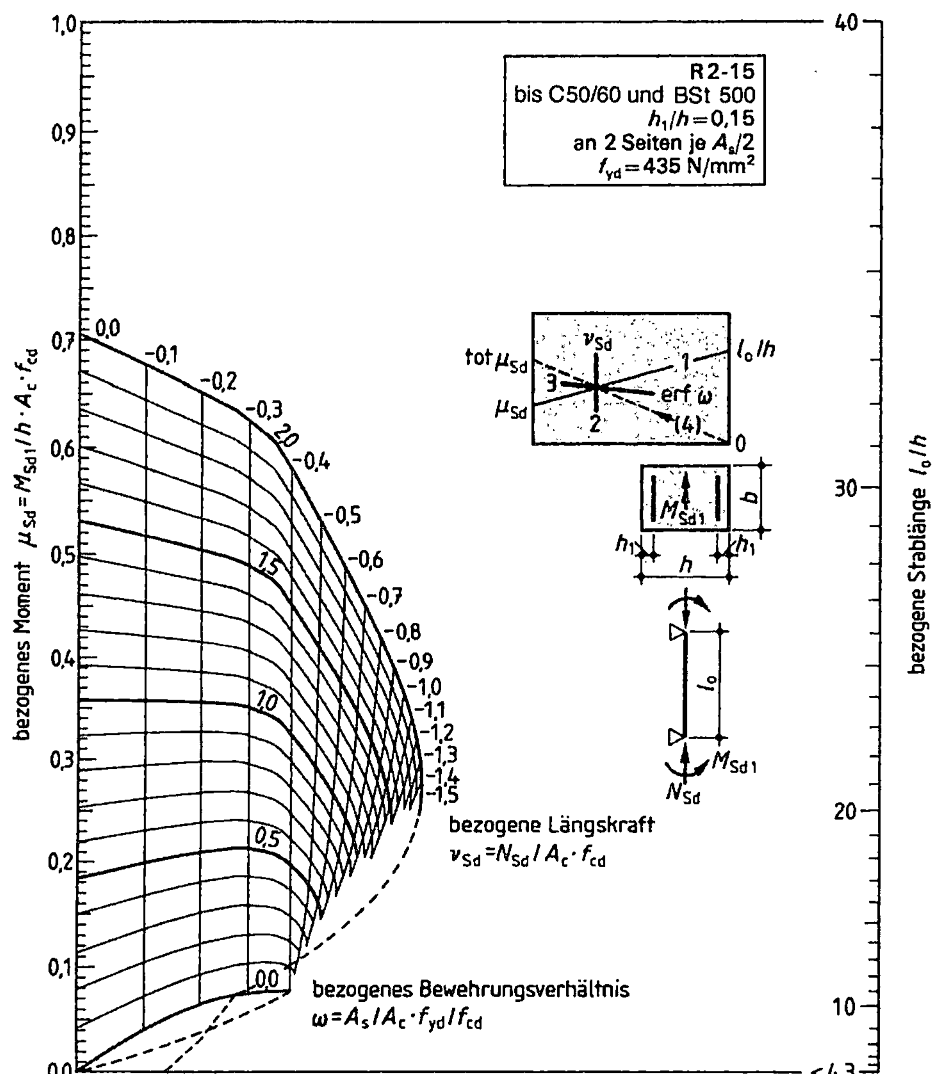

Diagramm und Nomogramm gelten bis C50/60 mit $f_{cd} = \dfrac{f_{ck}}{\gamma_c}$ und $\ldots_{Sd} = \ldots_{Ed}$

	C12/15	C16/20	C20/25	C25/30	C30/37	C35/45	C40/50	C45/55	C50/60
f_{cd}	8,00	10,67	13,33	16,67	20,00	23,33	26,67	30,00	33,33
f_{yd}/f_{cd}	54,35	40,76	32,61	26,09	21,74	18,63	16,30	14,49	13,04

Tafel A9a   e/h - Diagramm

$h_1/h = 0{,}10$

$$f_{cd} = f_{ck} / \gamma_c$$

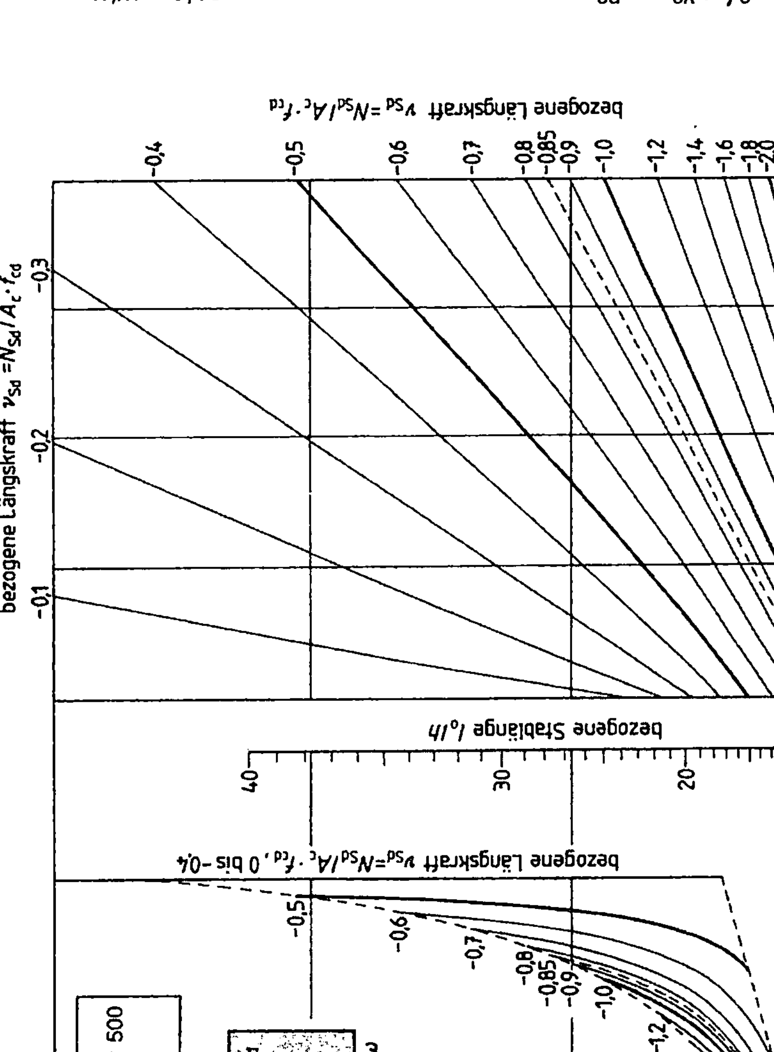

Tafel A9b μ - Nomogramm

$h_1/h = 0{,}10$

$$f_{cd} = f_{ck} / \gamma_c$$

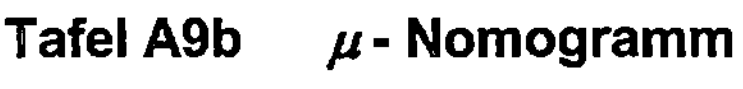

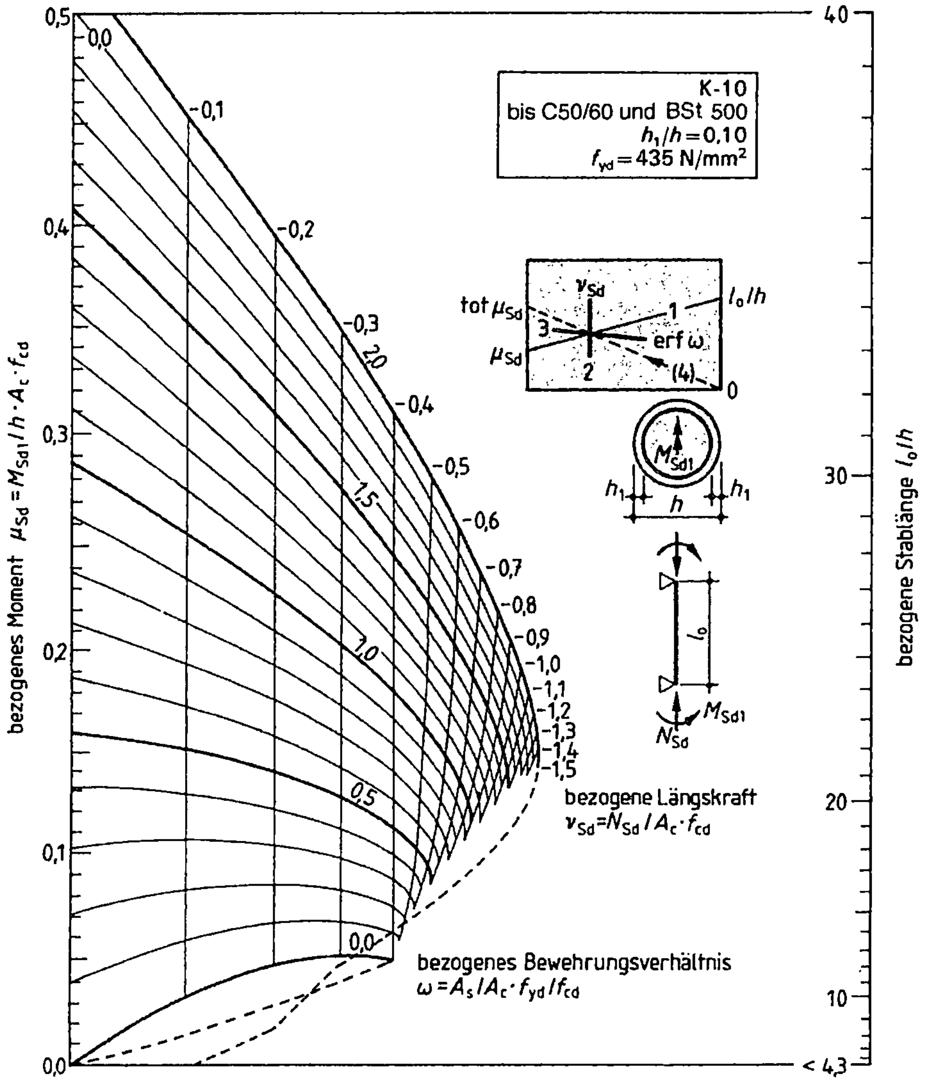

Diagramm und Nomogramm gelten bis C50/60 mit $f_{cd} = \dfrac{f_{ck}}{\gamma_c}$ und $\ldots_{Sd} = \ldots_{Ed}$

	C12/15	C16/20	C20/25	C25/30	C30/37	C35/45	C40/50	C45/55	C50/60
f_{cd}	8,00	10,67	13,33	16,67	20,00	23,33	26,67	30,00	33,33
f_{yd}/f_{cd}	54,35	40,76	32,61	26,09	21,74	18,63	16,30	14,49	13,04

Tafel A10   Aufnehmbare Längsdruckkraft $|N_{Rd}|$

Betonanteil F_{cd} [kN]

Rechteckquerschnitt   **C20/25**

h\b	20	25	30	40	50	60
20	453	567	680	907	1133	1360
25		708	850	1133	1417	1700
30			1020	1360	1700	2040
40				1813	2267	2720
50					2833	3400
60						4080

Kreisquerschnitt   **C20/25**

D	20	25	30	40	50	60
	356	556	801	1424	2225	3204

Rechteckquerschnitt   **C30/37**

h\b	20	25	30	40	50	60
20	680	850	1020	1360	1700	2040
25		1063	1275	1700	2125	2550
30			1530	2040	2550	3060
40				2720	3400	4080
50					4250	5100
60						6120

Kreisquerschnitt   **C30/37**

D	20	25	30	40	50	60
	534	835	1202	2136	3338	4807

Rechteckquerschnitt   **C40/50**

h\b	20	25	30	40	50	60
20	907	1133	1360	1813	2267	2720
25		1417	1700	2267	2833	3400
30			2040	2720	3400	4080
40				3627	4533	5440
50					5667	6800
60						8160

Kreisquerschnitt   **C40/50**

D	20	25	30	40	50	60
	712	1113	1602	2848	4451	6409

Stahlanteil F_{sd} [kN]

n\d	12	14	16	20	25	28
4	197	268	350	546	854	1071
6	295	402	525	820	1281	1606
8	393	535	699	1093	1707	2142
10	492	669	874	1366	2134	2677
12	590	803	1049	1639	2561	3213
14	688	937	1224	1912	2988	3748
16	787	1071	1399	2185	3415	4283

$$|N_{Rd}| = F_{cd} + F_{sd}$$

Tafel A11   Betondeckung

Expositions-klasse	Mindestfestig-keitsklasse	Stab-$\varnothing$ [mm]	c_{min} [mm]	Δc [mm]	c_{nom} [mm]
XC1	C16/20	6-10	10	10^a	20
		12	12		25
		14	14		
		16	16		30
		20	20		
		25	25		35
		28	28		40
XC2 XC3	C16/20 C20/25	6-20	20	15^a	35^c
		25	25	10^b	35
		28	28	10^b	40
XC4	C25/30	6-25	25	15^a	40^c
		28	28	10^b	40
XD1, XS1 XD2, XS2 XD3, XS3	$C30/37^x$ $C35/45^x$ $C35/45^x$	6-28	40	15^a	55^c

x bei Verwendung von Luftporenbeton eine Festigkeitsklasse niedriger
a Vorhaltemaß Korrosionsschutz
b Vorhaltemaß Verbund
c Verminderung um 5 mm für Bauteile, deren Betonfestigkeitsklasse um 2 Klassen höher ist als
   die Mindestbetonfestigkeit

Tafel A12   Grundmaß der Verankerungslänge [cm]

Beton-festigkeits-klasse	Verbund-bereich	Stabdurchmesser									
		6	8	10	12	14	16	20	25	28	32
C 16/20	I	33	43	54	65	76	87	109	136	152	174
	II	47	62	78	93	109	124	155	194	217	248
C 20/25	I	28	38	47	57	66	76	95	118	132	151
	II	41	54	68	81	95	108	135	169	189	216
C 30/37	I	22	29	36	43	51	58	72	91	101	116
	II	31	41	52	62	72	83	104	129	145	166
C 40/50	I	18	24	29	35	41	47	59	73	82	94
	II	25	34	42	50	59	67	84	105	118	134
C 50/60	I	15	20	25	30	35	40	51	63	71	81
	II	22	29	36	43	51	58	72	90	101	116

Verbundbereich I   gute Verbundbedingungen
Verbundbereich II   mäßige Verbundbedingungen

Literatur

Technische Baubestimmungen

[1]   DIN 1045 (7/88) – Beton und Stahlbeton, Bemessung und Ausführung. Juli 1988.

[2]   Eurocode 2 – Planung von Stahlbeton- und Spannbetontragwerken, Teil 1: Grundlagen und Anwendungsregeln für den Hochbau. Deutsche Fassung ENV 1992-1-1, Juni 1992.

[3]   DIN 1055-100, Einwirkungen auf Tragwerke – Teil 100: Grundlagen der Tragwerksplanung, Sicherheitskonzept und Bemessungsregeln. März 2001.

[4]   DIN 1045-1, Tragwerke aus Beton, Stahlbeton und Spannbeton – Teil 1: Bemessung und Konstruktion. Juli 2001.
mit: Berichtigung 2 zu DIN 1045-1, Juni 2005.

[5]   DIN 1045-2, Beton – Festlegung, Eigenschaften, Herstellung und Konformität; Anwendungsregeln zu DIN EN 206-1. Juli 2001.
mit: Änderung A1 DIN 1045-2/A1, Januar 2005.

[6]   DIN 1045-3, Tragwerke aus Beton, Stahlbeton und Spannbeton – Teil 3: Bauausführung. Juli 2001.
mit: Änderung A1 DIN 1045-3/A1, Januar 2005.

[7]   DIN 1045-4, Tragwerke aus Beton, Stahlbeton und Spannbeton – Teil 4: Ergänzende Regeln für die Herstellung und die Konformität von Fertigteilen. Juli 2001.

[8]   DIN EN 206-1, Beton – Teil 1: Festlegung, Eigenschaften, Herstellung und Konformität; Deutsche Fassung EN 206-1: 2000. Juli 2001.

[9]   DIN-Fachbericht 100, Beton: Zusammenstellung von DIN EN 206-1 Beton – Teil 1: Festlegung, Eigenschaften, Herstellung und Konformität und DIN 1045-2 Tragwerke aus Beton, Stahlbeton und Spannbeton – Teil 2: Beton – Festlegung, Eigenschaften, Herstellung und Konformität – Anwendungsregeln zu DIN EN 206-1. Berlin 2001: Beuth.

Weiterführende Literatur

[10] Deutscher Ausschuß für Stahlbeton – Heft 525: Erläuterungen zu DIN 1045-1. Berlin 2003: Beuth.

[11] Stellungnahme/Auslegungsvorschlag des NABau-Arbeitsausschusses „Bemessung und Konstruktion". Fortlaufende Ergänzung: www.nabau.din.de

[12] DIN 1045, Tragwerke aus Beton und Stahlbeton – Teil 1: Bemessung und Konstruktion. Kommentierte Kurzfassung. Berlin 2005: Beuth.

[13] Rußwurm, D., Fabritius, E.: Bewehren von Stahlbeton-Tragwerken nach DIN 1045-1: 2001-7. Düsseldorf 2002: Institut für Stahlbetonbewehrung.

[14] Litzner, H.-U.: Die „Bemessung auf Dauerhaftigkeit" nach den neuen Betonnormen. Der Prüfingenieur, Oktober 2004, S. 38-47, Hamburg: Bundesvereinigung der Prüfingenieure für Bautechnik.

[15] Bauteilkatalog: Planungshilfe für dauerhafte Betonbauteile nach der neuen Normengeneration. Düsseldorf 2004: Bau+Technik (Schriftenreihe der Bauberatung Zement). Zugleich: www.betonguide.de

[16] Deutscher Beton- und Bautechnik-Verein E.V.: Beispiele zur Bemessung nach DIN 1045-1 – Band 1: Hochbau. Berlin 2001: Ernst & Sohn.

[17] Deutscher Ausschuß für Stahlbeton – Heft 240: Hilfsmittel zur Berechnung der Schnittgrößen und Formänderungen von Stahlbetontragwerken nach DIN 1045, Ausgabe 07.88. Berlin 1991: Beuth.

[18] Schmitz, U. P., Goris, A.: Bemessungstafeln nach DIN 1045-1. Düsseldorf 2001: Werner.

[19] Wendehorst: Bautechnische Zahlentafeln. Wiesbaden 2004: Teubner.

[20] Reineck, K.-H.: Hintergründe zur Querkraftbemessung in DIN 1045-1 für Bauteile aus Konstruktionsbeton mit Querkraftbewehrung. Bauingenieur 2001, S. 168-179, Berlin: Springer – VDI.

[21] Albrecht, U.: Querkraftbemessung nach DIN 1045-1: Benutzerfreundliche Darstellung der Nachweise für Stahlbetonbauteile. Beton- und Stahlbetonbau 2003, S. 268-276, Berlin: Ernst & Sohn.

[22] Deutscher Ausschuß für Stahlbeton – Heft 400: Erläuterungen zu DIN 1045 – Beton- und Stahlbeton, Ausgabe 07.88. Berlin 1989: Beuth.

[23] König, G., Tue, N. V.: Grundlagen des Stahlbetonbaus – Einführung in die Bemessung nach DIN 1045-1. Stuttgart 2003: Teubner.

[24] Tue, N.V., Pierson, R.: Ermittlung der Rissbreite und Nachweiskonzept nach DIN 1045-1. Beton- und Stahlbetonbau 2001, S. 365-372, Berlin: Ernst & Sohn.

[25] Krüger, W., Mertzsch, O.: Zur Verformungsbegrenzung von überwiegend auf Biegung beanspruchten Stahlbetonquerschnitten. Beton- und Stahlbetonbau 2002, S. 584-589, Berlin: Ernst & Sohn.

[26] Ehrigsen, O., Quast, U.: Knicklängen, Ersatzlängen und Modellstützen. Beton- und Stahlbetonbau 2003, S. 249-257, Berlin: Ernst & Sohn.

[27] Fingerloos, F. , Litzner, H.-U.: Erläuterungen zur praktischen Anwendung der neuen DIN 1045. Betonkalender 2005, Teil 2, S. 377-445, Berlin: Ernst & Sohn.

Sachverzeichnis

Teubner Lehrbücher: einfach clever

Der „Frick/Knöll" ist seit über 90 Jahren das Standardwerk der Baukonstruktion. Beide Bände sind unentbehrlich für jeden Architekten und Bauingenieur und geben einen umfassenden Einblick vom Fundament bis zum Dach.

Dietrich Neumann,
Ulrich Weinbrenner
Frick/Knöll
Baukonstruktionslehre 1
34., überarb. u. aktual. Aufl.
2005. ca. 750 S. mit 637
Abb. u. 62 Beisp. Geb. ca.
€ 49,90
ISBN 3-8351-0001-7

Inhalt:
Einführung und Grundbegriffe - Normen, Masse, Maßtoleranzen - Baugrund und Erdarbeiten - Fundamente - Beton- und Stahlbetonbau - Wände - Glasbau - Skelettbau - Außenwandbekleidungen - Geschossdecken und Balkone - Fußbodenkonstruktionen und Bodenbeläge - Beheizbare Bodenkonstruktionen: Fußbodenheizungen - Installationsböden (Systemböden) - Leichte Deckenbekleidungen und Unterdecken - Umsetzbare Trennwände und vorgefertigte Schrankwandsysteme - Besondere bauliche Schutzmaßnahmen

Neumann / Weinbrenner /
Hestermann / Rongen
Frick/Knöll
Baukonstruktionslehre 2
32., vollst. überarb. u. akt.
Aufl. 2004. X, 760 S. mit
956 Abb., 96 Tab. u. 24
Beisp. Geb. € 49,90
ISBN 3-519-45251-0

Inhalt:
Geneigte Dächer - Flachdächer - Schornsteine (Kamine) und Lüftungsschächte - Treppen - Fenster - Türen - Horizontal verschiebbare Tür- und Wandelemente - Beschichtungen (Anstriche) und Wandbekleidungen (Tapeten) auf Putzgrund - Gerüste und Abstützungen
Jetzt erweitert um das Kapitel „Fassadenflächen in Pfosten-Riegelbauweise".
Wichtige Neuerungen sind u.a.:
Neue Holzwerkstoffe bei Dächern - Steildachelemente aus Holz - Textile Flächentragwerke

Stand August 2005.
Änderungen vorbehalten.
Erhältlich im Buchhandel
oder beim Verlag.

B. G. Teubner Verlag
Abraham-Lincoln-Straße 46
65189 Wiesbaden
Fax 0611.7878-400
Teubner www.teubner.de